化妆技巧与形象塑造

主　编　吴　曦
副主编　孟　贺　王　辉
　　　　吴英玲　卢春华

北京理工大学出版社
BEIJING INSTITUTE OF TECHNOLOGY PRESS

图书在版编目（CIP）数据

化妆技巧与形象塑造/吴曦主编 . —北京：北京理工大学出版社，2018.1（2020.8重印）
ISBN 978 - 7 - 5682 - 5011 - 5

Ⅰ．①化…　Ⅱ．①吴…　Ⅲ．①化妆 - 基本知识 - 高等学校 - 教材②个人 - 形象 - 设计 -
高等学校 - 教材　Ⅳ．①TS974.1②B834.3

中国版本图书馆 CIP 数据核字（2017）第 295273 号

出版发行／北京理工大学出版社有限责任公司

社　　址／北京市海淀区中关村南大街 5 号

邮　　编／100081

电　　话／（010）68914775（总编室）

　　　　　（010）82562903（教材售后服务热线）

　　　　　（010）68948351（其他图书服务热线）

网　　址／http：//www.bitpress.com.cn

经　　销／全国各地新华书店

印　　刷／三河市天利华印刷装订有限公司

开　　本／787 毫米 ×1092 毫米　1/16

印　　张／14.25　　　　　　　　　　　　　　责任编辑／龙　微

字　　数／382 千字　　　　　　　　　　　　　文案编辑／龙　微

版　　次／2018 年 1 月第 1 版　2020 年 8 月第 4 次印刷　　责任校对／周瑞红

定　　价／39.80 元　　　　　　　　　　　　　责任印制／李志强

前　言

本书是根据我国高等院校高铁乘务专业发展的需要而编写的一本理论与实践相结合的实用型教学用书。

高铁乘务专业对个人形象的要求比较高，需要从业人员具有内外兼修的整体形象。本书针对高铁乘务人员的职业特点，分别从外在形象和内在形象两个方面提供指导。外在形象主要从高铁乘务人员的仪容、仪表塑造和形体塑造方面着手，并与高铁乘务人员的职业要求紧密结合，从妆容、发型、神态到体态和肢体语言，全面、系统地对高铁乘务人员的外在形象进行有针对性的训练；内在形象主要通过艺术欣赏的方式提高高铁乘务人员的审美能力和艺术修养，使高铁乘务人员在艺术的熏陶下净化心灵，感悟生活的真、善、美，培养与职业要求相符合的内涵修养和高雅气质，同时树立高铁乘务人员正确的审美观、社会观和价值观，培养高铁乘务人员良好的道德情操和高尚的人格。

本教材具有两大特点：一是通俗易懂，用最简单的语言进行描述；二是实用性强，将知识点与技巧训练有机结合，既能使读者掌握高铁乘务人员化妆技巧与形象塑造的知识要点，又能帮助高铁服务人员塑造专业的职业形象。

本教材由吴曦（吉林电子信息职业技术学院）任主编，孟贺（四平职业大学）、王辉（吉林电子信息职业技术学院）、吴英玲（吉林师范大学博达学院）、卢春华（四平职业大学）任副主编。北京理工大学出版社吉林信息中心孟丽华、朴玥、孙敏、张佳对本教材的出版提供了大力帮助，在此表示感谢。

在教材的编写中，编者参考了一些书籍及网站的相关内容，在此向相关作者表示由衷感谢。

目　录

下篇　高铁乘务人员形象塑造

上篇

化妆技巧

化妆基础知识

项目一　化妆概述

一、化妆的概念

化妆，是运用化妆品和工具，采取合乎规则的步骤和技巧，对人的五官及其他部位进行渲染、描画、整理的过程。化妆的目的是增强立体印象，调整形色，掩饰缺陷，表现神采，从而达到美容的效果。妆容能表现出女性独有的天然丽质，使女性焕发风韵，为女性增添魅力。成功的妆容能唤起女性心理和生理上的潜在活力，增强自信心，使人精神焕发，还有助于消除疲劳，延缓衰老。

二、化妆的作用

1. 美化容颜

人们化妆的直接目的就是美化容颜。人们通过化妆可调整面部皮肤的颜色，改善皮肤的质感，还可以使五官更加生动、传神。例如，描画眉毛可改善眉毛的形态，晕染眼影可使眼睛显得明亮动人，涂抹腮红可使面色显得更加健康等。

2. 保护皮肤

化妆不仅能使人容颜美丽，还可以保护皮肤。例如，防晒霜或粉底可保护皮肤避免被阳光过度照射而受到刺激；面霜可滋润皮肤，使之柔软，增强皮肤弹性；爽肤水具有再次清洁皮肤和补水的作用，可使皮肤保持水润等。

3. 矫正缺陷

世界上没有绝对完美的人，即使天生丽质，也会存在些许不足之处，而使用化妆手段来弥补或矫正面部缺陷是化妆的主要作用之一。

人们在生活中往往会有这样的愿望：如果眼睛再大一点就好了，如果脸看起来小一些就完美了，如果皮肤没有雀斑该多好。这都说明人们对美有着无穷无尽的追求。人们无法选择自己的先天容貌，但后天的修饰可以弥补自身的不足，使自己变得更加漂亮。化妆可通过对"形"与"色"的巧妙运用造成视觉错觉，达到弥补面部缺陷的目的。例如，通过化妆可使扁塌的鼻梁显得立体、使较厚的嘴唇显得薄些、使小眼睛显得大而有神等。

4. 增强自信

随着社会交往的日益频繁，化妆在人们的生活中显得越来越重要。日常交往中，化妆可使人更加活泼、生动；职业活动中，化妆成为尊重他人的原则之一；外事活动中，适度的化妆可以使人更好地代表一家企业甚至一个国家的形象。化妆在为个人增加美感的同时，也大大地增强了人们的自信心。

三、化妆的目的

在人们的心目中，高铁乘务人员"天生丽质"，不需要化妆就已经拥有一副美丽的容颜，殊不知，化妆不仅是为了使自己变得更加漂亮，还具有更为深层的目的。

1. 社会交往的需要

社会在进步，人们的生活方式在不断地发生改变，社会交际也更加频繁。人们可通过正确的化妆与适当的服饰、发型相搭配，加上良好的修养、优雅的谈吐，使自己更具魅力。

2. 职业活动的需要

如今，化妆已不再局限于舞台，而是进入了人们的职业生活。

高铁乘务人员化妆是一种职业规范的要求、职业道德的体现、职业活动的需要。通过人为的修饰，更能反映出新时代的职业风貌。

3. 日常生活的需要

除了生理条件的气质、风度之外，仪容的修饰也是很重要的。化妆不仅能使人的容貌美丽、精神焕发，能使人以愉快的心情投入学习和工作中，而且在公共场合还能起到尊重他人、促进感情交流、增进友谊的作用。

适度的化妆在美化自己的同时体现了对他人的尊重，也体现了个人的教养和内涵。

四、化妆的特点

化妆服务于生活，以美化人的形象为根本目的，因此化妆主要有以下特点：

1. 因人而异

人的容貌是天生的，每个人都有各自的特点。化妆是以个人的基本条件为基础的，个人的基本条件是选择化妆品和化妆技术手法的决定性因素。例如，皮肤较粗糙的人应选用细腻、遮盖力强的粉底，皮肤较黑的人应避免使用浅色的粉底。另外，不同种族的人的面部形态及肤色都不相同，因此，在用色和化妆手法上也有很大差异。

化妆还要考虑年龄因素。年轻人的皮肤富有弹性，表面光滑，因此施粉要薄，用色要淡；中年人的皮肤弹性开始下降，而且有微细的皱纹出现，皮肤显得黯淡无光，因此在化妆时要注重技巧，以求遮盖皱纹、改变面色等。

除此之外，性格、气质、职业等都是人们在化妆时需要考虑的因素。

2. 因地而异

化妆必须因地而异，同样的妆容在不同场合和照明条件下其效果有很大不同，有时甚至还会产生相反的效果。例如，在光线很强的自然环境下，化妆用色就不能太白或偏红，眉、眼、面颊等部位的修饰要细致柔和，因为在明亮的光线下容易暴露修饰的痕迹；在环境空旷、光线明亮和有大量浅蓝色反射光线的环境中，如红色使用过多，妆容就会变成紫色；在晚上，由于室内是灯光照明，化妆用色可以浓重一些，面部各部位的描画可以适当夸张，特别是在钨丝灯光下，可以大胆用色。

由于地域环境的不同，人的皮肤状况和面部特征也不同，人们应根据这些不同采用相应的化妆色彩及局部描画的方法。例如，气候寒冷地区的人所采用的化妆品及化妆技法对气候炎热地区的人来说就不一定适用。

3. 因时而异

由于不同时代的社会风尚和潮流不同，化妆的形式也千变万化。社会风尚对化妆的影响很大，社会潮流的变化往往会很快反映在发型、妆容和服饰上。同时，人们还有着应对不同环境的化妆需求。例如，结婚的时候需要化新娘妆，参加宴会的时候需要化晚宴妆等。

五、高铁乘务人员化妆的原则

高铁乘务人员若想在各类场合中都展现最完美的一面，就需要在化妆时遵循以下几项原则：

1. 自然真实的原则

化妆要求自然、真实，在不改变自身特点的基础上进行描画。除需要刻画角色的形貌以外，其他的妆容应以自然、真实、协调、不留痕迹为主要原则，职业妆尤为强调此原则。高铁乘务人员在化妆时要把握好"自然"这个度，将自己的本色美与修饰美有机地结合，使本色美在修饰美的映衬下变得尤为突出。

2. 扬长避短的原则

化妆一方面要突出面部美的部分，使面部显得更加美丽动人；另一方面要遮盖或矫正缺陷及不足的部分。因此，高铁乘务人员在化妆前，应该对自己的情况进行认真的分析，包括脸型、皮肤特点、五官、头发、身材比例、性格、气质等。

3. 整体格调统一协调的原则

整体格调统一协调的原则在化妆中显得尤为重要。在化妆前，高铁乘务人员应注意四个方面的统一：一是妆面的设计与发型、服装、配饰的统一；二是面部妆容与职业、气质、性格的统一；三是化妆设计与时间、地点、场合的和谐统一；除此之外，高铁乘务人员在职业妆的描画过程中，还要注意团队间各成员整体形象的协调统一，注意客舱服务中的妆容不应该过分强调个人的性格特点。

六、高铁乘务人员化妆的注意事项

高铁乘务人员在化妆时应注意以下事项：

1. 具备一定的审美鉴赏能力

具备一定的审美鉴赏能力是化好妆的前提。若想具备这种能力，高铁乘务人员就需要在平时持续学习和积累有关知识，不断观察和揣摩自身特点，逐步激发、挖掘和培养自己的审美能力，并通过实践不断提高这种能力。

2. 正确选购化妆品

很多人在选购化妆品时会盲目地听从导购或朋友的推荐，有的人甚至认为越贵的化妆品效果越好，最终购买了许多不适合自己的化妆品。在选购化妆品时，高铁乘务人员需要考虑多种因素，如化妆品是否适合自己的肤色、肤质特点，使用时是否有过敏现象，价位是否在自己能承受的能力范围内，是否与自己的气质相匹配等。

3. 合理运用色彩

色彩在整个妆面效果中起着举足轻重的作用。若色彩运用及搭配合理，整个妆面就会显得十分干净，整体形象协调、统一；若色彩运用不恰当，整个妆面就会显得凌乱且不协调。

4. 掌握化妆技巧

高铁乘务人员要熟练掌握各种化妆的技巧，体会正确、准确、精准、和谐四大要素。化妆的技巧不是短时间就能掌握的，需要反复学习、实践和提高。

七、中国化妆技术的起源与发展

（一）中国古代化妆的起源

据资料记载，早在"化妆"一词被提出之前，中国人的祖先就已经在身上涂抹各种颜色进行装扮了。我国现存最早的一批远古面妆文物中，有的面部有不同方向的规则花纹，有的面部仅几笔简单的描画，有的面部则全部被涂黑。

原始社会的发式与化妆形式相比现代社会显得更加丰富多彩。从目前的发现来看，短发、披发、束发、辫发，可谓样样俱全。此外，还有各式各样制作精美的发饰，如骨笄、束发器、玉冠饰和象牙梳等。

（二）中国古代化妆的发展

1. 夏、商、周时期

夏、商、周时期化妆的特点大体上是以素为美。从某种意义上来说，中国化妆史是从周代才真正开始的。除了文身习俗依然有所沿袭外，眉妆、唇妆、面妆及一系列的化妆品，如妆粉、面脂、唇脂、香泽、眉黛等都已出现。周代的化妆以素雅为美，以粉白黛黑的素妆为主，并不盛行红妆。

2. 秦汉时期

秦汉时期，随着社会经济的发展和人们审美意识的提高，化妆的习俗得到新的发展，无论是贵族还是平民阶层的妇女都很注重自身的容颜修饰。秦汉时期已出现了不同样式的妆型，化妆品的种类也丰富了很多。秦汉时期女性的妆以浓艳为美。

3. 唐代时期

唐代妇女在装扮上盛行浓妆艳抹，追求时髦、华丽、张扬个性、大胆与充满热情的健康美。唐代的女性已懂得用贴金的方法来弥补脸上的缺陷，以及在额发际涂黄粉进行装饰，流行把眉毛全部剃光画出各种眉形，如蛾眉、黛眉、桂叶眉等。

4. 明清时期

明清时期，封建礼教对女性的约束很严，这一时期流行"旗头燕尾"，因而在妆饰方面并没有突出的表现。明清时期的妇女一般崇尚秀美清丽的形象，以面庞秀美、眉细弯、眼细长、嘴唇薄小为美。清代妇女以皮肤白皙为美，开始注重对皮肤的护理，如慈禧用纯粹的玫瑰花液滋养皮肤。

5. 近现代时期

中华民国时期，化妆品种类繁多，香粉是各阶层妇女化妆品的首选。有些人坚持传统的化妆方法，有些人则大胆追求时尚，喜欢香水、旋转式唇膏，画有层次感和线条柔和的眉毛，描立体感的深色眼影，贴假睫毛，且对上唇饱满下唇线条明显的唇形特别喜爱。

第二次世界大战结束后，世界推崇爱与和平，整体装扮以表现浪漫和活力为主。到20

世纪末，中国现代女性由于教育水平的提高、经济上的独立及价值观的变化，对美的追求也呈现出多元化趋势，更加强调时尚感和自然美。

项目二　常用化妆品

任务一　常用基础类化妆品

一、洁肤类化妆品

洁肤类化妆品是指用于溶解并去除油脂、污垢及其他类型化妆品的洁肤护理用品。洁肤类化妆品包括洗面奶、洁面膏、洁面皂等。

1. 洗面奶

洗面奶是目前市场上最为流行的洁肤用品，品种繁多。洗面奶是一种不含碱性或含弱碱性的液体软皂。洗面奶利用表面活性剂清洁皮肤，对皮肤无刺激并可在皮肤上留下一层滋润的膜，使皮肤细腻光滑。洗面奶主要用于日常普通洁肤及卸除面部淡妆。按作用分，有收敛型的青瓜洗面奶、柠檬洗面奶、芦荟洗面奶，有营养型的蛋白洗面奶、人参洗面奶、维生素E洗面奶等。

2. 洁面膏

洁面膏泡沫丰富，洗净力强，但其刺激性较强，适用于油性及混合性不敏感的肌肤。

3. 洁面皂

洁面皂又称美容皂、洁肤皂、滋养皂，其特点是质地细腻紧密，泡沫丰富，去污力强，可用于全身，价格相对较低，是一种使用方便的洁肤品。由于香皂中各种成分含量不同，添加的营养成分也不同，所以又分为普通清洁香皂、透明美容香皂和具有杀菌功能的护肤皂。普通清洁香皂泡沫丰富，含碱量高，去污力强。透明美容香皂质地细腻紧密，比普通香皂温和，含碱量低，并含有保护皮肤的羊毛脂和保湿成分。护肤皂含有能杀菌的药物成分，对暗疮、酒渣鼻等皮肤疾病有较好的杀菌治疗作用。

二、护肤类化妆品

护肤类化妆品包括爽肤水、乳液、面霜、眼霜、精华素等。

1. 爽肤水

爽肤水也称紧肤水、化妆水等，有些含有微量的酒精，有些是纯植物配方。爽肤水的作用在于再次清洁以恢复肌肤表面的酸碱值，并调理角质层。

2. 乳液、面霜

乳液、面霜是基础护肤最重要的一步。乳液、面霜具有良好的润肤作用，也有保湿效果，除此之外，还可以隔离外界干燥的气候，防止肌肤水分过快地流失，避免肌肤干裂、起皮。

3. 眼霜

眼霜可用来保护眼睛周围比较薄的一层皮肤。眼霜对祛除眼袋、黑眼圈、鱼尾纹等有一定的效用，但是不同种类的眼霜有不同的作用。眼霜的种类很多，从类型上大致可分为眼膜、眼胶、眼部啫喱、眼贴等；从功能上可分为滋润眼霜、紧致眼霜、抗皱眼霜、抗敏眼霜等。

4. 精华素

精华素含有微量元素、胶原蛋白等营养成分，具有防衰老、抗皱、保湿、美白、祛斑等作用。精华素分水剂和油剂两种。

三、治疗类化妆品

治疗类化妆品包括祛斑霜、粉刺露、抑汗霜、祛臭粉等。

1. 祛斑霜

祛斑霜可抑制黑色素的形成，改善皮肤色斑状态，使色斑的颜色变浅，面积变小。

2. 粉刺露

粉刺露（液、霜）是用于治疗粉刺及痤疮的化妆品，它可使角化细胞的凝聚作用降低、黑头松动，具有杀菌消炎、使皮肤恢复健康的作用。

3. 抑汗霜

抑汗霜（液、粉）是用于汗腺分泌过于旺盛的皮肤部位的化妆品，有较强的收敛作用。抑汗霜可使皮肤表面的蛋白质凝结，汗腺口膨胀，减少汗液的分泌量。

4. 祛臭粉

祛臭粉（霜、液）具有杀菌和抑制细菌繁殖的作用，可用于由分泌引起的有体臭的部位，有较强的收敛作用。

任务二　常用彩妆类化妆品

常用彩妆类化妆品大体可分为两类：一类是遮瑕类彩妆品，用于化妆前调配肤色与肤质，可以起到遮盖瑕疵、调整肤色的作用，如粉底、蜜粉等；另一类是色彩类彩妆品，用于修饰五官轮廓，使人的形象更加生动，如眼影、眼线、睫毛膏、眉笔、腮红、唇膏、唇线笔等。

一、遮瑕类彩妆品

1. 粉底

粉底是一种能够增强面部立体感的化妆品，具有很强的修饰性，主要用于打底和修饰肌肤，可以调整肤色，改善肤质，遮盖皮肤瑕疵。

粉底的基本成分是油脂、水分和颜料。油脂和水分可以使皮肤滋润、柔软，并具有一定的弹性；颜料则决定了粉底的颜色。根据粉底所含油脂和水分比例的不同，可以将其分为不同的种类。

（1）乳液粉底。乳液粉底（见图1-2-1）的油脂含量少，水分含量较多，易涂抹，但遮盖力弱，适用于干性皮肤者和淡妆需要，可分为液体型粉底和湿粉型粉底。

使用方法：用手直接涂抹或用微湿的海绵蘸涂，也可用小号刷子涂抹。

图1-2-1　乳液粉底

（2）膏状粉底。膏状粉底（见图1-2-2）的油脂含量较多，具有较强的遮盖力，可使皮肤富有光泽和弹性，适用于面部瑕疵过多者及浓妆需要。

使用方法：用微湿的海绵涂抹。

图1-2-2　膏状粉底

（3）遮瑕膏。遮瑕膏（见图1-2-3）是一种特殊的粉底，其成分与膏状粉底相似，质地较干，遮盖力强，适用于局部有瑕疵的皮肤，如斑点、痘印、毛孔粗大、眼袋、黑眼圈等。

使用方法：直接涂抹，再用手指抹匀或用微湿的海绵涂匀。

图1-2-3　遮瑕膏

（4）抑制色。抑制色（见图1-2-4）具有抑制效果，如常用绿色的抑制色来遮盖偏红及有红血丝的皮肤，用紫色的抑制色来遮盖偏黄的肤色等。

使用方法：用微湿的海绵涂抹。

图1-2-4 抑制色

2. 蜜粉

蜜粉（见图1-2-5）又称散粉或碎粉，通常用于定妆。蜜粉一般在涂完粉底后使用，可使皮肤与粉底结合得更为紧密，并能调和粉底的光亮度，防止脱妆，使肤色健康、红润且更为自然。在选择蜜粉时，一般应选择与粉底色接近色系的蜜粉，粉质要细腻、顺滑、附着性好。

使用方法：先用粉扑将蜜粉拍按在皮肤上，再用掸粉刷掸掉浮粉。

图1-2-5 蜜粉

二、色彩类彩妆品

1. 眼影

用于化眼部周围的妆，运用色与影，使眼睛具有立体感。眼影有粉末状、棒状、膏状、乳液状和铅笔状。眼影的首要作用就是要赋予眼部立体感，并透过色彩的张力，让整个脸庞明媚动人。常用的眼影可分为眼影粉、眼影膏和眼影笔三种。

（1）眼影粉。眼影粉（见图1-2-6）呈粉块状，粉末细致，色彩丰富，使用方便，可分为珠光和哑光两种。

使用方法：用眼影刷对眼睑进行晕染。

图 1 - 2 - 6　眼影粉

（2）眼影膏。眼影膏（见图 1 - 2 - 7）由油脂、蜡和颜料等制成。眼影膏的色泽鲜亮，涂后滋润有光泽，不易干。

使用方法：在涂完粉底后，于定妆前用手指涂抹于眼睑。

图 1 - 2 - 7　眼影膏

（3）眼影笔。眼影笔（见图 1 - 2 - 8）的铅芯较软，其外观与眉笔相似。

使用方法：在定妆前直接涂抹，再用手指或眼影刷进行晕染。

图 1 - 2 - 8　眼影笔

2. 眼线饰品

眼线饰品是描画眼线所用的化妆品，用于调整和修饰眼形，使眼部轮廓更鲜明、更富有神采。描画眼线的产品种类较多，主要有眼线液、眼线墨（膏）、眼线笔等。

（1）眼线液。眼线液（见图1-2-9）呈半流动状，并配有细小的毛刷。眼线液的上色效果好，但操作难度较大。

使用方法：用毛刷蘸眼线液后，沿睫毛根部进行描画。

图1-2-9　眼线液

（2）眼线墨（膏）。眼线墨（膏）（见图1-2-10）呈块状，晕染层次感强，上色效果好，不易脱妆，可以表现珠光、哑光、金属光泽等质地的不同效果，比眼线液长久、自然，是最长效的眼线产品。

使用方法：用细小的化妆刷蘸水后，蘸取眼线墨（膏），再沿睫毛根部进行描画。

图1-2-10　眼线墨（膏）

（3）眼线笔。眼线笔（见图1-2-11）的外形类似铅笔。可使用特制的卷笔刀或小刀去除多余的木质部分，也可改善笔头的粗细。眼线笔芯质地柔软，易于描画，效果自然。

使用方法：眼线应该画在睫毛根部，完成眼线后，用棉棒轻轻晕开，使之呈现模糊感。

图1-2-11　眼线笔

3. 睫毛膏

睫毛膏（见图1-2-12）是用于修饰睫毛的化妆品，目的在于使睫毛浓密、纤长、卷翘，以及加深睫毛的颜色。睫毛膏的种类丰富，可分为无色睫毛膏、彩色睫毛膏、加长睫毛膏等多种类型。

使用方法：用睫毛刷蘸取睫毛膏后，从睫毛根部向外涂刷，待睫毛膏完全干后再眨动眼睛，以免弄脏眼部皮肤、破坏妆面。黏在一起的睫毛很难看，如果黏在一起，可以用睫毛刷把它们刷开。

图1-2-12　睫毛膏

4. 眉笔

眉笔（见图1-2-13）是描画眉毛的工具，呈铅笔状或扭管状，其芯质较眼线笔的芯质硬，颜色有黑色、棕色和灰色等。

使用方法：在眉毛上描画，注意力度要均匀，按照眉势循序渐进地描画，要自然、柔和，以体现眉毛的质感。

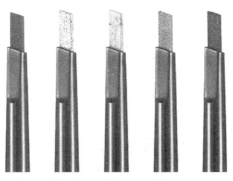

图1-2-13　眉笔

5. 腮红

腮红是用来修饰面颊的彩妆品。腮红可以矫正脸型，突出面部轮廓，统一面部色调，使肤色更加健康、红润。腮红主要有粉状腮红和膏状腮红两种，而以粉状腮红较为常用。

（1）粉状腮红。粉状腮红（见图1-2-14）外观呈块状，油脂含量少，色泽鲜艳，使用方便。粉状腮红的适用面广，专业化妆师常用。

使用方法：在定妆之后，用化妆刷将粉状腮红涂于颧骨附近。

图1-2-14　粉状腮红

（2）膏状腮红。膏状腮红（见图1-2-15）的外观与膏状粉底相似，可使面颊的颜色自然有光泽，适合干性皮肤者、皮肤衰老者和透明妆需要者。

使用方法：在定妆之前，用手指涂抹均匀。

图1-2-15　膏状腮红

6. 唇膏

唇膏是所有彩妆品中颜色最丰富的一种。唇膏能加强唇部色彩及立体感，具有改善唇色，调整、滋润及营养唇部的作用。唇膏按其形状可分为棒状唇膏和软膏状唇膏两种。另外，唇膏还包括唇彩。

（1）棒状唇膏。棒状唇膏（见图1-2-16）易于携带。

使用方法：在专业化妆过程中，棒状唇膏需要用唇刷蘸取，在唇线内均匀涂抹，或者直接涂抹于唇部。

图1-2-16　棒状唇膏

（2）软膏状唇膏。软膏状唇膏（见图1-2-17）可以随意进行颜色调配，是专业化妆的首选。

使用方法：用唇刷蘸取唇膏，在唇线内均匀涂抹。

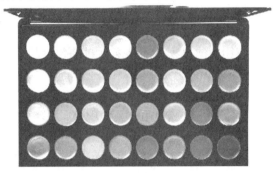

图1-2-17　软膏状唇膏

（3）唇彩。唇彩（见图1-2-18）表现为黏稠液体或呈薄体膏状，富含各类高度滋润油脂和闪光因子，质地细腻，光泽柔和，颜色自然，滋润感强。

使用方法：一般可用唇彩内自带毛刷蘸取唇彩，涂于唇上。

图1-2-18　唇彩

7. 唇线笔

唇线笔（见图1-2-19）外形似铅笔，芯质较软，可用于描画唇部的轮廓线。唇线笔配合唇膏使用，可以增强唇部的色彩和立体感。唇线笔的颜色与唇膏的颜色应属同一色系，且略深于唇膏的颜色，以使唇线与唇色协调。

使用方法：根据唇部情况，用唇线笔描画出理想的唇形。

图1-2-19　唇线笔

三、常用彩妆类化妆品的保存

化妆品的质量直接关系到皮肤的健康水平，保存方式不当可导致化妆品被污染或变质。因此，做好彩妆类化妆品的保存不但能延长彩妆产品的使用寿命，更是对皮肤的健康负责。

彩妆类化妆品要放置在避光处，用后一定要把瓶口擦拭干净后再拧紧，粉底液等瓶装产品不可放倒或倒置。无论是使用中的化妆品还是未拆封的化妆品，都应放置在常温、干燥、避免日晒的地方。

长时间不用的换季彩妆类化妆品，可用75%的酒精将瓶口及瓶盖擦拭干净后存放于阴凉干燥处。唇膏、眼影等直接接触皮肤或使用时大面积暴露在空气中的产品，需要刮去已使用过的层面，再盖紧包装后置于阴凉干燥处。

项目三　化妆用具

化妆用具包括化妆工具和化妆辅助材料。

任务一　常用化妆工具

一、涂粉底和定妆的工具

涂粉底和定妆的工具包括各种形状的粉底海绵、粉扑、掸粉刷（圆头刷、扇形刷）、亮粉刷等。

1. 粉底海绵

粉底海绵（见图1-3-1）质地柔软，容易控制，上粉均匀、服帖。

使用方法：先将海绵浸湿，再挤出多余水分，使其呈潮湿状，然后蘸粉底在皮肤上均匀涂抹。

图1-3-1　粉底海绵

2. 粉扑

在扑按定妆粉时，粉扑（见图1-3-2）可代替手指直接接触面部，以免破坏妆面。

使用方法：用两个粉扑蘸取适量妆粉后相对揉擦，再将散粉扑按在皮肤上，可将粉扑套在小手指上来使用。

图 1 - 3 - 2 粉扑

3. 掸粉刷

掸粉刷（见图 1 - 3 - 3）能扫去脸上多余的浮粉，并完整地保留粉底的原有质地。掸粉刷操作灵活，刷出的底妆薄厚均匀，比用粉扑更柔和、更自然。掸粉刷的使用寿命长，易于清洗和保养。

使用方法：在定妆后用圆头刷的侧面轻轻将浮粉掸去，扇形刷用于掸去下眼睑、嘴角等细小部位的浮粉。切记使用的时候不要用毛尖儿的部分直接戳在脸上，而是要用粉刷毛质的侧面，轻轻地扫在脸上。

图 1 - 3 - 3 掸粉刷

4. 亮粉刷

亮粉刷（见图 1 - 3 - 4）可用于在需要突出的部位涂抹亮色化妆粉，以强调面部的立体感。

使用方法：用亮粉刷将白色或明亮的米白色化妆粉涂于需要提亮的部位。

图 1 - 3 - 4 亮粉刷

二、修饰眼睛的工具

眼睛是心灵的窗户，这决定了眼部的修饰是化妆与形象塑造的重点。修饰眼睛的工具包括眼影刷、眼线刷、美目贴、假睫毛、睫毛夹等。

1. 眼影刷

眼影刷有两种，一种是毛质眼影刷（见图1-3-5），另一种是海绵棒状眼影刷（见图1-3-6），两者均可用于晕染眼影，增强眼睛的立体感。两者的不同之处在于海绵棒状眼影刷晕染比毛质眼影刷晕染的力度大、上色多。

使用方法：蘸取眼影粉在上、下眼睑处进行晕染，也可用于塑造鼻部阴影。

图1-3-5　毛质眼影刷　　　　　图1-3-6　海绵棒状眼影刷

2. 眼线刷

眼线刷（见图1-3-7）用于描画眼线，增加眼睛的神采，使眼线笔勾画出来的浓重或生硬的线条变得柔和自然。眼线刷用于化妆的后期调整。

使用方法：蘸取眼线墨（膏）在睫毛根部进行描画。

图1-3-7　眼线刷

3. 美目贴

美目贴（见图1-3-8）可改变眼睑的宽度，矫正下垂、松弛的上眼睑，塑造自己想要的眼型。

使用方法：根据自己的需要，将美目贴剪成弧形，贴于眼睑的适当部位。

图1-3-8 美目贴

4. 假睫毛

假睫毛（见图1-3-9）可增加睫毛的浓度和长度，使眼睛更深邃有神。

使用方法：用专用胶水将假睫毛固定在睫毛根部。

图1-3-9 假睫毛

5. 睫毛夹

睫毛夹（见图1-3-10）能够使睫毛卷曲并向上翘，塑造弧度。

使用方法：由睫毛根部至梢部依次以强、中、弱的力度施力，将睫毛夹翘。

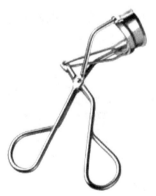

图1-3-10 睫毛夹

三、修饰眉毛的工具

眉毛就像眼睛的"画框",能够表现脸部的表情,增加脸部的平衡感,强调眼睛的美感。修眉是画眉的基础,而修眉需要用到修饰眉毛的工具。修饰眉毛的工具主要有眉刷、眉梳与眉扫、修眉夹、修眉剪、修眉刀等。

1. 眉刷

眉刷(见图1-3-11)的刷头呈斜面,毛质较眼影刷略硬。

使用方法:用眉刷蘸取眉粉在眉毛上轻扫,以加深眉色。

图1-3-11 眉刷

2. 眉梳与眉扫

眉梳与眉扫(见图1-3-12)各具特点:眉梳的梳齿细密,可梳理眉毛;眉扫可整理眉毛,扫掉眉毛上的毛屑,形同牙刷,毛质粗硬。

使用方法:用眉梳按眉毛生长方向梳顺,用眉扫进行轻扫并整理眉毛。

图1-3-12 眉梳与眉扫

3. 修眉夹

修眉夹(见图1-3-13)因前端呈斜角,所以连细毛及短毛也能夹得住。

使用方法:用修眉夹夹住眉毛,顺着眉毛的生长方向一根根地拔除。

图1-3-13 修眉夹

4. 修眉剪

修眉剪（见图1-3-14）有弯头和直头两种，在剪去多余眉毛的同时，能够更加自如地修整眉毛的形状。

使用方法：用修眉剪剪掉多余的眉毛。

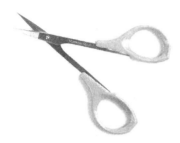

图1-3-14 修眉剪

5. 修眉刀

修眉刀（见图1-3-15）可用于修正眉形，使眉毛边缘整齐。

使用方法：修眉前应使皮肤湿润，可涂抹芦荟胶于修剪处，并使修眉刀与皮肤呈45°，进而刮掉多余的眉毛。

图1-3-15 修眉刀

四、修饰面色的工具

轮廓刷和胭脂刷是用于修饰面色的主要工具。

1. 轮廓刷

轮廓刷（见图1-3-16）用于面部外轮廓的修饰，刷毛较长且触感轻柔，顶端呈椭圆形。轮廓刷可以打出脸部的阴影，使脸部轮廓线条更清晰。

使用方法：用轮廓刷蘸取阴影色，涂抹于脸部立体轮廓处，或在需化出凹陷感的部位进行涂抹。

图1-3-16 轮廓刷

2. 胭脂刷

胭脂刷（见图1-3-17）是晕染腮红的工具，刷毛多而柔软，富有弹性，前端呈圆弧状。

使用方法：用胭脂刷蘸取粉状腮红，由鬓角处沿颧骨向面颊轻扫。

图1-3-17　胭脂刷

五、修饰唇的工具

常用于修饰唇的工具为唇刷（见图1-3-18）。修饰唇时，最好选择顶端刷毛较平的唇刷，这种形状的刷子有一定的宽度，刷毛较硬但有一定的弹性，既可以用来描画唇线，又可以用来涂抹全唇。用唇刷修饰可以使唇线轮廓清晰，唇膏色泽均匀。

图1-3-18　唇刷

任务二　常用化妆辅助材料

常用的化妆辅助材料有纸巾、棉棒等，主要用于吸收面部油脂、擦拭妆面等。

1. 纸巾

纸巾通常用于净手、擦笔、吸汗及吸去面部多余的油脂，或用于卸妆等。化妆时操作者应选择质地柔软、吸附性强的纸巾。

2. 棉棒

棉棒是化妆时擦净细小部位最理想的用具。例如，操作者在涂眼影、睫毛液等时，常常会因不小心或技术不熟练而弄脏妆面，这时用棉棒进行擦拭可以得到很好的效果。

任务三　常用化妆用具的保养

化妆用具不用时要放在专用的化妆箱内并摆放整齐。常用工具要定期进行保养。

（1）除唇刷外的刷子类用具应每两周用洗发露清洁一次。清洁时，在手心处倒一滴洗发露，然后将已经浸湿的粉刷沿顺时针方向搅动手心里的洗发露，随后用温水冲净，并将刷毛按原来的方向整理好，放到毛巾上置于阴凉处晾干，注意不可使用吹风机吹干。

（2）每次用完唇刷后，应用软纸蘸上清洁霜，顺着刷毛将唇刷擦拭干净，这样既可以保持唇刷的卫生，又可以保证在使用时不会使唇膏混色。

（3）粉扑的最佳清洗时间为两天一次。清洗时，在粉扑上滴一滴洗发露，然后在手掌心上沿顺时针方向揉压，最后用温水冲净，拧干后置于阴凉处晾干。

（4）睫毛夹使用后，要用面巾纸擦拭橡皮垫，特别是在涂完睫毛膏后使用睫毛夹时更要将其清洁干净。睫毛夹的金属部分要用柔软的布擦拭干净，以免生锈。

项目四　与化妆相关的面部知识

化妆是运用化妆技巧和化妆材料对不同的脸型进行修饰美化，使之接近和符合美的要求的技巧。化妆最主要的目的是将人美观的部位突出，而将稍有欠缺的部位遮掩，因此掌握面部结构知识至关重要。很少有人天生就一副完美无瑕的面孔：有的人一只眼睛大，一只眼睛小；有的人眉毛长短、粗细不一。一般来说，人们只会留意面部的整体，而不是特别注意某一部分，因此这些面部特征不容易被人察觉。个体一般都能够清楚自己面部的不和谐元素，因而希望借助化妆来弥补这些不足。因此，正确了解面部的生理结构，发现脸部不同部位的优缺点，就能在化妆时有的放矢，从而塑造出美好的形象。

一、面部结构组成

对人的面部结构（见图1-4-1）进行了解是美容化妆的基础环节。在学习矫正化妆之前，人们必须熟悉面部的基本部位及其名称，掌握基本部位的特点，才能够有针对性地美容化妆。

人的面部结构可分为以下几个部分：

（1）眉毛。眉毛包括眉头、眉腰、眉峰、眉梢。

（2）眼睛。眼睛包括上眼线、上眼睑、内眼角、外眼角、下眼睑、下眼线、眼窝。

（3）鼻部。鼻部包括鼻根、鼻背、鼻梁、鼻翼、鼻尖。

（4）嘴唇。嘴唇包括唇角、上唇、下唇、唇峰。

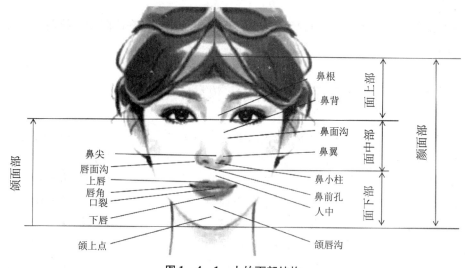

图1-4-1 人的面部结构

二、标准面型结构的比例

1. 面部标准比例

在生活中，人们常会有这样的感觉，有些人的五官看上去虽然比较普通，但是整体看起来却很有风采，这是因为人的面貌是一个整体，相互间的比例在很大程度上决定着人体的外观美感。

标准的脸型是鹅蛋脸，鹅蛋脸线条弧度流畅，整体轮廓均匀，额头宽窄适中，与下半部平衡均匀，颧骨中部最宽，下巴呈圆弧形（见图1-4-2）。

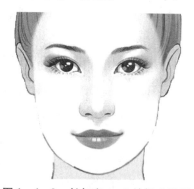

图1-4-2 长与宽4∶3的标准脸型

2. "三庭五眼"

在中国古代绘画作品中，对人的面部五官比例的描绘有"三庭五眼"的要求，这对面部美容化妆有重要的参考价值。"三庭五眼"（见图1-4-3）的比例很合乎中国人面部五官外形的一般规律。

所谓"三庭"，是指脸的长度比例，它把前发际线到下颌分为三等分：前发际线至眉毛为一庭，眉毛至鼻底为一庭，鼻底至下颌为一庭，它们各占脸长的1/3。所谓"五眼"，是指脸的宽度比例，它以眼睛为标准，把面部分为五等宽：两眼的内眼角之间的距离是一只眼睛的宽度，两眼的外眼角延伸到耳孔的距离也是一只眼睛的宽度。

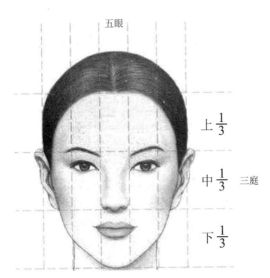

图1-4-3 "三庭五眼"

（1）三点一线。三点一线是指由眉头、内眼角和鼻翼这三点构成的一条垂直的线。在修饰眉头或画眼线时，三点一线的概念非常重要。人们可从"三庭五眼"的比例中找出自己内眼角应在的位置，再用向上的垂线找到眉头的所在位置，然后依据向下的垂线找出自己鼻翼的宽窄距离，这可以使自己对妆面的修饰更加准确。

（2）眉的长度与眉峰。鼻翼至外眼角固定斜线的延伸处的长度即标准眉形长度。沿眼球外侧缘所作的垂直线向上与眉的交点处为标准的眉峰位置。

（3）嘴的大小。在面部修饰中，嘴的大小很重要，要根据个体的脸的大小与形状来进行修饰。例如，大脸不适合画小嘴，而小脸也不适合画大嘴。因此，要想使面部和谐，可以用作垂直线的方法找出适合的嘴唇长度。

三、头面部形态特征的差异

在化妆前，个体要了解自己的头面部基本形态特征，这样才能确定化妆的重点和尺度。头面部形态特征的差异主要源于人种、性别、年龄、个体特征、脸型等的不同。

1. 人种的差异

人种是世界人类种族的简称，是指在一定的区域内，在历史上所形成的、在体质上具有某些共同遗传性状的人群。人种不同，人的肤色、发色、发质、脸型、头型等也不同。

（1）黄色人种。黄色人种的头为圆形，颌微凸，颧骨较高且横凸，鼻梁较塌，眼眉间距较大，嘴唇厚度适中，发质硬直，发色黑亮。

（2）白色人种。白色人种的头多呈长形，颧骨小且不横凸，鼻梁挺而直，呈弯钩形，嘴唇较薄，眼眉间距较小，发质松软，发色多为金黄色。

（3）黑色人种。黑色人种的头多呈长方形，鼻平扁，颌显凸，嘴唇较宽厚，发质卷曲，多呈螺旋状，发色为黑色。

2. 性别与年龄的差异

人的头面部形态特征可因性别与年龄的不同而有所不同。

男性的头部趋于方正，骨骼、肌肉的起伏大，额部向后倾斜；女性的头部较为圆润，下颏稍尖，骨骼、肌肉起伏小，额部较平。

老年人牙齿脱落，牙床凹陷，唇收缩，颏部凸出；幼儿的下颌尚未发育完全，颏部内收，脑颅部较大。

3. 个体特征的差异

人的个体特征的差异主要表现在五官的差异上，人与人的眉、眼、鼻、唇、耳的大小都有所不同。

4. 脸型的差异

脸型即面部的轮廓线，指平视面部正面时，发际线以下的全脸边缘造型线。一般来说，人的脸型包括以下几种：

（1）椭圆脸。椭圆脸又称鹅蛋脸（见图1-4-4）是最均匀、最理想的脸型，整体脸部宽度适中，从额部面颊到下巴线条修长秀气，脸型如倒置的鹅蛋。鹅蛋型脸被视为最理想的脸型，也是化妆师用来矫正其他脸型的依据。但相对于现代人来讲，稍显欠缺个性。

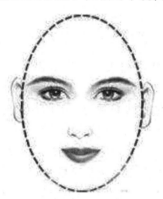

图1-4-4　椭圆脸

（2）圆脸。圆脸（见图1-4-5）的特点是额头、颧骨、下颌的宽度基本相同，从正面看，脸短颊圆，额骨结构不明显，外轮廓从整体上看似圆形。圆脸型给人以可爱、明朗、活泼和平易近人的印象，看上去会比实际年龄小。

图1-4-5　圆脸

（3）方脸。方脸（见图1-4-6）是一种常见的脸型。方脸的特点是额头、颧骨、下颌的宽度基本相同，下巴较短，使脸看起来四四方方的。与圆脸不同之处在于下颚横宽，线条平直、有力。方形脸给人以坚毅、刚强、堂堂正正的印象。

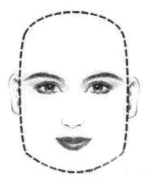

图1－4－6　方脸

（4）长方脸。长方脸（见图1－4－7）是指比较瘦长，额头、颧骨、下颌的宽度基本相同，但脸宽小于脸长的2/3的脸型。此种脸型宽度较窄，显得瘦削而长，发际线接近水平且额头高，面颊线条较直，额部突出，棱角分明。

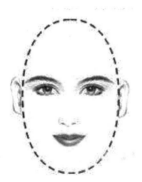

图1－4－7　长方脸

（5）倒三角脸。倒三角脸（见图1－4－8）的人，眼睛、眉毛、额头所在的脸的上半部分比较宽，从脸颊开始慢慢窄下去，下巴比较尖，是一种现代美人脸。倒三角脸的发际线大都呈水平状，有些人在额头发际处会有"尖状"的"美人尖"。

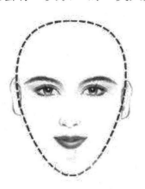

图1－4－8　倒三角脸

（6）菱形脸。菱形脸（见图1－4－9）又称杏仁脸，菱形脸的人的颧骨较高，有立体感，面部一般较为清瘦，颧骨突出，尖下颚。菱形脸的额头发际线较窄，面部较有立体感，脸上无赘肉，显得机敏、理智，给人以冷漠、清高、神经质的印象。

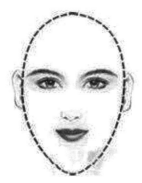

图 1-4-9　菱形脸

项目五　色彩与化妆

色彩对妆容和形象设计具有决定性作用，因此高铁乘务人员在化妆和形象设计过程中要注重运用色彩，善于搭配色彩。

人们在选择色彩方向时，首先要进行色彩分析。色彩分析是指对人的眼睛、头发、皮肤等进行细致的分析，从而确定哪种颜色更能衬托自身形象。人体的很多颜色都是与生俱来的，这些颜色决定了一个人的整体色彩。

不同年龄、性别、肤色、发色、体型的人对不同颜色的适应度大不相同，因此人们必须先了解自己的机体特征，再根据特征去选择适合的颜色。进行形象设计时，要强化色彩与人体的融洽度，以适应人们对色彩的不同心理感受和期待，达到形象设计的最佳效果，利用色彩创造出一个"新人"。

一、人体颜色的生成要素

人体内的各种颜色的形成都离不开人体分泌的 3 种色素，即核黄素、血红素和黑色素。人们的虹膜、毛发等的颜色都是因为体内的这 3 种色素共同作用而呈现出来的。

核黄素和血红素决定了一个人肤色的冷暖色调，而肤色的深浅、明暗则是黑色素在发生作用。无论任何种族，人身体的颜色特征可分为两大基调——冷色调和暖色调，也就是以黄色为底调的人为暖色调人，以蓝色为底调的人为冷色调人。

（1）暖色调人的皮肤透着象牙白、金黄、褐色或金褐色的底调色。

（2）冷色调人的皮肤透着粉红、蓝青、暗紫红或灰褐色的底调色。

二、四季色彩理论

根据人体肤色特征与科学理论，人们总结出了一套四季色彩理论体系。四季色彩理论把生活中常用的色彩按基调进行冷暖划分，进而形成彼此和谐的 4 组色彩群。由于每一组色彩群的颜色刚好与大自然四季的色彩特征相吻合，因此将这 4 组色彩群命名为春季型色彩、夏季型色彩、秋季型色彩（暖色系）和冬季型色彩（冷色系）。

在对人物进行色彩分析时，人们首先要了解四季色彩的特征与代表色彩。在做色彩分析前要仔细观察，并进行色彩测试。具体的色彩测试方式如下：

（1）将面部彻底清洗干净；

（2）将颈部以下及发际线以上的部位包住；

（3）在自然光充足的条件下，对照镜子分析自己的皮肤属性；

（4）将具有四季代表性色彩的布或纸分别放在颈部与皮肤上相对照，一步步找出相匹配的色彩，判断出皮肤色彩类型，从而准确地进行色彩分析与搭配。

透过表皮的色调决定了人的肤色。人类肤色的差异很大，不同肤色适合不同的色彩，因此对色彩选择的差异也很大。

人们可以根据肤色特征、代表色彩和总体特征对皮肤的色彩属性进行判断（见表1-5-1）。

表 1 - 5 - 1　皮肤的色彩属性

项目	春季型色彩	夏季型色彩	秋季型色彩	冬季型色彩
肤色特征	浅象牙色、浅米色的皮肤，皮肤细腻，有透明感，面部红晕，呈珊瑚粉色	粉白、乳白色皮肤，皮肤色相带蓝色、小麦色，面部红晕，呈淡淡的水粉色	象牙色、深米色皮肤，色相中带深橙色、暗驼色、驼绿色，面部不易出现红晕	青白色或略暗的橄榄色皮肤，皮肤色相中带绿色调、青色调、赭色调，面部不易出现红晕
代表色彩	黄绿、浅果绿、橙色、杏色、象牙白色、米色及柔和的浅橙色系等	冷粉色系，如粉蓝、粉紫、浅粉、灰蓝、灰绿、灰紫、乳白	所有的橙色系、橙红色系、金黄色系、棕褐色系、黄绿色、橄榄绿色、米白色系	所有的正色，如正红、正蓝，任何鲜艳的冷色系，如桃红、鲜紫、宝蓝及黑、白、灰三色
总体特征	给人温暖、透明、干净的感觉，适合具黄色调的暖色系人	给人清爽、含蓄的感觉，适合具蓝色调的冷色系人	给人浓郁、丰厚的感觉，高贵成熟、知性，适合具棕色调的暖色系人	给人纯正、明朗的感觉，适合颜色纯正、鲜艳的冷色系人

三、妆容的色彩选择与搭配

1. 四季型人的色彩选择与搭配

（1）春季型人。春季型人肤色明度较高，呈现浅象牙色、浅粉色，色相属于黄中偏白。春季型人的化妆色基调属于暖色系中的明亮色调，因此在化妆时应选择以下色彩：

①底色。底色宜选择高明度暖色调，如米白色、浅象牙色等暖调底色。

②眉毛。眉毛较适宜化成浅棕或棕色。

③眼影。眼影较适用颜色鲜亮活泼的高明度暖色调，如浅果绿色、浅杏色、浅橙色、浅米驼色等。

④唇色。唇色宜选择桃红色、橙红色、浅橙红色。

⑤腮红。腮红宜选择桃粉色、杏红色、砖红色。

（2）夏季型人。夏季型人肤色明度较高，皮肤色相呈现粉白色、乳白色，属于黄中偏粉的高明度冷调色彩，给人以双眸明亮、清新、凉爽的感觉，适合冷色系的颜色。

夏季型人的化妆色基调属于冷色系中的明亮色调，因此在化妆时应选择以下色彩：

①底色。底色宜选择偏粉红的色系，底色中应略带一些红色。

②眉毛。眉毛适宜化成浅灰棕色、深灰棕色。

③眼影。眼影应选择一些清爽、清新的明亮冷调色彩，如淡粉色、淡紫色、淡蓝色、蓝灰色、蓝紫色、紫灰色、浅湖绿色、玫瑰红色等。

④唇色。唇色宜选择淡粉色、粉色、浅玫红色、粉紫色。

⑤腮红。腮红宜选择粉色、淡粉色、浅玫红色、玫瑰红色。

（3）秋季型人。秋季型人肤色属于中等明度色彩，皮肤色相属于黄中偏棕，给人以沉稳、成熟、高雅的感觉。

秋季型人的化妆色基调属于中间明度或中间偏低明度的浊调暖色调，因此在化妆时宜选择以下色彩：

①底色。底色宜选择米色、象牙色等黄中偏棕的中间明度底色。

②眉毛。眉毛适宜化成棕色、深棕色。

③眼影。眼影应选择稳重、高雅的浊调颜色，如杏色、深棕色、棕红色、深果绿色、浅棕色、砖红色、驼绿色、鹅黄色等。

④唇色。唇色宜选择金橙色、橙红色、棕红色、棕色。

⑤腮红。腮红宜选择杏色、砖红色、浅橙棕色。

（4）冬季型人。冬季型人肤色的明度中等或中等偏下，皮肤色相属于黄中偏绿、黄中偏紫，适宜塑造冷艳美。

冬季型人的化妆色基调属于冷色系中的中间或中间偏低明度的暗调，因此在化妆时宜选择以下色彩：

①底色。底色宜用带一些红色成分的色彩。

②眉毛。眉毛适宜化成黑色、炭灰色。

③眼影。眼影应选择用暗调色彩与一种明艳的色彩搭配，突出冷艳美，如深紫红、藏蓝色、冷灰色、深酒红色、深紫蓝色、炭灰色、艳粉色等。

④唇色。唇色宜选择玫瑰红色、深酒红色、艳粉色等。

⑤腮红。腮红宜选择深玫红色、浅粉红色等。

2. 妆面色彩的对比搭配

在化妆中，妆面的构思依赖色彩的描画来完成。通常，在同一妆容中会出现几种不同的用色搭配，在化妆用色的选择上既要考虑色彩搭配是否符合规律，又要考虑化妆用色是否符合妆面特点，是否能与妆面效果达成一致。因此，色彩的巧妙运用是完成化妆的重要因素。

（1）色彩明度的对比搭配。明度对比是指色彩在明暗程度上产生的对比效果，也称深浅对比。明度对比有强弱之分：强对比颜色之间的反差大，对比强烈，会产生明显的凹凸效果，如黑色与白色的对比；弱对比颜色则淡雅、含蓄，比较自然、柔和，如浅灰色与白色的对比、淡粉色与淡黄色的对比、紫色与深蓝色的对比等。化妆中运用色彩明度对比进行搭配能使五官显得醒目、有立体感。

（2）色彩纯度的对比搭配。纯度对比是指由于色彩纯度的区别而产生的色彩对比效果。纯度高的色彩较为鲜明，对比强烈，妆面效果明艳、跳跃；纯度低的色彩较浅淡，对比较弱，妆面效果含蓄、柔和。在化妆中运用色彩纯度对比进行搭配时，要注意分清色彩的主次关系，避免产生凌乱的妆面效果。

（3）同类色对比、邻近色的对比搭配。同类色对比是指在同一色相中，色彩的不同纯度与明度的对比，如化妆中使用深棕色与浅棕色进行晕染就属于同类色对比。邻近色对比是指色环中距离接近的色彩的对比，如绿与黄、黄与橙的对比等。运用这两种色彩对比搭配可以使妆面柔和、淡雅，但容易产生平淡、模糊的妆面效果。因此，在化妆时，要注意适当地调整色彩的明度，使妆面色彩和谐。

（4）互补色对比、对比色的对比搭配。互补色对比是指在色环中成180°相对的两种颜色的对比，如绿与红、黄与紫、蓝与橙的对比。对比色对比是指色环中处于120°~150°的任何两色的对比。这两种对比都属于强对比，对比效果强烈、引人注目，适用于浓妆需要或气氛热烈的场合。在运用互补色对比、对比色对比搭配时，要注意强烈效果下的和谐关系，调和方法包括改变色彩的面积、明度、纯度等。

（5）冷、暖色的对比搭配。冷色神秘、冷静，具有收缩感，使人安静、平和，感觉清爽；暖色艳丽、醒目，具有扩张感，容易使人兴奋，让人产生温暖感。冷色系的妆面运用暖色点缀，更能衬托出妆容的冷艳；同样，暖色在冷色的映衬下会显得更加温暖。因此，在化妆用色时，应充分考虑这点。

3. 化妆用色与妆面色彩的搭配

（1）眼影色与妆面色彩的搭配。

①眼影色与淡妆妆面的搭配。化淡妆时，要根据个人的喜好、职业、年龄、季节与眼睛条件选择眼影色。例如，浅蓝色与白色搭配会使眼睛显得清澈、透明；浅棕色与白色搭配会使妆面显得冷静、朴素；浅灰色与白色搭配给人以理智、严肃的印象；粉红色与白色搭配则充满了青春活力。

②眼影色与浓妆妆面的搭配。浓妆所用的眼影色艳丽、跳跃，搭配效果醒目，强调眼部的清晰度，因此要根据不同的妆容选择眼影色。例如，紫色与白色搭配会使妆容显得冷艳，具有神秘感；蓝色与白色搭配会使妆容显得高雅、靓丽；橙色与黄色搭配能凸显女性的妩媚；橙色与白色搭配能够衬托出女性的柔美；绿色与黄色搭配则给人以青春、浪漫的印象。

（2）腮红与妆面色彩的搭配。

①腮红与淡妆妆面的搭配。粉红色、浅棕红、浅橙红色等颜色比较浅淡的腮红常用于化淡妆，选色时要与眼影及妆面的其他色彩相协调。

②腮红与浓妆妆面的搭配。棕红色、玫瑰红色等较重的颜色常用于化浓妆，这些颜色可以配合其他妆色达到所需要的妆容要求。腮红与眼影和唇色相比，其纯度与明度都应适当减弱，从而使妆面更有层次感。

（3）唇膏用色与妆面色彩的搭配。

①棕红色唇膏与妆面色彩的搭配。棕红色朴实，使妆面色彩显得稳重、含蓄、成熟，适用于年龄较大的女性。

②豆沙红色唇膏与妆面色彩的搭配。豆沙红色含蓄、典雅，使妆面色彩显得柔和，适用于较成熟的女性。

③粉红色唇膏与妆面色彩的搭配。粉红色娇美、柔和，使妆面色彩显得清新、可爱，适用于肤色较白的青春期少女。

④玫瑰红色唇膏与妆面色彩的搭配。玫瑰红色高雅、艳丽，妆面色彩效果醒目，适用于晚宴妆及新娘妆。

⑤橙色唇膏与妆面色彩的搭配。橙色热情，富有青春活力，给人以热情、奔放的感觉，适用于青春气息浓郁的女性。

在一些特殊的环境和场合，如时装发布会、化装舞会等，唇膏用色还可以选用黑色、蓝紫色、绿色、金色等。

课题小结 \\\\\

通过本课题的学习，应建立起对化妆的基本认识，了解色彩的基本知识，熟悉色彩对化妆的影响和作用，掌握面部的基本知识，为化妆的实训操作打下良好的基础。

思考与练习 \\\\\

（1）简述基础化妆和彩妆化妆需要使用的化妆品及化妆工具。

（2）简述脸型的分类。

基础化妆

项目一　基底化妆概述

一、基底化妆的重要性

人的面色主要通过涂粉底来完成修饰。人的面部皮肤由于遗传、健康和环境等因素的影响，或多或少都会出现一些问题，如面色晦暗、偏黄、有瑕疵或局部有血丝、过红等。人们通过涂抹粉底可以遮盖这些瑕疵，调和肤色，改善面部皮肤质地，使面部显得健康、光洁、细腻。俗话说"一白遮百丑"，可见面色对容貌的美化十分重要。

二、基底化妆的注意事项

要想涂好粉底，就应注意以下几点：

1. 粉底的颜色要与肤色相接近

粉底除需质地细腻、性质温和之外，最重要的是要注意颜色的选择。选择粉底颜色的基本原则是粉底的颜色要与肤色相接近。过白的粉底会给人"假"的感觉，像戴着一个面具，无法产生美感；粉底颜色过深会使皮肤显得黯淡，也得不到好的修饰效果。因此，只有使用与肤色相近颜色的粉底，才能在美化肤色的同时尽显自然本色。

2. 根据妆型的需要来选择粉底

除根据肤色选择粉底外，人们还要根据妆型的需要来选择粉底。在自然光下，应选择比肤色稍深一些的粉底，这样会使妆面显得自然，不易暴露化妆痕迹。化浓妆时，选择粉底的随意性较强。因为需要浓妆展示的场景允许妆容适度夸张，故可根据化妆造型设计的特殊需要选择粉底。例如，新娘妆原本是浓妆，但为了表现新娘的喜悦与娇羞，常选用淡粉色的粉底。

3. 不同部位选择不同色调的粉底

人的面部起伏变化，受光程度不同。为了使面部更具立体感，在修饰面部肤色时，不同的部位要选择不同色调的粉底。

（1）基础底色。基础底色具有统一皮肤色调的作用，它可使皮肤外观具有透明感及光泽感。基础底色的选择非常重要，通常选择接近肤色的基础底色，从而表现皮肤的天然质感。

（2）高光色。高光色浅于基础底色，具有让局部产生开阔、鼓凸的作用。高光色主要应用在鼻梁、下眼睑、前额、下颌等需要凸显和提亮的部分。需要注意的是，高光色在分界处要晕染得自然。

（3）阴影色。使用阴影色的目的是制造阴影，阴影色具有收缩、后退和凹陷的作用。利用阴影色可使扁平的面部有立体感，一般用于脸部外轮廓的修饰。需要注意的是，阴影色和底色的分界处要过渡自然。同时，阴影色可作鼻侧影使用，采用部分实施的手法进行晕染。

阴影色要比基础底色暗三度或四度，可根据肤色的深浅、妆面的浓淡程度来选择深咖啡色或浅咖啡色作为阴影色。

（4）抑制色。抑制色是具有抑制效果的粉底，常用色有紫色、绿色，用于偏黄、偏红的皮肤。抑制色因其特殊作用而独立于其他化妆品，应该在施粉底前使用。

①觉得肤色不均时，可以使用"肤色"饰底乳来均匀肤色。

②惨白无气色的肌肤，用"粉红/杏桃色"可增加脸色红润。

③脸蛋显得泛黄时，"蓝或紫色"是让肌肤白皙透明的最佳选择。

④"黄色"饰底乳具有遮盖黑眼圈或小斑点、痘疤的功效。

⑤痘痘肌或鼻翼两侧，可使用"绿色"来调和泛红的肤色。

（5）颊加强色。颊加强色是腮红的一种，颜色较深，可用于创造健康红润肌肤的颜色。施用少量颊加强色、扑上化妆粉后，脸色会显得更加自然、充满活力。

（6）遮瑕膏。遮瑕膏的质地比普通膏状粉底质感稠密，能将雀斑、暗疮、印痕、红血丝等有瑕疵的部分进行遮盖，使肤色统一、均匀。

项目二　基底化妆的步骤、方法及注意事项

一、基底化妆的步骤和方法

1. 化妆前准备

（1）洁肤。洁肤即用洁肤类化妆品清洁皮肤。皮肤在妆前要保持清爽、柔滑的良好状态，使之更容易上妆。

操作方式为用温水将脸打湿，然后将适量洗面奶或洗脸皂涂于手心，摩擦起沫后，用手指在面部打圈进行清洁，清洁时应逐个部位、按顺序进行。一般面部清洁的顺序是：额头—眼周—面颊—下颌—嘴部—鼻部。清洁后，先用纸巾将面部的洗脸皂或洗面奶擦净，然后再用湿面片或湿毛巾将面部擦拭干净，再用干净的水清洗后擦干。

（2）护肤。护肤即涂抹护肤类化妆品，以保护、滋润皮肤。化妆前的润肤对保护皮肤有着很重要的作用。润肤是指在清洁后的皮肤上涂抹与肤质相适应的营养液和润肤霜，也可在妆前敷用妆前面膜，使皮肤得到滋润，进一步体现健康、润泽的肤质，并使其易于上妆。润肤后涂抹隔离霜，既可以调整肤色，又可消除化妆品对皮肤的影响，在皮肤和化妆品之间筑起一道安全防线。

2. 涂粉底

粉底是妆容的基础。根据肤色的不同，所选择粉底的颜色也不同，一般可选择比自身肤色暗一个色号的粉底。

（1）涂抹粉底的要求。

①粉底色要与肤色协调。

②粉底的质感要与皮肤性质、季节、妆型特点协调。

③深浅粉底搭配要连接自然，不能有明显的痕迹。

④粉底要涂抹均匀，薄厚适当，有整体效果。

⑤与面部相连接裸露的部分，如颈、胸、肩、背、手臂都应涂敷粉底。

（2）涂抹粉底的方式。涂抹粉底的方式有很多种，可直接用手涂抹，也可用粉扑或粉底刷进行涂抹。

①直接用双手涂抹是最方便的粉底涂抹方式，容易掌控力度，但也容易留下指纹，在眼底、下巴和鼻翼等细节处容易涂抹不均，此外手温还会影响粉底质地。

②使用海绵粉扑涂抹粉底操作简单，上粉均匀、服帖，但因粉扑会吸收过多粉底而造成浪费，且粉扑使用寿命短，须定期更换。

③使用粉底刷涂抹能完整地保留粉底的原有质地，其操作灵活，且刷出的底妆薄厚均匀，粉底刷使用寿命长，易于清洗和保养（见图 2-2-1）。使用粉底刷涂抹粉底的缺点是粉底刷携带不方便，且需要多加练习才能掌握使用技巧。

选择使用何种方法涂抹粉底，可根据自己的实际情况决定。

图 2-2-1 粉底的涂抹

（3）涂抹粉底的手法。

①点法。涂抹粉底时先把粉底按照从上至下、从中间向两边，以打点的方式涂于面部。

②擦法。粉底点完后用粉扑或美容指指腹由上往下、由内向外轻擦。

③压法。粉底擦均匀后，用洁净海绵从面颊起进行全脸按压，将过剩的粉底、油脂吸走，使粉底和皮肤的亲和性加强，着色效果更好，使肤色更自然，避免"浮"的感觉，并使底色保持时间更长。

④推法。推法适用于对特殊部位如鼻唇沟的涂抹。

（4）涂抹粉底的方法。

用潮湿的海绵蘸粉底，用拍擦的方法将粉底均匀地涂抹于皮肤上。

①沿脸颊内侧到外侧的方向涂抹，涂抹完脸颊上中下三区。

②从左右眼头与鼻翼的 C 字区涂到上眼窝与眉骨下方区域。

③从眉心开始往上涂抹，以放射状擦完整个额头部分。

④从眉心向鼻子方向擦，不要漏掉鼻尖到人中的小地方。

⑤从左到右，在下巴与人中部位涂抹。

⑥再将粉扑对折，用尖角部位擦嘴角四周与下睫毛下方的眼袋区域。

（5）特殊皮肤的粉底涂抹。

①皮肤敏感者应用指腹涂抹粉底，以避免海绵对皮肤的刺激。

②毛孔粗大、皮肤粗糙者应先用浅色粉底涂抹一遍，再用接近肤色的粉底涂抹。

③皮肤发红者应先用浅绿色或浅蓝色粉底涂抹发红的部位，再用接近肤色的粉底涂抹。

④有色斑的皮肤应先用遮瑕膏涂抹在色斑部位，再涂抹接近肤色的粉底。

⑤枯黄的皮肤应用粉红色的粉底涂抹，使皮肤显得红润。

⑥较黑的皮肤要选择浅咖啡色或深土色的粉底进行涂抹，防止肤色与粉底反差太大而显得不自然。

3. 涂高光色和阴影色

（1）涂高光色。高光色用在需要提亮的部位，如在鼻梁、额头、下颌等处，用点拍的手法进行提亮。

（2）涂阴影色。用平涂的手法在脸的外轮廓进行阴影色的晕染。

4. 涂定妆粉

定妆就是用蜜粉将涂好的粉底进行固定，以防因皮肤分泌油脂和汗液引起脱妆。定妆粉可起到柔和妆面和固定底色的作用，涂抹定妆粉是保持妆面干净及底色效果持久的关键步骤。

（1）定妆粉根据质量分类。

①重质定妆粉。重质定妆粉颗粒较粗，适用于毛孔粗大的皮肤。

②轻质定妆粉。轻质定妆粉颗粒较细，适用于毛孔小、肤质细腻的皮肤。

（2）定妆粉根据颜色分类。

①象牙白定妆粉。象牙白定妆粉适用于肤色或底色较白者。

②紫色定妆粉。紫色定妆粉适用于肤色或底色偏黄者。

③绿色定妆粉。绿色定妆粉适用于肤色或底色偏红者。

④橘色定妆粉。橘色定妆粉适合在暖色光源下使用，还可用于晚妆定妆，可使皮肤显得自然、红润。

⑤粉色定妆粉。粉色定妆粉可以增加皮肤的质感，使面色显得红润，适用于新娘妆、青年妆等。

⑥蓝色定妆粉。蓝色定妆粉适合脸上有雀斑的人选用，具有良好的转移效果，在眼睛下方与整个脸部刷上薄薄一层蓝色蜜粉，可以让脸部更立体。

⑦无色散粉。无色散粉的特点是用后不改变底色，易与粉底融为一体，主要用于定妆。

⑧珠光散粉。珠光散粉分有色和无色两种，适用于皮肤凹凸不平或者脸鼓的人。珠光散粉可以体现皮肤的质感，使皮肤有光泽。

（3）涂抹定妆粉的步骤。

①用一个或两个粉扑蘸上散粉后，相对揉搓，使散粉在粉扑中均匀地揉开。

②把粉扑按或压于面部，嘴和眼睛周围的散粉应略少，暗影处的散粉可略多（见图2-2-2）。

③用大号粉刷把多余的散粉刷掉。

图 2 - 2 - 2　涂定妆粉

（4）涂抹定妆粉的注意事项。

①定妆时，不可用粉扑在妆面上来回摩擦，以免破坏妆面。

②防止脱妆的关键在于鼻部、唇部及眼部周围，这些部位要小心定妆。

③用掸粉刷掸掉多余的蜜粉时，动作要轻，以免破坏妆面。

④定妆粉是帮助妆容持久、不易泛油光的重要步骤，但是毕竟是粉质的，上妆后，很容易变成"面粉脸"，特别是和亲密的人接近的时候，一下子就会被注意到脸上都是粉。所以一定要注意使用时量的控制。

二、基底化妆的注意事项

（1）底色要涂抹均匀，所谓的均匀并不是指面部各部位底色薄厚一致，而是根据面部的结构特点，在转折的部位随着粉底量的减少而制造出朦胧感，从而强调面部的立体感。

（2）各部位衔接要自然，不能有明显的分界线。在鼻翼两侧、下眼睑、唇部周围等海绵难以深入的细小部位可用手指进行调整。

（3）阴影色、高光色的位置应根据具体的面部特征而有所变化。

（4）定妆要牢固，扑粉要均匀，在易脱妆的部位可进行二次定妆。

项目三　眉形的勾画与修饰

眉毛，是指人体面部位于眼睛上方的毛发，对眼睛有保护作用，有一定的生长周期，会自然脱落。它也是人脸部美的重要组成部分。眉的修饰对矫正脸型缺点、强调眼部的立体感起着重要的作用。

一、眉毛的构造

眉毛起自眼眶的内上角，沿眼眶上缘向外呈弧形至眼眶外上角。靠近鼻根部的内侧端称眉头，外侧端称眉梢，外高点称眉峰，眉头与眉峰之间的部分称眉腰（见图 2 - 3 - 1）。

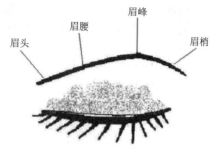

图 2-3-1　眉毛的构造

眉头部位的眉毛斜向外上方生长。从眉腰处开始，眉毛分上下两列生长，上列眉毛斜向下方生长，下列眉毛斜向上方生长。眉峰至眉梢部位的毛发细而稀疏，中间部位的毛发较粗而致密，使眉毛的疏密状态为两头淡中间浓。画眉时一定要遵循眉毛的浓淡变化规律，这样才能使眉毛显得生动。

二、标准眉形

这里所谓的"标准"，主要是对眉毛而言的，不存在与其他部位的相对关系。标准眉形（见图 2-3-2）应符合以下条件：

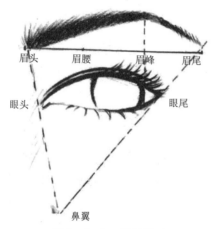

图 2-3-2　标准眉形

（1）眉头与内眼角应在一条直线上。

（2）眉尾的长度是从鼻翼拉一条呈 45°角的斜线，穿过眼尾，眼尾长至此斜线并相接为宜。

（3）将眉毛分为 3 等分，在 2/3 的部位再向眼头移少许，就是眉峰的位置，但眉峰最好不要有角度。

（4）眉头与眉尾几乎成水平线，但眉尾可略高些。

三、修眉

1. 修眉的步骤

（1）正向面对镜子，将笔刷平放在两眉上方，检查两边眉峰的高度，如果两边高度差超过 0.3cm，才需要修眉峰；尤其是初学修眉，不建议修整眉峰，会很容易破坏掉完整眉形。

（2）先将眉眼间的大范围杂毛用安全剃刀剃除。

（3）用镊子拔除靠近眉毛处的细小杂毛，拔的时候要夹紧根部，顺向拔起。注意只要慢慢拔除边缘的杂毛即可，拔太多会让眉毛产生空隙。

（4）利用眉梳或眉刷，由眉头向眉峰的位置，将眉毛梳顺。

（5）眉峰到眉尾的眉毛则要往下梳。

（6）利用弯型剪刀，把梳整过后的眉毛边缘修剪出整齐的弧线。

（7）如果眉毛太长，可用钢梳将眉毛挑起后剪短。

2. 修眉的方法

根据修眉所使用工具的不同，修眉的方法也有不同。一般来说，主要有 3 种修眉方法，即拔眉法、剃眉法和剪眉法。

（1）拔眉法。拔眉法是指用眉钳将多余的眉毛连根拔除的方法。操作前可用温热的毛巾在清洁过的眉毛处热敷片刻，以软化皮肤，扩张毛孔，减轻拔眉时的疼痛感。

操作时用食指和中指将眉部皮肤绷紧，以免眉钳夹到皮肤，再顺着眉毛生长的方向一根一根地拔。如果逆着眉毛的生长方向拔会增加疼痛感。拔眉的上下顺序不必强求，可以先上后下，也可先下后上。但应注意的是，拔眉时要一点一点、有秩序地进行，这样不仅速度快，而且眉形容易修得整齐，切不可东一根西一根地乱拔。

拔眉法的特点是修过的地方很干净，眉毛再生速度慢，眉形的保持时间相对较长；不足是拔眉时有轻微的疼痛感，长期用此法修眉会损伤眉毛的生长系统，皮肤也会变松弛。

（2）剃眉法。剃眉法是指利用修眉刀将多余的眉毛剃除的方法。用修眉刀的刀片贴紧皮肤滑动，以将眉毛根切断。在操作时应特别小心。因为修眉刀非常锋利，若使用不当会割伤皮肤。正确的操作方法是：用一只手将皮肤绷紧，另一只手的拇指和食指固定刀身，修眉刀与皮肤呈45°角，在皮肤上轻轻滑动，将眉毛根切断。

剃眉法的特点是修眉速度快，无疼痛感，但剃过的部位不如拔眉显得干净，而且眉毛再生速度快，眉形保持时间短。

（3）剪眉法。剪眉法是用眉剪将杂乱或下垂的眉毛剪掉，使眉形显得整齐的方法。操作时先将整条眉毛用眉刷理顺，然后再用眉剪将多余的部分剪掉。剪眉法一般配合以上两种方法使用，适合眉毛生长方向比较乱或眉毛太长者。

四、画眉

眉毛的形状、色调可展示人的个性和情绪，并能修饰脸型，同时也是区别妆型的重要因素。

1. 画眉的作用

（1）强调个性，表现妆型特点。

（2）弥补眉毛自身生长的不足，完善眉形。

（3）调整脸型，调整眉与眼的距离。

2. 画眉的要求

（1）眉形要与脸型、个性协调。

（2）眉色要与肤色、妆型协调。

（3）眉毛的描画要虚实相映，左右对称。

3. 眉的描画步骤及方法

（1）眉腰—眉峰。顺着眉毛的生长方向描画至眉峰处，形成上扬的弧线。

（2）眉峰—眉梢。顺着眉毛的生长方向斜向下画至眉梢，形成下降的弧线。

（3）眉腰—眉头。用眉刷刷眉，使其柔和，并使眉腰与眉头衔接。

4. 眉形的选择

（1）常见眉形。常见眉形有柳叶眉、拱形眉、上挑眉和平直眉等（见图2-3-3）。

柳叶眉　　　　　　　拱形眉

上挑眉　　　　　　　平直眉

图2-3-3　常见眉形

（2）眉形的选择原则。眉形的多样化使眉毛富于变化和表现力。眉形的选择对眉毛的修饰和美化非常重要。在选择眉形时，要注意以下几点：

①根据眉毛的自然生长条件来确定眉形。对于较粗、较重的眉毛，造型设计余地大，可通过修眉形成多种眉形；较细、较浅的眉毛在造型时有一定的局限性，只能根据自身条件进行修饰，否则会给人失真、生硬的感觉。眉毛是由眉棱支撑的，眉毛自然生长的弧度是由眉棱的弧度决定的。因此，在设计眉形时，要考虑眉棱的弧度，若调整幅度过大，会显得不协调，不仅不能增加美感，反而会影响妆面的整体效果。

②根据脸型选择眉形。眉毛是面部可以通过大幅修饰而改变形状的部位，因而对脸型有一定的矫正作用。

③根据个人喜好选择眉形，以充分展现个人的性格和内在气质。

项目四　眼部的化妆修饰

眼部是面部表情最为丰富的地方。想让双眸大而清澈，散发诱人魅力，需要较高超的眼部化妆技术。

一、眼部结构

眼睛是人体的视觉器官，眼球前方覆有上眼睑和下眼睑两部分，其间为睑裂。下眼睑的皮肤内侧有一条细的皱襞称下眼睑沟，人到老年时，皮肤松弛，眼睑沟明显。上眼睑的皮肤在睁眼时会形成一条皱襞，这条皱襞称为重睑，又称上睑皱褶，即"双眼皮"，没有重睑者则为"单眼皮"。眼眶上缘与眼球之间为上眼睑沟。上、下睑缘相连形成两个眼角，内侧角圆钝，称为内眼角；外侧角呈锐角，称为外眼角。

上眼睑可以覆盖在半个眼球体上，眼部化妆要以其为依据，充分体现眼部的转折与结构。

二、眼影的晕染

1. 眼影晕染的作用

眼影的晕染可强调和调整眼部的凹凸结构，赋予眼部立体感，并透过色彩的张力，让整个脸庞明媚动人。

2. 眼影晕染的要求

（1）眼影色要与妆型、服饰色相协调。

（2）眼影晕染的形态要符合眼形的要求。

（3）色彩过渡要柔和，多色眼影搭配时要丰富而不混浊。

3. 眼影晕染的位置

晕染眼影时要先确定晕染位置，根据需要可将眼影局部或全部覆盖于上眼睑，晕染时要与眉毛有一定的空隙，眉梢下的地方空出不晕染或进行提亮（见图 2 - 4 - 1）。

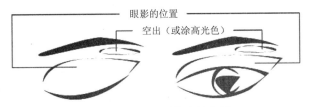

图 2 - 4 - 1　眼影晕染的位置

有时下眼睑也要晕染眼影，晕染位置在下睫毛根的边缘，晕染面积要小，眼影用量要少，使用小号眼影刷晕染出外粗内细的效果即可。

4. 眼影晕染的方法

眼影的涂抹主要是通过晕染的手法来完成。也就是说，在画眼影时颜色不能成块状堆积在眼睑上，而是要呈现出一种深浅变化，这样才会显得自然、柔和。通常，眼影的晕染有两种方法，即立体晕染和水平晕染。

（1）立体晕染。立体晕染是指按素描绘画的方法晕染眼影，将深暗色涂于眼部的凹陷处，将浅亮色涂于眼部的凸出部位。暗色与亮色的晕染要衔接自然，明暗过渡要合理。立体晕染的最大特点是可通过色彩的明暗变化来表现眼部的立体结构。

（2）水平晕染。水平晕染是在睫毛根部涂抹眼影，并向上晕涂，越向上越淡，色彩呈现出由深到浅的渐变。水平晕染的特点是通过表现色彩的变化来美化眼睛。

立体晕染和水平晕染这两种方法没有绝对的界线，立体晕染中也常常包含表现色彩变化的内容，而水平晕染中也常常要估计到眼部凹凸结构的因素，只是它们所表现的侧重点有所不同。

5. 眼影的色彩搭配

（1）单色眼影晕染。单色眼影化妆应有浓有淡，有深浅变化（见图 2 - 4 - 2）。用单色眼影化妆比较自然，但容易显得单调。

图 2 - 4 - 2　水平单色晕染和立体单色晕染

（2）双色眼影晕染。

①类似色搭配（深浅搭配）。类似色是指两种颜色含有共同的色彩成分，如淡紫红和深紫红，这种色彩搭配对比弱，比较柔和、和谐，适合淡妆。操作时宜先用浅色晕染，再用深色作为强调色（见图2－4－3）。

图2－4－3　水平类似色搭配晕染和立体类似色搭配晕染

②明暗色彩搭配。明暗色彩搭配可强调眼部的凹凸结构，常用于晚妆及人造光源的场合（见图2－4－4）。

图2－4－4　水平明暗色晕染和立体明暗色晕染

③冷暖色彩搭配。冷暖色彩搭配可产生强烈、炫目的对比效果，常用于浓妆、彩妆、舞台妆。这种色彩搭配要掌握好纯度比（见图2－4－5）。

图2－4－5　水平冷暖色晕染和立体冷暖色晕染

④三色搭配法。三色搭配法又称1/3化妆法，即将上眼睑分成三部分，中间用亮色，其他色彩可采用冷暖、深浅对比。三色搭配法适合上眼睑较宽、用色余地大的眼部妆（见图2－4－6）。

图2－4－6　三色搭配法

三、眼线的勾画

眼线在日常生活中也被称为睫毛线。通过眼线的描画可使眼睑边缘清晰，同时由于睑缘的加深又与眼部巩膜（眼球外围的白色部分）形成了鲜明的黑白对比，因此眼线增加了眼睛的神采和亮度。此外，利用眼线的位置及角度，可以从视觉上调整眼睛的形状。

1. 睫毛的生长规律

上睫毛浓、粗，下睫毛淡、细；外眼角位置的睫毛浓、重，内眼角位置的睫毛稀、淡（见图2-4-7）。在画眼线时，要遵循其生长规律。

图2-4-7　上、下眼线

2. 画眼线的作用

描画眼线可调整眼睛的轮廓和两眼之间的距离，增强眼睛的黑白对比度，弥补眼形的不足，使人显得神采奕奕。

3. 画眼线的方法

通常可用眼线笔、眼线膏、眼线刷等描画。

第一步，要找准睫毛根部，用手指腹将眼皮拉起来，睫毛的根部就会露出来，这样就可以看清楚睫毛根部，在睫毛根部画易于上妆。最重要的一点是画的时候要将睫毛缝隙一点点的填满，不能留出余白，否则会很难看。

第二步，一点点地描画眼线，画的时候要仔细，眼线笔要贴着睫毛根部，这样可以避免出现断点和弯曲现象，如果方向弯曲了，可以用化妆棉来调整没有画好的地方。

第三步：眼尾拉长眼线画到眼角处的时候要轻微地向上扬起一点，这样画出的眼线可以美化眼形，可以让眼形更加完美漂亮。在画眼线的时候，只需要在眼尾处稍稍向上拉长一点就可以了，上扬的这一笔要流畅，一笔画到位。

第四步：上眼线画完之后可以使用化妆棉顺着眼线的边缘向外慢慢地晕染，让眼线和眼影之间有渐变的效果，这样眼睛看起来不仅自然而且更加深邃。

第五步：下眼线在眼妆中起到呼应上眼线的作用，可以让眼睛看起来更大、更有神，画下眼线的时候重点在于上、下眼线要连接上。在画下眼线末端的时候一定要让下眼线和上眼线连接起来，而且要注意眼角的空白处也要填满，画完之后一双大眼美妆就基本上出来了。

第六步：描画眼头。细心地勾画眼头可以使眼睛更漂亮，稍微拉起上眼皮露出眼头的位置，顺着眼头的弧度，用眼线笔细心地勾画，也可适当延伸出去一点，效果会使眼睛显得更长一点（见图2-4-8）。

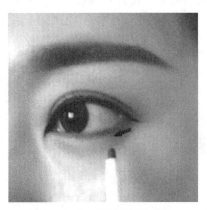

图2-4-8　眼线笔描画眼线

眼线离眼球很近，眼球周围的皮肤非常敏感，描画时会不小心刺激眼睛而流泪，导致妆面遭到破坏，因此描画眼线要格外细致。眼线要画得整齐干净、宽窄适中。描画眼线的力度要轻，手要稳（见图2-4-9）。

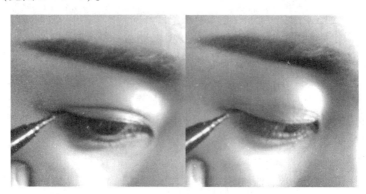

图2-4-9　用眼线刷描画眼线

4. 眼线的颜色

眼线的颜色有很多种，如黑色、灰色、棕色、蓝色、紫色、绿色等。由于亚洲人毛发的颜色为棕黑色，因此一般使用棕黑色眼线笔，但有时候根据妆型设计的特殊需要也可使用其他颜色。

四、睫毛的修饰

睫毛是眼睛的第一道防线。同时，长而浓密的睫毛对增加眼睛的神采也能起到辅助作用，使眼睛炯炯有神，充满魅力。

亚洲人睫毛的生长特点为直、硬、短，并向下生长，常会遮盖住眼睛的神采。这些问题可以通过夹卷睫毛、涂抹睫毛膏或粘贴假睫毛等方式来解决。

1. 夹卷睫毛

用睫毛夹使睫毛卷曲上翘，这样可以增添眼部的立体感。操作时眼睛向下看，将睫毛夹的夹口置于睫毛上，将夹子夹紧，稍停片刻后松开，不移动夹子的位置连续做几次，使睫毛卷曲的弧度固定（见图2-4-10）。在夹睫毛时应分别从睫毛根部、睫毛中部和睫毛尖部3处施力以使其弯曲，这样形成的弧度会比较自然。

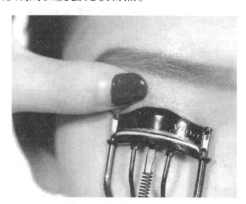

图2-4-10　夹卷睫毛

2. 涂抹睫毛膏

用睫毛膏涂睫毛时，眼睛要向下看，睫毛刷由睫毛根部向下、向外转动（见图 2 - 4 - 11）。

然后眼睛平视，睫毛刷由睫毛根向上、向内转动。涂上睫毛时，先用睫毛刷的刷头横向涂抹睫毛梢，再由睫毛根部由内向外转动睫毛刷。如出现睫毛粘连的情况，可用眉梳在涂抹睫毛膏后将其梳顺，使睫毛保持自然状态。

图 2 - 4 - 11 涂抹睫毛膏

3. 粘贴假睫毛

当自身睫毛稀疏、较短或遇妆型需要时，可利用粘贴假睫毛的方式来增加睫毛的长度和密度（见图 2 - 4 - 12）。

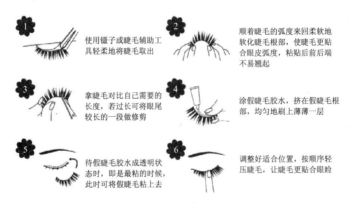

图 2 - 4 - 12 粘贴假睫毛

（1）做好除睫毛以外的准备。

在打造眼妆过程中粘贴假睫毛之前，往往都要化好眼线，确认除了睫毛以外的部分是否已经准备好。要先画好眼线，相当于是为假睫毛定位，然后再开始粘贴假睫毛，这样粘贴出的睫毛才会更自然逼真。

（2）把假睫毛多余的一端剪掉。

粘贴假睫毛之前的工作准备好后，就开始用手粘住睫毛一端，试放于眼部上侧，并将其与眼部宽幅进行比对。如果发现假睫毛过长的话，需要用剪刀将多余的长度从假睫毛的尾部剪掉。

（3）轻拉弯曲睫毛，增强睫毛韧度。

为了增加睫毛韧性，可以用手捏住假睫毛的两端，轻轻地上下弯曲，并反复多次，这样可以使假睫毛材质变得松软有韧性，戴起来也会更易贴合眼部弧度。

（4）用睫毛夹夹卷自身睫毛。

假睫毛的一切准备工作完成后，接着用睫毛夹将自己原有的睫毛夹卷、夹翘。

（5）在假睫毛上涂上粘胶。

现在开始粘贴假睫毛，要选用带刷头的胶水，沿假睫毛根部，使粘胶均匀涂抹于整个睫毛的根部位置。在此过程中，要在粘胶刚开始收干的状态立即开始粘贴假睫毛，这样可以使粘贴更为密实，大大提高成功的概率。

（6）粘贴假睫毛。

需要用镊子等工具夹取假睫毛中间的位置，沿着化妆者本身睫毛的根部位置下压粘合，需要决定粘合的位置，轻压睫毛根部直至完全紧密粘合，要按中间、眼头、眼尾的先后顺序分别轻压粘合，待粘胶干透，即大功告成！

（7）假睫毛粘贴后显得不够浓密自然的，还需要用化妆剪刀来进行修饰，然后再用睫毛膏把真睫毛和假睫毛刷一下，这样才会出现自然逼真的睫毛效果。

五、双眼皮的化妆

1. 双眼皮的作用

（1）矫正过于下垂的眼皮。

（2）矫正两眼大小，使其协调。

（3）使眼睛显得更大。

2. 双眼皮的化妆方法

（1）美目贴。美目贴主要用于日常生活化妆和影楼化妆，使用方便，容易掌握，但因其是塑胶制品，故不易上色，且有反光点。

使用方法：根据眼形和眼睛的长度，将美目贴剪成月牙形，两边不可太尖，应剪成圆形，以免刺激眼睛，剪好后用镊子夹住，贴在适当的位置上。美目贴自身有黏性，故应在打底之前贴好。

（2）深丝纱。深丝纱需配合酒精胶使用，主要用于影视化妆和舞台化妆，其效果自然且容易上色。

使用方法：在涂完眼影后使用，先根据眼形将深丝纱剪成月牙形，用酒精胶做单面涂抹，胶水不宜过多，然后贴在眼睑上，最后用定妆粉定妆，以避免上、下眼睑粘在一起。

项目五　面颊的化妆修饰

一、面颊和面颊化妆

1. 面颊化妆的重要性

面颊是人类流露真实情感的重要部位，人在情绪波动时面颊会产生较明显的颜色变化。面颊化妆的修饰是展示人们神采并矫正脸型缺点的一种重要手段。

2. 面颊的位置和特征

面颊位于面部两侧，处于上颌骨与下颌骨的相交处，上至颧突眼眶下水平线，下至颌角，介于尖牙槽和外下颌角之间。面颊的外形宽而扁平，因人种、性别、年龄的不同会有很大的个体差异。

二、腮红的晕染

1. 标准脸型腮红晕染的位置

面颊一般用晕染腮红的手段来进行修饰。标准脸型的腮红晕染位置在颧骨上、笑时面颊能隆起的部位（高点）。

一般情况下，晕染腮红向上不可高于外眼角的水平线，向下不可低于嘴角的水平线，向内不能超过眼睛的1/2垂直线。在化妆时，腮红的晕染部位要根据个人的脸型而定。

2. 腮红的晕染步骤及方法

面颊是整个面部化妆涉及面积最大的部位，直接关系到妆面效果。健康的面颊看上去应该白里透红，因此腮红的晕染要清淡、自然、柔和。

腮红宜选择与个人肤色相近的色调。一般来说，白皙的皮肤应该配以温暖的古铜色或淡粉红的腮红；圆形脸的腮红可用棕色，以达到使脸部显得较瘦的效果；瘦长脸的腮红可用桃红、粉红等颜色使面部看起来红润、丰满。同时，腮红要与眼影、唇膏颜色适量搭配使用。

（1）取同色系中较深的腮红，从颧弓下陷处开始，由发际线向内轮廓进行晕染（见图2-5-1）。

图2-5-1　腮红晕染的效果

（2）取同色系中较浅的腮红，在颧骨上与步骤（1）所进行的晕染衔接，由发际线向内轮廓进行晕染。

3. 各种脸型的腮红晕染方法

（1）长脸型。长脸型腮红的晕染应以鬓发为起点，不可高过外眼角，进行横向晕染，增加脸部的柔和感，由颧骨往鼻子的方向刷。

（2）方脸型。方脸型腮红的晕染应以鬓发为起点，不可高过外眼角，进行斜纵向晕染，面积宜小，颜色宜浅淡。

（3）圆脸型。圆脸型腮红的晕染应以鬓发为起点，进行斜向晕染，面积不宜过大，由颧骨向脸中央刷，可以构造脸部的角度。

（4）由字脸。由字脸腮红的晕染应以鬓发为起点，略高于外眼角，进行斜纵向晕染。

（5）申字脸。申字脸腮红的晕染应以鬓发为起点，不可高过外眼角，进行斜向晕染，应该将腮红由颧骨上方，顺着颧骨的曲线，向脸中央刷。

4. 晕染腮红的注意事项

（1）腮红的晕染要体现出面部的结构及三维效果，在外轮廓颧弓下陷处用色最重，到内轮廓时逐渐减弱并消失。

（2）应用胭脂刷的侧面蘸取及晕染腮红。

（3）腮红的晕染要自然、柔和，不可与肤色之间存在明显的边缘线。

项目六   鼻的化妆修饰

一、鼻部构造与鼻形

1. 鼻部构造

鼻位于面部的中庭，是整个面部最凸起部位。

鼻由鼻骨、鼻软骨和软组织构成，主要结构包括鼻根、鼻梁、鼻翼、鼻孔、鼻尖、鼻小柱等（见图2-6-1）。其中，鼻根始于眉头，鼻翼位于眼角垂直线的外侧，鼻梁由鼻根向鼻尖逐渐增高。

鼻背
鼻翼
鼻唇沟
前鼻孔

鼻根
鼻梁
鼻尖
鼻小柱

图2-6-1   鼻的结构

2. 标准鼻形

标准鼻形中鼻的长度为脸长度的1/3，宽度为脸宽的1/5。鼻根位于两眉之间，鼻梁由鼻根向鼻尖逐渐隆起，鼻翼两侧在内眼角的垂直线上。

二、鼻部的修饰

1. 鼻部的修饰步骤及方法

（1）根据鼻部需要蘸取少量阴影粉。

（2）将鼻型刷置于眉头前部鼻根两侧位置。

（3）刷头与脸部呈45°倾斜，从鼻根部侧边向下轻刷。

（4）沿着鼻梁侧边走势涂抹至鼻翼。

（5）勾出鼻影轮廓，将刷头来回仔细晕染鼻影边缘。

（6）使其与周围妆容形成自然过渡。

（7）将刷头置于鼻根部，向眉头方向进行晕染涂抹，并延伸到眉头1厘米位置。

（8）将刷头来回仔细晕染鼻影边缘，使鼻部阴影与眉头自然过渡。

2. 鼻部修饰的注意事项

（1）鼻侧影的晕染要符合面部的结构特点，注意色彩的变化，在鼻根处深一些，并要与眼影衔接。

（2）鼻侧影与面部粉底的相连处色彩要相互融合，不要有明显的痕迹，并且要左右对称。

（3）鼻梁上的高光色应符合生理结构，宽度适中，最亮部位应在鼻尖，因为此处是鼻部的最高点。

项目七　唇部的化妆修饰

唇是面部最鲜艳且肌肉最活跃的部位，与面部表情变化有密切的关系，是面部整体美感的重要组成部分。通过对唇的修饰，不仅能增加面部色彩，还能帮助调整肤色。因此，唇的修饰在化妆中十分重要。

一、唇的结构

唇由上唇和下唇组成。上、下唇之间称为唇裂，上唇结节有两个凸起的部位称为唇峰（它的形状和位置决定唇形），两唇峰之间的低谷称为唇谷，唇的两侧为唇角（见图2-7-1）。

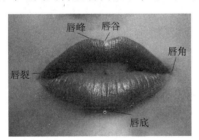

图2-7-1　唇的结构

二、标准唇形

一般来说，标准唇形给人以亲切、自然的印象（见图2-7-2），具体描述如下：

（1）唇裂的宽度。唇裂的宽度为当两眼平视正前方时，沿两侧瞳孔的内侧缘向下所作的垂直线之间的宽度。

（2）唇的厚度。唇的厚度大约是唇裂宽度的1/2。中国人普遍认为下唇略厚于上唇为美，欧洲人则认为下唇的厚度应是上唇的两倍。

（3）唇峰的位置。唇峰的位置位于唇中线至唇角的1/3或1/2处，厚度大约是唇裂宽度的 1/4 不到。

（4）唇谷的位置。唇谷的位置位于唇中线上，高度是唇峰至唇裂宽度的 1/2。

（5）下唇中部。下唇中部的最低点位于唇中线上，厚度是唇裂宽度的 1/4。

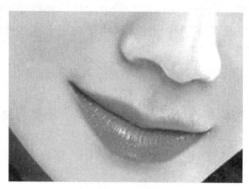

图 2 - 7 - 2　标准唇形

三、唇线笔的作用

（1）使唇的轮廓显得清晰，选择比唇膏略深的颜色（同色系）可以增加立体感。

（2）弥补和矫正唇形的不足。

（3）防止唇膏向四周外溢。

（4）画唇线后比较容易画出唇形，并易修改。

四、唇部修饰的步骤

1. 设计唇形

根据个人的自身条件，设计理想的唇形。

2. 确定唇峰的位置

在化妆过程中，唇峰的位置直接影响唇部的表现力，下面介绍几种唇峰的位置及唇形的表现风格。

（1）丰满唇形。唇峰位于唇中线至唇角的 1/2 处，此种唇形轮廓均匀，唇峰的高度和下唇相应位置厚度相同，给人较为丰满的感觉。

（2）性感唇形。唇峰位于唇中线至唇角的 2/3 处，此种唇形有圆润、饱满和优美的微笑感，给人以热情的印象。

（3）敏锐唇形。唇峰凸出，略带尖锐倾向，唇角处稍向上提，给人以冷峻、严肃的印象。

3. 勾画唇线

（1）内描法。将轮廓线画在原有唇形稍内侧，适合双唇大而厚的嘴唇。

（2）外描法。在唇的稍外侧描轮廓线，使唇部丰满起来，适合双唇薄而小的嘴唇。

（3）直线法。按照唇形轮廓描出带锐角的直线，适合双唇大小适中的嘴唇。

（4）1/3 唇线法。这种嘴唇呈山形，起伏大，给人以感情丰富之感觉。

（5）1/2 唇线法。上唇山形最高处恰在口角和中心线中间，其高度与相应位置的下唇厚度相同，上、下唇轮廓线匀称，是大众化的唇形。

（6）2/3 唇线法。上唇山形高峰在唇中央到口角 2/3 的地方，给人以宽广优美的感觉（见图 2-7-3）。

图 2-7-3 勾画唇线

4. 涂唇膏

涂唇膏时可用唇膏笔蘸上唇膏，从唇角向唇中部涂抹，由外向内涂满。为了增加立体感，唇膏应分三层涂抹。

（1）第一层涂基底色，用所要表现的颜色涂满全唇。

（2）第二层涂暗影色，涂抹的重点在唇角和唇的边缘，以增加立体感。

（3）第三层涂亮色，涂于上唇的唇峰下面和下唇的中间，突出中间，使唇肌显得饱满。

五、唇部修饰的注意事项

（1）唇线的颜色要与唇膏颜色的色调一致，并略深于唇膏的颜色。

（2）唇线的线条要流畅，左右对称。

（3）唇膏的色彩变化规律应为上唇深于下唇、唇角深于唇中。

（4）唇膏的颜色要饱满，要充分体现唇部的立体感。

项目八　矫正化妆

矫正化妆存在于一切化妆中。矫正化妆是利用线条及色彩的明暗、层次的变化，在面部的不同部位制造视觉错觉，使面部优势得以发扬和展现，缺陷和不足得以弥补和改善的手段。

一、脸型的矫正化妆

各种脸型都有其各自的特点。因此，人们需要通过整体设计，恰当运用化妆手段，发扬个性特征，弥补各种脸型的缺陷和不足。

1. 圆脸的修饰方法

圆脸的人常给以年轻可爱的印象，因整个面庞圆润少棱角，缺少成熟稳重的气质，因此在修饰时，可以利用色彩的明暗对比及较冷色系的色彩来改变这种印象。

（1）粉底：在对圆脸进行修饰时，重点在两腮处，可用比面部基础粉底深几号的阴影色涂于两腮处，制造阴影，以缩减面部的圆润及膨胀感，并在额部、鼻梁、下巴处整体加高光色以体现立体感。

（2）眉：眉形可采用上挑眉。

（3）眼睛：眼影可选择较冷的色彩来增加成熟和收缩的感觉。

（4）腮红：用腮红来增加颧骨及面部位的立体感。

（5）口红：唇形不宜画得太圆太饱满，可选择带有明显唇峰并唇角上扬的唇形。

2. 方脸的修饰方法

方脸的人面部棱角分明，一般都有宽阔的前额及方形的颚骨，整体的感觉刚硬有余、柔美不足。在修正时，可以用一些柔和的色调来增添女性温柔的气质。

（1）粉底：方脸的人同样需要用阴影色来掩饰两腮处突出的部分，并且也要在宽阔的额角用阴影色来制造圆润的效果。

（2）眉：眉形可采用略微上挑的柔和眉，既与脸型相配，又中和了方脸男性化的感觉。

（3）眼睛：眼影可选择一些较暖、较柔和的色彩。

（4）腮红：腮红的位置可略高一些，形状可用三角形晕染。

（5）口红：可画出圆润饱满的唇形。

3. 长脸的修饰方法

长脸的人容易给人以老成、刻板的印象，整个面部缺乏柔和、生动的感觉，在修饰时可以用一些鲜明的色彩来调整。

（1）粉底：可选用带有浅色调的柔和粉底，并在前额、下巴处涂阴影色以调整脸的长度感。

（2）眉：眉形宜选用平直的"一"字眉。

（3）眼睛：眼部修饰的重点应在外眼角，并以鲜明的色彩来强调。

（4）腮红：腮红的位置应在颧骨的下方，并做横向晕染。

（5）口红：口红的色彩可以柔和、浅淡一些，以此削弱长脸给人的老成感。

4. 正三角脸的修饰方法

此种脸型又称为"梨形脸"，脸部形状上窄下宽，给人以憨厚可爱的印象，但缺少生动感。

（1）粉底：正三角脸修饰的重点在于较宽的两腮处，可以用阴影色进行遮盖，面部的"T"形部位用浅亮色进行提亮。

（2）眉：可以选择上扬、带有一定弧底的眉形。

（3）眼睛：眼影修饰的重点可放在外眼角，以此加宽额部的宽度。

（4）腮红：腮红的位置与圆脸相同，做纵向晕染。

（5）口红：可以选用稍带棱角的唇形。

5. 倒三角脸的修饰方法

倒三角脸的脸型与三角脸恰好相反，它就是我们所说的"瓜子脸"，脸型的额部较宽，但下巴窄而尖，给人秀气的印象，但难免又会有单薄、柔弱的感觉。

（1）粉底：可在前额两侧涂阴影色，在两腮处涂以亮色来修饰。

（2）眉：眉形不宜画得太长，可加重眉头色度。

（3）眼睛：眼影描绘的重点应在内眼角处。

（4）腮红：腮红的位置可按颧骨本来的位置作晕染。

（5）口红：嘴唇不宜画得太大，并且可选择柔和色调的唇色。

6. 菱形脸的修饰方法

菱形脸的特点是上额宽、下额部较窄、颧骨部位又十分突出，整个脸形似"枣核"，显得十分精明、清高，但缺少亲切、可爱的感觉。

（1）粉底：可在前额部位及下额处涂亮色，颧骨部位的两侧涂阴影色来修饰脸型。

（2）眉：眉形不可过于高挑，眉峰的位置可略向后一些。

（3）眼睛：眼影的色彩宜选用浅淡的柔和色调，并将重点放在外眼角。

（4）腮红：腮红的位置可涂于颧骨上，以掩饰颧骨的高度。

（5）口红：嘴唇宜画得圆润、丰满，并选择柔和色调的唇膏。

二、眉形的矫正化妆

1. 向心眉的修饰

（1）向心眉的特征。两条眉毛向鼻根处靠拢，其间距小于一只眼的长度，使五官显得过于紧凑而不舒展。

（2）向心眉的修饰。先将眉头处多余的眉毛除掉，加大两眉间的距离，再用眉笔描画，将眉峰的位置略微向后移，眉尾可适当加长（见图2-8-1）。

图2-8-1　向心眉的修饰

2. 离心眉的修饰

（1）离心眉的特征。两眉头间距过远，大于一只眼的长度，使五官显得分散，容易给人留下不太聪明的印象。

（2）离心眉的修饰。由于离心眉的眉头距离过远，因此要在原眉头前画出一个"人工"眉头，描画时要格外小心，循序渐进，浓淡适宜，否则会显得生硬、不自然。离心眉的修饰要点是将眉峰略向前移，眉梢不要拉长（见图2-8-2）。

图2-8-2　离心眉的修饰

3. 吊眉的修饰

（1）吊眉的特征。眉头低，眉梢上扬，使人显得有精神，但过于吊起的眉则使人显得尖锐，不够和蔼可亲。

（2）吊眉的修饰。修饰吊眉时可将眉头下方和眉梢上方的眉毛除去，眉峰以下适当填补，描画时要侧重描画眉头上方和眉梢下方，这样可以使眉头和眉尾基本保持在同一水平线上（见图2－8－3）。

图2－8－3　吊眉的修饰

4. 下垂眉的修饰

（1）下垂眉的特征。眉尾低于眉头的水平线，使人显得亲切，但过于下垂会使面容显得忧郁、愁苦、没精神。

（2）下垂眉的修饰。修饰下垂眉时应去除眉头上面和眉梢下面的眉毛，在眉头下面和眉尾上面的部分要适当补画，并适当补画眉峰，使眉头和眉尾在同一水平线上或眉尾略高于眉头（见图2－8－4）。

图2－8－4　下垂眉的修饰

5. 短粗眉的修饰

（1）短粗眉的特征。眉形短而粗，显得不够生动，会使女性看起来有些男性化。

（2）短粗眉的修饰。修饰短粗眉时可根据标准眉形的要求将多余的部分修掉，然后用眉笔补画缺少的部分。短粗眉修饰的重点是修剪与描画（见图2－8－5）。

图2－8－5　短粗眉的修饰

6. 散乱眉的修饰

（1）散乱眉的特征。眉毛生长杂乱，缺乏轮廓感及立体的外部形态，使五官看起来不够清晰。

（2）散乱眉的修饰。修饰时要先按标准眉形的要求将多余的眉毛去掉，用眉梳梳顺，再用眉笔加重眉毛的色调，画出理想的眉形（见图2-8-6）。

图2-8-6　散乱眉的修饰

7. 残缺眉的修饰

（1）残缺眉的特征。残缺眉是指由于疤痕或眉毛本身的生长不完整使眉毛的某一段出现残缺的现象。

（2）残缺眉的修饰。修饰时应先用眉笔在残缺处淡淡描画，再对整条眉进行描画，使眉形自然流畅（见图2-8-7）。

图2-8-7　残缺眉的修饰

三、眼形的矫正化妆

1. 两眼距离较近的修饰

（1）两眼距离较近的特征。两眼间距小于一只眼的长度，使面部五官看似较为集中，给人以严肃、甚至不和善的印象。

（2）两眼距离较近的修饰。靠近内眼角的眼影用色要浅淡，要突出外眼角眼影的描画，并将眼影向外拉长；上眼线的眼尾部分要加粗加长，靠近内眼角部分的眼线要用细线；下眼线的内眼角部分不描画，只描画整条眼线的1/2或1/3，靠近外眼角部分加粗加长，眼影的晕染可强调外眼角，并拉长睫毛，由中部向尾部晕染略厚些，内眼角染线或不染（见图2-8-8）。

眼影向外延伸

眼线

图2-8-8　两眼距离较近的修饰

2. 两眼距离较远的修饰

（1）两眼距离较远的特征。两眼间距宽于一只眼的长度，使五官显得分散，面容显得无精打采、松懈、迟钝。

（2）两眼距离较远的修饰。靠近内眼角的眼影是描画的重点，要突出一些，外眼角的眼影要浅淡些，并且不能向外延伸；上下眼线在内眼角处要略粗一些，在外眼角处则要相对细浅一些，不宜向外延长；睫毛的粘贴也重点强调内眼角，外眼角的睫毛稍稀可以不粘贴（见图2－8－9）。

图2－8－9　两眼距离较远的修饰

3. 吊眼的修饰

（1）吊眼的特征。外眼角明显高于内眼角，眼形呈上升状。吊眼的人目光显得机敏、锐利，但如果眼形上升明显，就会给人以严厉、尖锐、冷漠的印象。

（2）吊眼的修饰。内眼角上侧和外眼角下侧的眼影的描画应突出一些，这样会使上扬的眼形得到改善。描画上眼线时，内眼角处要描画得略粗，外眼角处要描画得略细；下眼线的内眼角处要描画得细浅一些，外眼角处要描画得粗重一些，并且眼尾处的下眼线不与睫毛根重合，而应止于睫毛根的下侧（见图2－8－10）。

图2－8－10　吊眼的修饰

4. 下垂眼的修饰

（1）下垂眼的特征。外眼角明显低于内眼角，眼形呈下垂状。眼略有下垂，使人显得和善、平静，但如果下垂明显，就会使人显得呆板、无神和衰老。

（2）下垂眼的修饰。内眼角的眼影颜色要暗，面积要小，位置要低，外眼角的眼影色彩要突出，并尽量向上晕染；描画上眼线时，内眼角要描画得细浅些，外眼角处要描画得宽些，眼尾部的眼线要在睫毛根的上侧画；下眼线内眼角处略细（见图2－8－11）。另外，还可以在眼尾处贴美目胶带，以提升外眼角的高度。

图2－8－11　下垂眼的修饰

5. 细长眼的修饰

（1）细长眼的特征。眼睛细长，看起来有眯眼的感觉，使人的面容缺乏神采。

（2）细长眼的修饰。上眼睑的眼影与睫毛根之间有一些空隙，下眼睑眼影从睫毛根下侧向下晕染得略宽些，宜使用偏暖色，采用水平晕染法；上、下眼线的中间部位应描画得略宽，两侧眼角则应画得细些，不宜向外延长（见图2-8-12）。

图2-8-12 细长眼的修饰

6. 圆眼睛的修饰

（1）圆眼睛的特征。内眼角与外眼角的间距小，使人显得比较机灵，但也会给人留下不够成熟的印象。

（2）圆眼睛的修饰。眼睑的内、外眼角的眼影色彩要突出，并向外晕染，上眼睑中部不宜使用亮色，下眼睑的外眼角处的眼影用色要突出并向外晕染；上眼线在内、外眼角处要描画得略粗，中部则要画得平而细。下眼线只画1/2，靠近内眼角不画，外眼角处眼线要描画得略粗（见图2-8-13）。

图2-8-13 圆眼睛的修饰

7. 肿眼泡的修饰

（1）肿眼泡的特征。上眼皮的脂肪层较厚或眼皮内含水分较多，使眼球露出体表的弧线不明显，使人显得浮肿松懈、没有精神。

（2）肿眼泡的修饰。用深色眼影从睫毛根部向上水平晕染，逐渐淡化，眉骨部涂亮色，肿眼泡的人应尽量不用红色系的眼影，上眼线的内外眼角略宽，眼尾高于眼睛轮廓，眼睛中部的眼线要细而直，尽量减少弧度，下眼线的眼尾略粗，内眼角略细（见图2-8-14）。

图2-8-14 肿眼泡的修饰

8. 眼袋较重的修饰

（1）眼袋较重的特征。眼袋突出的人下眼睑脂肪堆积，使人显得缺少生气。

（2）眼袋较重的修饰。眼袋突出的人眼影适合柔和浅淡，不宜过分强调，咖啡色或米色会比较合适，画眼线时注意上眼线的内眼角略细，眼尾略宽，下眼线要描画浅淡或不画（见图2-8-15）。

图2-8-15 眼袋较重的修饰

9. 假双眼皮的画法

对于单眼皮或形状不够理想的双眼皮，在上眼睑处画出一条双眼皮的棕色线的方法，称为假双眼皮的画法。假双眼皮的具体画法是：先在上眼睑画一条线，这条线的位置要以假双眼皮的宽窄而定（见图2-8-16）。如果想双眼皮宽一些，这条线就要高；反之，就低一些。晕染眼影时，在画线以下部分涂浅亮的颜色，这样就会使假双眼皮的效果更明显（见图2-8-17）。

图2-8-16 上眼睑画线

图2-8-17 假双眼皮的眼影晕染

四、鼻形的矫正化妆

1. 理想鼻形的修饰

（1）理想鼻形的特征。理性的鼻形是鼻尖高度相当于鼻长度的1/2，理想的鼻宽相当于鼻长度的70%，这样的鼻形会让脸部呈现立体生动的感觉。

（2）理想鼻形的修饰。鼻梁两侧涂浅棕色或橄榄绿色鼻影，与眉头衔接自然，上下晕染，鼻梁上略加亮色，衔接柔和，突出鼻的美感（见图2-8-18）。

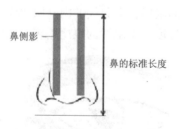

图2-8-18 理想鼻形的修饰

2. 塌鼻梁的修饰

（1）塌鼻梁的特征。鼻梁低平，面部凹凸，层次严重失调，使面部显得呆板、缺乏立体感和层次感。

（2）塌鼻梁的修饰。在鼻梁侧涂上阴影色，内眼角眼窝处加深，上与眉接，两边与眼影混合，在两眉之间的鼻梁上涂亮色，过度宜自然，以产生视觉立体感。

3. 鼻子较短的修饰

（1）鼻子较短的特征。鼻子的长度小于面部长度的 1/3，即常说的"三庭"中的中庭过短，鼻子较短会使五官显得集中，同时使鼻子显得过宽。

（2）鼻子较短的修饰。用阴影色晕染鼻两侧，面积稍宽，用亮色涂鼻梁，亮色在晕染的过程中要大些、长些，但鼻梁亮色不宜太明显，这样反而会失真。

4. 钩鼻的修饰

（1）钩鼻的特征。鼻根较高，鼻梁上端窄而突起，鼻头较尖并弯曲向里呈钩状，鼻中隔后缩，使面容缺乏柔和感，显得较为冷酷。

（2）钩鼻的修饰。用阴影色收敛鼻根两侧，用亮色涂鼻梁上端较窄处和凹陷处，鼻尖的颜色可以选择深一点的颜色，但不要深过阴影色。

5. 宽鼻子的修饰

（1）宽鼻子的特征。鼻翼的宽度超过面部宽度的 1/5，使面部缺少秀气的感觉。

（2）宽鼻子的修饰。用明色涂，鼻梁稍宽，用暗色涂鼻梁和鼻翼两侧，使鼻头显得纤巧些（见图 2－8－19）。

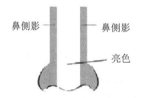

鼻侧影 ——　—— 鼻侧影

—— 亮色

图 2－8－19　宽鼻子的修饰

6. 鼻梁不正的修饰

修饰鼻梁不正时，要注意鼻梁歪斜的方向，鼻梁歪向哪一侧，哪一侧的鼻侧影就要略浅于另一侧，亮色要涂在鼻梁的中心线上（见图 2－8－20）。

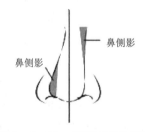

鼻侧影

鼻侧影

图 2－8－20　鼻梁不正的修饰

五、唇形的矫正化妆

1. 唇形过大的修饰

（1）唇形过大的特征。唇形有体积感，显得性感饱满。

（2）唇形过大的修饰。重点在于用遮盖的手法调整唇形的厚度，并强调唇部的立体感，形成一定的棱角。在涂底色时用粉底遮盖唇部的边缘，用唇刷直接勾画唇形，将唇部轮廓向内侧勾画，不要用珠光很强的浅色唇彩。

2. 唇形过小的修饰

（1）唇形过小的特征。上唇与下唇的宽度过于单薄，嘴唇的外形过于短小。

（2）唇形过小的修饰。重点在于利用唇线调整唇部的宽度和厚度，勾画比较丰满的唇形，用唇线笔将轮廓线向外扩展，上唇的唇线可以描画得圆润些，下唇要增厚，在需要扩充的部位选用略深的口红与唇色相接，唇中部可以用淡珠光色的口红或唇彩，使唇形更显丰满。

3. 唇部过薄的修饰

（1）唇部过薄的特征。上唇与下唇过于单薄，使面部缺少立体感。

（2）唇部过薄的修饰。修饰时可选用略深于唇膏颜色的唇线笔在原唇形外缘进行描画，上唇唇线可描画得圆润些，下唇唇线宜描画为船形。选用略深色的唇膏沿唇线边缘向里晕染，注意与唇线的衔接，唇中部可用淡色珠光唇膏或唇彩，使嘴唇看起来较为丰润。

4. 唇部过厚的修饰

（1）唇部过厚的特征。唇形有体积感，显得性感饱满，但过于肥厚的嘴唇，会使人缺少秀美的感觉。

（2）唇部过厚的修饰。先在唇部涂粉底遮盖原唇形的轮廓，后用唇线笔在原唇内侧描画略小于原唇形的唇线，但距离不可拉得过大，否则会失真。唇色应选用不含珠光的深色粉质唇膏。

5. 鼓突唇的修饰

（1）鼓突唇的特征。唇中部外翻、突起，易形成噘嘴状。

（2）鼓突唇的修饰。唇线不宜选用深色，可处理得模糊些，以延伸凹凸的效果。唇膏颜色宜选用中性色，不宜选用鲜艳的颜色或珠光色。此外，可加强眼部的修饰，转移他人对嘴唇的关注。

6. 嘴角下垂的修饰

（1）嘴角下垂的特征。嘴角下垂，给面部增添一种悲伤色彩。

（2）嘴角下垂的修饰。重点在于调整嘴角高度。在打粉底时，可以在嘴角处用提亮色提亮，画上唇线时，唇峰略微压低，唇角略微提高，嘴角向内收，描画下唇线时，唇角向内收敛与上唇线交汇，唇中部的唇色要比唇角略浅，以突出唇的中部。

7. 嘴唇平直的修饰

（1）嘴唇平直的特征。唇部轮廓平直，唇峰不明显，缺乏曲线美。

（2）嘴唇平直的修饰。重点在于强调唇部的轮廓结构。勾画上唇线时，用唇线笔勾画唇峰，并把唇角向里收，下唇画成船形，然后根据喜好涂抹口红颜色。

项目九　常见妆容

随着化妆技术的不断成熟，妆容的分类逐渐细化，常见的妆容可分为生活妆、裸妆、生活晚妆、晚宴妆、新娘妆等。人们在化妆时要遵循扬长避短、追求自然、注意整体、创造个性的化妆原则，同时要结合个人的年龄和性别，避免产生突兀感。

一、生活妆

1. 生活妆的特点

生活妆又称淡妆，适用于日常生活和工作，其特点是清新、自然、不做过分修饰，通常展现在自然光条件下。

2. 生活妆的化妆步骤及方法

（1）清洁皮肤。为了能更好地上妆，同时使妆面的保持时间更长久，化妆之前应做好洁肤工作，使用适合自身皮肤的清洁产品进行皮肤清洁。

（2）眉的修饰。事先修好眉形，眉色多选用棕黑色或灰黑色。眉毛要描画得自然、虚实结合，可先用眉刷蘸取眉粉刷出眉毛的浓度，再用眉笔做进一步修整。

（3）粉底。粉底应涂抹得轻薄、通透、自然，不要过于厚重。自身皮肤较好的女性可以使用轻薄型粉底液，皮肤瑕疵明显的女性则可使用遮盖力较强的粉底液。

（4）定妆。个体应选用与自身肤色相近、粉质细腻的定妆粉定妆，定妆粉的涂抹应轻而薄。

（5）眼部的修饰。眼影的用色与晕染方法要根据个人眼形条件进行选择。眼影的晕染面积要小，不宜使用较为夸张的晕染方法，而应采用单色晕染法。用眼影刷蘸取眼影粉从睫毛的根部由外眼角向内眼角涂抹，并逐渐向上晕染，随着眼影刷上的色粉逐渐减少，可表现出自然的眼部结构。

眼线要根据眼形勾画，线条要流畅自然，注意虚实结合。睫毛浓密、眼形条件好的人可不画眼线，只需强调睫毛的漂亮曲线和浓度；睫毛、眼形条件一般者可选用黑色或棕黑色眼线笔或眼线墨（膏）勾画眼线，画完要用笔或眼线刷把它揉开，尽量使其显得自然。

（6）面颊的修饰。所用腮红要浅淡、柔和，如果肤色健康、着装素雅则可免去这一步骤。

（7）唇的修饰。注意要使唇的轮廓清晰，唇形不宜改变过大，唇形好可不画唇线。涂唇膏后可用纸巾将唇膏中过多的油脂吸掉，然后再涂一层亮唇彩，使嘴唇显得光彩照人。

（8）发型与服饰的选择。与生活妆搭配的发型和服饰要符合个人的气质、职业、所处环境等方面的因素，整体显得简洁、大方、有生活气息。

3. 生活妆的注意事项

（1）生活妆的底色要薄，以强调肤色的自然光泽。

（2）用色要简洁，化妆所用色彩与色彩之间的对比要弱。

（3）色彩的晕染与线条的描画要柔和。

（4）一般无须刻意修饰鼻子。

二、裸妆

1. 裸妆的特点

裸妆就是看起来仿佛没有化过妆一样的妆容，妆容自然清新，虽经精心修饰，但并无刻意化妆的痕迹。裸妆的重点在于粉底要薄，只用淡雅的色彩点染眼、唇及面部其他部位即可。

2. 裸妆的化妆步骤及方法

（1）底妆。裸妆对于底妆的要求较为严格，既要做到遮盖瑕疵，又不能呈现出厚重的妆感。薄和透是裸妆底妆最基本的要求。使用蜜粉能够体现出肌肤的粉嫩感，而且还有显脸瘦的作用。先在脸上用具有保湿功效的粉底液进行打底，再用粉扑蘸上适量的蜜粉，对全脸进行快速拍打，感觉蜜粉已经均匀散布在肌肤上即可。

（2）眉的修饰。描画眉毛的重点是让眉头处尽可能保持原有的形状，看起来自然为佳，眉锋处色彩最深，眉尾处转淡，眉色的深浅变化能增加眉毛的立体感。

（3）眼部的修饰。裸妆的眼部修饰不宜太夸张，稍微把眼线和眼影强调一下即可。先用黑色的眼线笔画出上、下眼线的 1/3 ~ 1/2，接着用指腹或棉花棒轻轻地把眼线晕染开来，使眼妆效果更显自然。眼尾的位置也应稍微扫上一些眼线。在眼睑到眉毛之间，可以扫上一点浅棕色或者橘棕色的眼影，并稍微描画细小处。明亮大眼需要用纤长的睫毛作为陪衬，这样才能够更具魅力，可先用大号的睫毛夹对整个睫毛进行夹卷，然后使用小号睫毛夹对眼角等细微地方进行修补，接着涂上浓密卷翘的睫毛膏，并用睫毛梳梳理睫毛，打造出根根分明的效果。

（4）唇的修饰。选择与唇膏或唇彩颜色相近的唇笔，画出自己喜欢的唇形，再用唇刷沾上颜色，填满双唇。

（5）定妆。用粉扑将蜜粉以"点按"的方式扑在面部，但不要用粉扑在妆面上来回摩擦，这样会破坏粉底。防止粉底脱妆的关键在于鼻部、唇部及眼部周围，这些部位要小心定妆。最后用掸粉刷将多余的散粉扫去，动作要轻，以免破坏妆面。

三、生活晚妆

生活晚妆是指人们在日常生活中，参加晚会、晚宴而化的妆。它是指用粉底、蜜粉、口红、眼影、胭脂等有颜色的化妆品在面部上的妆，因一般为进行夜生活而化妆，因此被称为晚妆。晚妆能改变形象，使自己的脸更漂亮，更令人关注。

1. 生活晚妆的特点

（1）妆色浓艳：由于晚间社交活动一般都在灯光下进行，且灯光多柔和、朦胧，不易暴露出化妆痕迹，反而能更加突出化妆效果。如果妆色清淡，就显不出化妆效果。因此，晚妆应化得浓艳些，眼影色彩尽可能丰富漂亮，眉毛、眼形、唇形也可作些适当的矫正，以使整个人显得更加光彩迷人。

（2）引人注目：晚间化妆，一般是出于应酬的需要，处在一种特定的环境中，它给化妆创造了一种愉悦的心境和良好的氛围条件，能使人产生一种梦幻般的感觉，这是施展个人化妆技能的极好时机。因此，化晚妆时可在不超越所允许的范围内，充分发挥自己的想象力，把自己打扮得更加漂亮，更具魅力，更引人注目。

（3）清晰明亮：由于晚间灯光比白天弱，因此妆面要化得比白天清晰、明亮些，否则就达不到化妆效果。

2. 生活晚妆的化妆步骤及方法

（1）化妆之前，先在面部和颈部涂一层滋润霜，以便发挥粉底的妆效。

（2）涂粉底。粉底要涂得薄而均匀，使皮肤细腻而有光泽。粉底的颜色宜较肤色略深，偏红润一些，这样可使皮肤在强光的照射下显得健康、红润。常用立体打底来强调面部的凹凸结构，并弥补脸型的不足。

（3）定妆。橘色散粉在灯光下会使皮肤显得细腻，面色红润，适用于生活晚妆。散粉要涂抹得薄而均匀，以体现皮肤的质感。此外，使用珠光散粉可增加时尚感。

（4）修容。通过修容可强调面部的立体感。

（5）眼影的晕染。眼影的色彩搭配要丰富、协调，要注意多而不混。色彩的纯度可略高，以使妆面显得艳丽；色彩的明暗度可略强，以强调眼部的凹凸结构。

（6）画眼线。对眼线的修饰可根据需要适当进行，线条可适当加粗，色彩宜浓艳。

（7）睫毛的修饰。自身睫毛较密者可只涂睫毛膏，睫毛膏的颜色可以丰富多彩；反之，可粘贴假睫毛，使用的假睫毛在形状和颜色上都可以适当夸张。

（8）眉的修饰。生活晚妆对眉的修饰要求是使眉的线条清晰、颜色浓艳。

（9）唇的修饰。生活晚妆对唇的修饰要求是使唇的轮廓清晰、色彩艳丽。

（10）腮红的晕染。腮红可根据个人的脸型来进行晕染，也可依据流行元素来进行修饰，颜色要与妆色协调。

3. 生活晚妆的注意事项

（1）化生活晚妆要艳而不俗，丰富而不繁杂。

（2）讲究面部凹凸结构和五官轮廓，但不能因矫正而失真。

（3）饰物的佩戴及着装要与妆容整体协调。

四、晚宴妆

1. 晚宴妆的特点

所谓晚宴妆，是指人们出席各种宴会时所设计的妆容。晚宴妆用于夜晚、较强的灯光下和气氛热烈的场合，妆面显得华丽而鲜明。日妆是出席自然光下场合的妆容，晚宴妆则是出席灯光下场合的妆容（如果在白炽灯下，就要避免妆容的颜色太红）。夜间由于光线柔和、幽暗，一般不容易看清化妆的痕迹，因此给化妆修饰创造了条件，妆面底色可以涂得厚一些，唇膏和腮红可加红些，并且可以大胆地利用矫正化妆法，对眉毛、眼睛、嘴唇做适当地矫正，眼影可以画得夸张、浓艳些。

2. 常见的晚宴妆色彩搭配

晚宴妆常用的眼影、腮红及唇膏的颜色搭配如下：

（1）深蓝＋砖红；砖红；豆沙红。

（2）浅蓝＋黑；深砖红；紫红、暗红。

（3）粉红＋紫红；桃红、紫红；桃红、粉红。

（4）酒红＋黑；酒红；桃红。

3. 晚宴妆的化妆步骤及方法

（1）涂粉底。化晚宴妆时可以选择遮盖强一点的粉底，这样可以遮盖脸部的缺点，"T"字部位和下眼睑可适当提亮，腮中和额头处也可以适当打些阴影，但应注意脖子和脸的妆容不能太脱节。

（2）定妆。整理一下面部，用一点粉饼控制面部油光，或者用古铜色明彩粉轻扑面部、颈部及肩部处。化晚宴妆时可以选择透明散粉或带珠光散粉。

（3）眼影的晕染。晚宴妆的眼影可以画得丰富多彩，色彩搭配可多种多样，眼影的层次可增多。若要按个人的喜好化妆，就可画出有个性的眼影。

（4）画眼线。沿着上睫毛画一条稍粗的眼线，或者用深色眼影覆盖住现在的眼影。下眼线也需加重，若需要，可以轻轻晕开。为了使眼睛更加明亮动人，晚宴妆眼线可选择黑色或蓝色等颜色。线条可描画得略粗些，但要与眼睛相配，如眼影画得很淡，眼线就不宜画得太深，下眼线也可以不画。

（5）美化双眼皮。晚宴妆的眼形可做适当改变，如两眼大小不同或双眼皮不够明显时，可以通过美目贴相应改变。

（6）睫毛的修饰。睫毛可重复涂抹几次，以使修饰效果达到最佳，如自己睫毛不够长，还可以贴假睫毛进行修补。睫毛膏的颜色可选择黑色或蓝色等。涂睫毛膏之前应先夹翘睫毛，这样无论是涂抹睫毛膏，还是戴假睫毛，都可以有较好的效果。

（7）眉的修饰。用眉笔加强眉尾线条感，保持眉头的清淡自然。晚宴妆眉的描画要鲜艳，线条要清晰。可以再用睫毛膏轻刷眉毛，使眉形富有立体的虚实感。眉毛要配合脸型来画，可选用眉影粉画出眉形，再用眉笔在残缺的部位进行修补。

（8）唇的修饰。选与唇膏相配的唇线笔描出轮廓，然后涂上相应的唇膏，晚宴妆的唇膏可画完一层后，在唇边加重颜色，唇的中央再加上浅颜色唇膏，这样可以使唇形更美，颜色也更丰富。

五、新娘妆

1. 新娘妆的特点

新娘妆是指在结婚典礼上为新娘设计的妆容。结婚是人生中的一件大事，身着精致婚纱礼服的新娘是整个婚礼中最受瞩目的人。因此，新娘妆有别于一般的化妆，要格外慎重。新娘妆不仅要注重脸型、肤色的修饰，化妆的整体表现也要突出自然、高雅、喜气的特点，而且要使妆面能持久保持，不易脱落。

就整体而言，新娘的装扮要特别注重整体美感的呈现，新娘的发型、化妆、配饰、礼服、头纱、捧花均须精心设计，并且要与新娘的仪态、气质相协调。

2. 常见的新娘妆色彩搭配

新娘妆常见的眼影、腮红及唇膏的颜色搭配如下：

（1）桃红＋宝蓝；砖红；枣红、玫瑰红、粉红。

（2）紫红＋紫；紫红；紫红、桃红。

（3）粉红＋蓝；桃红＋紫红；玫瑰红、桃红。

（4）蓝＋砖红；砖红；大红、暗红。

（5）粉红＋紫红；桃红＋紫红；桃红、粉红。

（6）梅红＋灰黑；梅红；暗红。

3. 新娘妆的化妆步骤及方法

新娘妆在面部停留的时间较长，容易自然脱落，要想减少这种现象，化妆前就需要在脸上容易出油、出汗的前额、鼻子、下颌处使用收缩水，使毛孔收缩；面霜不要擦得太多，否则容易脱落。

（1）涂粉底。打粉底时发际、唇部、鼻角、嘴角、脖子等处应均匀擦拭。粉底颜色可比肤色稍微浅一点，但不可太白，以粉红色为佳。应选择遮盖力较强的粉底，身上裸露的地方也要一起涂上，颜色要衔接好。脸型丰满者可用阴影修饰，但阴影要自然，特别是在脖子与脸的连接处，不能明显让人看出有两种颜色。

（2）扑粉。先以粉饼轻轻薄薄地施一层，再以透明蜜粉轻轻按上一层，使粉底更固定。蜜粉可选择透明感较好的，使脸部看起来更亮，一般可用粉红色散粉或带珠光的散粉。

（3）眼影的晕染。新娘妆的眼影有多种搭配，可以按服装或新娘个人喜好来定，但要取偏暖、有喜悦感的色调，不要涂复杂的多色眼影。

（4）画眼线。描绘出眼线，再以眼线液强调眼形。新娘在画眼影时，先用眼线笔描完后，为使眼影不易脱妆且更具立体感，可用眼线液再描一次。新娘妆的眼线要画得秀气、干净。为了使眼睛更加清彻、明亮，上眼线靠近睫毛根处要画得黑一些，下眼线不要画得太粗。

（5）粘假睫毛。夹翘，刷翘，再戴上自然型的假睫毛，使眼睛更立体。可用紫色、蓝色、咖啡色系的睫毛膏轻轻刷在睫毛上，将使睫毛看起来更生动。假睫毛不要太夸张，因为需要近距离观看。如有可能，可单根往上粘睫毛，这样会显得更加自然。

（6）眉的修饰。画出柔和自然的眉形，并以眉刷刷匀，亦可以刷上少许与发色相近的眼影粉。不理想的眉毛要根据新娘的眼部与脸部的特点来进行修饰，注意眉毛要画得自然、生动；眉毛的颜色不要太黑，不要超过眼球的深度，且要与头发的颜色相协调。

（7）涂唇膏。唇形不理想者可先画出理想的唇形，再在里面涂唇膏。为了使唇膏能保持长久一点，画完一层后，可轻轻扑上一点粉，再涂一层唇膏。唇膏的颜色要与整个面部色调和谐，掌握好分寸，避免显露化妆痕迹。注意要使新娘的嘴角看起来微微上翘，显示出喜悦的心情，并尽量使嘴形漂亮、可爱。

（8）腮红的晕染。新娘妆应化出脸色红润、神采飞扬的效果。在面颊上从太阳穴开始，眼部、颧骨到下颌角以上淡淡地涂一层浅红色可显示面部的丰满与健康，外眼角处也要淡淡地涂上一层，注意与周围颜色相接。

六、实用新娘妆

1. 实用新娘妆的特点

实用新娘妆的主要特点是突出喜庆、甜美的气氛，其用色以暖色、偏暖色为主，妆型要求圆润、柔和，充分展示女性的婀娜、柔美。

2. 实用新娘妆的化妆步骤及方法

（1）清洁。为了增强化妆品与皮肤的亲和力，在化妆之前最好做一次深层洁肤的面膜，彻底清洁皮肤，使皮肤更白净，妆面更牢固。

（2）修眉。新娘应提前用眉钳将眉形修好。如果未提前修眉形，应用剃刀修剪，而不能用眉钳，避免对局部皮肤产生刺激，影响整个妆面的效果。

（3）修正液的使用。新娘可用修正液调整肤色，改善肤色。肤色好的可省略。

（4）涂粉底。实用新娘妆的粉底不宜过厚，以免失真。粉底的颜色可选用比其自身肤色略白或偏粉红的颜色，使新娘的皮肤更显白嫩、细腻，看起来面色红润。皮肤光洁无瑕疵者可选用透气性强、有透明质感的粉底液；皮肤有色斑者应选用遮盖力强的粉底液或粉饼。

为了增加面部的立体感，打粉底时应打高光，但要求高光打得薄而亮；不宜打暗影，以免使妆面有明显的修饰感。如果脸型特别不好，可以在打粉底之后，用修容饼来修饰。黑痣和较深的色块应用遮瑕膏遮盖。因妆面保持时间长，故不宜选用含油脂过多的面霜、粉底。

（5）定妆。粉色散粉可使新娘显得皮肤细嫩、面色粉白。因实用新娘妆的粉底较薄，散粉不宜过多，以免有粉质感。

（6）眼影的晕染。眼影的色彩搭配宜简洁，色调宜柔和，明暗对比不宜过强，颜色与服饰搭配要协调。一般来说，传统服饰选用的眼影以暖色为主，如桃红色、大红色、粉红色、玫瑰红色、橘红色、棕红色等，可以显得喜庆、华丽；西式白纱裙和晚礼服的眼影可选用冷色，如粉蓝色、粉绿色、银白色、蓝灰色、紫色等，可以显得清新、迷人。

（7）画眼线。眼线部分，只用浅色的眼线笔画上眼线晕染眼部线条，扫上白色自然的眼影，让眼睛更明亮。

（8）睫毛的修饰。重点体现眼部浓密的睫毛，但不能脱离清新的感觉，所以假睫毛尽量要有层次。配合渐进晕染的紫色眼影，会使眼部愈加迷人。

（9）眉的修饰。眉的修饰应注意线条清晰、流畅，不宜突出眉峰。眉形可根据自身脸型进行描画，眉色宜清淡、自然，颜色过渡要柔和、有立体感。

（10）唇的修饰。在实用新娘妆中，唇的轮廓要清晰，唇形要饱满、圆润，唇色要柔和、自然。

（11）腮红的晕染。要根据新娘的脸型进行腮红的晕染，并注意实用新娘妆的腮红应与妆色协调。

七、摄影新娘妆

1. 摄影新娘妆的特点

摄影新娘妆是指运用现代美容化妆技巧，为配合摄影师的创意拍摄，把新娘最美的形象定格在摄影画面之中而为新娘设计的妆容。

2. 摄影新娘妆的化妆步骤及方法

（1）涂粉底。摄影新娘妆应选用遮盖力强的粉底，这样可使皮肤显得细腻而有光泽。粉底的颜色应略偏粉红色，以使面色显得红润。基底可略厚，从而将面部的瑕疵和本身的肤色遮盖。此外，立体打底可强调面部的立体感和矫正脸型。

（2）定妆。摄影新娘妆定妆可选用粉色散粉，以使皮肤显得细腻红润。因粉底厚，散粉应多一些，达到使妆面持久的目的。

（3）眼影的晕染。摄影新娘妆中眼影的色彩搭配要求简洁、色调柔和，明暗对比强。眼影的用色基本与实用新娘妆相同。

（4）画眼线。摄影新娘妆中的眼线可尽量改变眼形，使其完美。眼线的线条可适当加粗，可略夸张一些，以增加眼睛的神采。

（5）睫毛的修饰。新娘可粘贴假睫毛，宜选用仿真睫毛，注意假睫毛应与自身睫毛合为一体。

（6）眉的修饰。摄影新娘妆的眉形应柔和、舒缓，线条清晰、流畅，不宜突出眉峰。眉色要自然，过渡要柔和、有立体感。

（7）唇的修饰。摄影新娘妆的唇形要轮廓清晰、饱满，唇峰不宜有棱角。唇色要柔和、有立体感。

（8）腮红的晕染。根据脸型进行腮红的晕染，颜色要柔和、自然。

八、透明妆

在化透明妆时，首先要在化妆对象皮肤状态比较好的情况下用滋润液滋润皮肤，再用修正液修正皮肤的颜色，使皮肤具有透明感，然后用液质粉底打底，仔细地遮盖每个部位。

透明妆也需要提亮，故应选一种比原粉底浅的液质粉底用以提亮，再用一种咖啡色液质粉底来修正脸部缺点。这几种粉底都要非常薄，并要合理使用，把脸上凹凸的部位修平，打完底后用一种粉红色、有透明感的胭脂膏在脸颊上薄薄地抹上，以显得红润、有血色。打完粉底后，还要扑上一层透明散粉。扑完散粉后，也可以用大刷子在脸部做局部修正。

透明妆的眼影应用一种颜色，常使用暖色调色彩，如橙红色。眼影的重点在眼睛边缘。夹翘睫毛并涂上睫毛膏，通常这个步骤是在化妆的最后做的，但为追求效果可以提前进行。

把嘴唇的唇线用粉底遮盖一下，不用画唇线的嘴唇用一种粉红色的透明唇膏，直接用唇刷涂抹。

把眉毛先用影粉修出一条柔柔的形状，力求使眉毛有一丝一丝的质感。

九、戏曲舞台妆

戏曲舞台妆是一种脸谱式的妆面，要求分清生、旦、净、末、丑角的特点。由于舞台的照明较强，以及演员与观众的距离较远，因此演员的脸色较浓，色彩鲜艳，五官轮廓描画较夸张，完全改变了演员的原有形象。

传统戏曲舞台妆使用的化妆品以油彩为主，根据角色采用涂、画、勾、描等化妆技巧来塑造形象。随着戏剧事业的不断发展，化妆材料、工具、造型方法也日益丰富。伴随着戏剧观念的更新、表演风格的多样化等，化妆造型已经不再局限于美化演员或仅仅是塑造角色的外部形象。化妆造型从某种意义上参与了整个戏剧的演出活动。

化妆作为一门造型艺术，经历了漫长的历史演变，在每一个历史时期，都有明显的标志。人们在创造时尚、创造流行时不妨回过头去看看，或许在先辈留下的文化遗产中，可以找到许多现今也可以拿来一用的造型元素。

十、欧式妆

1. 欧式妆的特点

欧式妆是东方人为了使自己的脸型结构更加立体，而模仿欧洲人脸型结构特点所设计的妆面。欧式妆不是一般生活中常用的妆类，它的出现更多是在舞台、摄影等需要改变很大的地方。欧式妆主要是眼睛和嘴唇的修饰，眼睛主要是用大地色系画出神韵和深邃，嘴唇部分主要追求自然和性感。

2. 常见的欧式妆颜色搭配

欧式妆的眼影、腮红及唇膏的颜色搭配如下：

（1）深蓝＋黑；咖啡；深蓝。

（2）咖啡＋黑；咖啡；豆沙。

（3）灰＋黑＋橘黄；橘黄；肉粉。

（4）金＋咖啡；砖红＋咖啡；暗橘。

（5）炭灰＋银白；深砖红；酒红。

3. 欧式妆的化妆步骤及方法

（1）修容。用修容刷沾染深棕色修容饼，在下巴两侧、颧骨或是太阳穴处做刷扫，利用深棕色在脸上创造阴影效果以形成鹅蛋脸。此方法不仅可以淡化"婴儿肥"，还能修饰高耸的颧骨与较为突出的太阳穴。

（2）眉的修饰。眉毛很短会使脸的上部分看起来很宽、额头和颧骨很高，所以现在流行画略微粗长些的自然眉形。眉形较好者只要修剪眉上的杂毛即可，因为杂毛会让眼睛无神，眼皮黯淡。在颜色选择上，注意眉色一定要比头发浅，不然会使人看起来面显凶恶。

（3）眼部的修饰。要想眼睛变大，就要让眼影范围超出眼尾 3 ~ 5 毫米。很多人为了遮盖颧骨，喜欢披发，但穿高领戴围巾，披发就会显臃肿，运用眼影描画技巧并把睫毛画得更浓密些，就可以大胆地把头发束起来。

（4）唇的修饰。天生嘴小者可以用带珠光的唇线笔画唇形，然后竖着用唇线笔抹满嘴唇，这样唇纹就会浅，再涂上有光泽感的唇蜜，这样可以让嘴唇看起来更翘些。嘴巴太小则可选择贴近肤色的肉粉色唇彩，用深色唇彩只会使嘴和脸的范围更明显。

（5）腮红的晕染。腮红晕染得恰到好处会显得脸圆，而选择粗的圆形刷子可以让晕染范围更大更浅，从而使与皮肤的界限不明显。瘦脸彩妆的关键就是化妆范围变大，剩下部分变小，这样脸看起来就会变瘦。

课题小结

本课题是整本教材的核心章节，也是化妆实训操作的关键章节。本课题的内容，尤其是底妆、眉形、眼影、眼线的描画，睫毛膏、唇膏、腮红的涂抹等，是化妆的基本操作步骤，是必须掌握的内容，也是课程考查的重点内容，更是以后走上工作岗位的必备技能。

简述题

1. 简述底妆、眉形、眼影、眼线的描画方法。
2. 简述睫毛膏、唇膏、腮红的涂抹方法。
3. 试述化生活妆的基本步骤。

下篇

高铁乘务人员形象塑造

形象塑造概述

本课题主要是对形象塑造的基本内容做了一个全面的介绍，特别是针对高铁乘务人员的形象塑造的内容和意义做了系统的阐述，明确了仪容、形体和内涵修养与高铁乘务人员形象塑造的密切关系，强调了高铁乘务人员必须同时具备内在美和外在美。此外，本项目着重讲解了艺术审美培养对于内涵修养塑造的重要性，以及形体训练对于高铁乘务人员的自信心、意志力等方面培养的重要作用，从而塑造高铁乘务人员良好的职业形象。

项目一　职业与形象塑造

形象主要是指一个人仪容仪表的具体外在表现。《现代汉语词典》中将"形象"解释为：能引起人的思想或感情活动的具体形状或姿态；文艺作品中创造出来的生活图景，通常指文学作品中人物的精神面貌和性格特征。

在很多人眼中，形象只是指人的外表，形象美只体现在外观上。其实一个人的整体形象应该是同时包括外在形象和内涵修养的，只有内外兼修的形象才是真正意义上的良好形象。内涵修养与外在形象是相辅相成的，一个没有内涵修养的人，外在条件再好也体现不出和谐的美感。形象美应该是由内向外散发的，是心灵美与外在美的和谐共生。因此，不能忽视内在品质与职业素养的塑造，要加强良好的行为习惯、良好的性格、心态及意志力等方面的培养，从而塑造良好的形象。

高铁乘务人员是指高铁、动车上的服务人员，他们常常被当作美的代表。他们给人们留下的印象往往是：漂亮的外表、清新的装扮、甜美的微笑。其实，高铁乘务服务是一种高标准、高质量的服务，而高铁乘务人员是提供这种优质服务的形象代表。

一、形象的认知及构成

（一）形象的认知

人的形象主要体现在外在和内在两个方面。外在形象体现在五官、皮肤、身材等自然条件上，同时又可以通过发型、化妆、形体训练等方面的设计与包装进一步将外在美体现出来；内在形象主要体现在个人的文化程度、道德品质、个人修养等方面，这些需要通过长时间的培养，需要一个积累的过程。形象的塑造还需考虑职业、年龄、身份、场合等因素。

（二）形象的构成

随着社会的不断发展，现代审美标准也发生了巨大的变化，评价一个人是否美丽不再仅依据外表，而是看这个人的综合魅力。我们经常会发现，一个有魅力的人外表并不一定漂亮；有时一个长相漂亮、衣着时髦的女子却令人厌恶；而具有高雅言谈举止的人，则会受到更多人的认可，更能散发出永久的魅力。席勒曾说过："美的最高理想要在内容与形式的尽量完美的结合与平衡里才能找到。"教育家苏霍姆林斯基曾以简短的话道出了一个人形象美的真正含义，他说："人的完满的美，表现在外表的典雅与内心的高尚，仪表的质朴与心灵的优美一致上。"由此可见，形象是由外在和内在两个方面构成的。

1. 外在美

培根曾说："相貌的美高于色泽的美，而优雅合适的动作的美又高于相貌的美。"一个人外在的美主要由相貌美、形体美和修饰美等构成。相貌美是最自然的美，也可以说是一个人与生俱来的美。形体美和修饰美则是通过后天的培养塑造出来的。可以说，外在美是三分天然、七分塑造。

（1）相貌美。相貌美是指人的面容、肤色和五官长相的美，它涉及一个人的头发、脸庞、眼睛、鼻子、嘴巴、耳朵等在内的全体外观，以及无衣服遮蔽的手掌、手臂等。它是外在美中最显露的部分，因此占有重要的地位。

（2）形体美。形体由体格、体形、姿态构成。体格包括人的高度、体重、围度、宽度、长度等；体形指身体各部分的比例，如上下身长的比例，肩宽与身高的比例，各种围度之间的比例等；姿态指人坐、立、行、走等各种基本活动的姿势。可以说，形体美是一种综合美，它既包含了人体外表的形状和轮廓的美，又包含了人体在各种活动中表现出来的体态美。所谓形体美就是由健美的体格、完美的体形、优美的姿态及良好的气质融合而成的，并由个体充分展现出来的整体的和谐美。

（3）修饰美。修饰指后天的整理和装饰。修饰美是一个人通过发型的选择、化妆等方式使外在看起来更加美丽动人。一般的修饰方式有美容、化妆、美发和整容等。

2. 内在美

几千年来，人类对于内在美有着深刻的认识，如"秀外慧中"用来形容同时具有内在美和外在美的女子，可见内在美的重要程度。内在美是人们对于形象美更高的要求。在这些人类活动中，外在的美丽自然会令人心情愉悦，但内在的美丽才是真正打动人心的。内在美是人类独有的，是人类文明的产物，只有人类才懂得欣赏内在美、追求内在美、塑造内在美。内在美由内涵美和修养美构成。

（1）内涵美。一个有内涵的人必定是充满智慧，并且具有良好性格的人。智慧既是在大量知识积淀后，通过一定的悟性而产生的，更是自身优雅的基础。古人也曾说过："腹有诗书气自华"，由此可见，知识是打开智慧之门的金钥匙，而智慧则是内涵的支柱。具有良好的性格能使人变得宽容，一切事物在一个良好性格的人眼里都有美好的一面。一个人若是把事情都往好的方面想，必然遇事积极，敢于面对，这便拥有了强大的力量，这种力量来自自身的正能量。也可以说，一个有内涵的人必然是一个有智慧、有勇气、有好性格、充满正能量的人。而这正是一个人气质的体现。换句话说，你拥有怎样的内涵，便具有怎样的气质。而内涵的培养离不开文化艺术的学习。本书主要通过艺术方面的学习来培养内涵。

（2）修养美。"修养"的原意包括修身养性、反省自身、陶冶品行和涵养道德。马克思主义赋予"修养"以新的含义，就是要进行自我教育、自我改造。"修养"一词，从广义上是指人们在政治、道德、学术及技艺等方面的勤奋学习和锻炼涵养的功夫，以及经过长期努力达到的一种能力或思想品质。

本书中的修养是指一个人的品位与修养，而这种修养是在长期的学习、生活、工作中逐渐形成的。一个人的品位与其本身的文化艺术素养、审美的眼光、文化艺术的鉴赏水平是分不开的。在不同的文化艺术背景下，每个人吸收的养分不同，所体现的品位也就不同，这种品位直接影响一个人的外在形象。如果忽略了内在修养的塑造，一个人的美也就不能由内及外了。

二、外在形象美的塑造

人的相貌是天生的，是最质朴的美。在生活和工作中需要根据不同的环境、场合、职业对自身的外貌进行一定的塑造，使自己更富有魅力。仪容仪表的塑造包括仪容、仪表和形体三个方面的塑造。

1. 仪容的塑造

仪容的塑造主要是通过化妆来进行。了解自己的皮肤状态、脸型特点、发质，并根据自身的特点为自己设计妆容，还要根据不同季节选择适合自己的化妆品和妆容色彩。总之，仪容的塑造需要结合自身、职业等特点，才能使个人的容貌美充分展现出来。

2. 仪表的塑造

仪表的塑造是建立在仪容塑造的基础上的。有了美丽的容颜，必然要有得体的神态举止才能将容貌的美丽发挥到极致。仪表的塑造需要从个体的神态、个体与人交谈时注视对方的部位和角度等各方面进行培养和训练。自信的笑容、专注的眼神等都是一个人具有魅力的表现。

3. 形体的塑造

形体的塑造有利于保持健美的身材，拥有较好的体态并在日常行为中体现出来。形体的塑造可以选用健身器械和健身舞蹈加以辅助，但若想使形体的训练和内在美相结合，展现完美的形象，则应通过舞蹈训练来进行。首先，舞蹈原本就是艺术的一种，在参加舞蹈训练的同时其实也是对艺术审美的培养；其次，舞蹈对体态和动作的要求极高，每一个动作、每一个体态甚至每一个表情都要"透着美"，可以说舞蹈本身就是美的训练；最后，舞蹈属于有氧运动，适度的舞蹈可以锻炼人的体能，起到强身健体的作用。人们通过长时间的舞蹈训练可以增强体质，拥有优美的体态，使得浑身上下散发美的气息。

三、内在形象美的培养

内在形象美的培养有多种，对于高铁乘务人员来讲，从艺术方面进行培养应该是最有效的方式。当代大学生应当在陶冶情操的同时提升精神世界的认知，从而提高内涵修养。

艺术专业人员主要指专门从事艺术类工作的人员。艺术专业人员的培养主要是通过艺术院校、美术院校、音乐院校和舞蹈院校等专业院校进行的。艺术专业人员以外的都称为非艺术专业人员。由于非艺术专业人员没有从小接受专业艺术训练，因此，非艺术专业人员不能像艺术专业人员一样进行训练，应该根据情况，因材施教，进行合理的艺术教育。审美的培养是对非艺术专业人员进行艺术培养的最佳方式。

艺术审美，即通过鉴赏的方式提高个人的艺术修养和艺术审美能力，从而提高个人的品格、素养等。艺术审美也是最直接有效地提高个人内在形象美的方式。

任务拓展

一、任务实训

1. 分组讨论什么样的"美"才是真正的美。
2. 说一说高铁乘务人员拥有"内在美"的重要性。

二、案例分析

曾经听到一位老人讲述他初次乘坐高铁的经历。他来自农村，之前从未走出过大山，一辈子含辛茹苦地培养儿子上了大学。儿子在 W 城找到了好工作，邀请他到自己所在的城市去看看。但由于儿子工作忙走不开，他便请同村的一个小伙子陪同自己乘坐高铁到 W 城。因为是第一次乘坐高铁，加上他们的位置正好与列车行驶的方向相反，老人觉得身体很不舒服，有点头晕，四下看了看，有很多位置是空着的，于是他就走到一个与列车行驶方向一致的空位坐下，顿时觉得舒服多了。此时，一名乘务员向他走来，他担心自己私自调换位置会被乘务员批评，一下子心跳加快，不由自主地就站了起来。乘务员见状便停下脚步，冲他微微一笑，亲切地问他需要什么帮助，他战战兢兢地把情况说了。乘务员请他坐下，并微笑着告诉他，在没有乘客的情况下，他可以继续坐在这里，如果有乘客了，就找乘务员，乘务员会帮他重新调整座位。老人如释重负，坐下后，心情豁然开朗，当再次看到乘务员的背影时，觉得乘务员越发美丽了。

案例分析：高铁乘务人员每天会遇到成百上千的乘客，每个乘客的人生经历和生活背景都不同，因而性格也是各不相同。但不管面对怎样的乘客，乘务人员都应以亲切的态度、善意的微笑与眼神让乘客感到被尊重、被关心，使乘客在旅途中感到舒心、愉悦，这样才能在一定程度上减轻乘客在旅途中的压力。

项目二　高铁乘务人员的职业形象塑造

由于职业的特殊性，高铁乘务人员的形象所包含的内容与一般情况下的形象所包含的内容有着一定的区别。从某种意义上看，人们心中对高铁乘务人员的要求，与对影视演员、青春偶像的欣赏要求是相似的，即其整体形象要达到赏心悦目的程度。

高铁乘务人员属于服务行业的从业人员，光有漂亮的外表是不够的，必须具备良好的职业素质，也就是需要同时具备外在美和内在美。优秀的高铁乘务人员能将秀美的外部形象和优雅大方的内涵修养有机地结合起来，既赏心悦目，又能给乘客留下较为深刻的好印象。有时即便形象不像影视演员那么美丽，但其细致周到的服务和富有亲和力的态度所赢得的赞赏，远远超过形象上的赞美。外在形象是直观的，而内涵修养是通过人与人之间的交往过程来显现的。高铁乘务人员的服务过程恰恰就是与人交往的过程，因此对高铁乘务人员内涵修养的要求必然会更高。

一、高铁乘务人员形象塑造

(一) 仪容塑造

高铁乘务服务是一种高端服务，高铁乘务人员作为高铁乘务的核心要素，在与乘客的接触中，既是车厢环境的有机组成部分，又是车厢服务的灵魂。温文尔雅而充满活力的职业形象不仅可以给乘客留下美好的"第一印象"，而且会在后续的服务中持续发挥作用。

高铁乘务人员的仪容塑造主要由化妆技巧、发型打造和表情管理三个方面组成。

1. 化妆技巧

高铁乘务人员必须具备一定的化妆知识。从职业要求来讲，高铁乘务人员在工作中必须化职业妆，利用化妆技巧美化自身的容颜，提高自信心，给乘客以视觉上的愉悦感。

2. 发型打造

高铁乘务人员作为一种服务性的职业，对发型也有一定的要求，女性乘务员不能披散着头发或者梳一些过于时尚前卫的发型，男性乘务员不能留长发和染除黑色以外的其他颜色的头发。因此，不管是男乘务员还是女乘务员都应遵守在工作中的发型要求。另外，高铁乘务人员必须注意保护自己的头发，预防和解决头皮出现的问题，以免影响工作状态。总之，高铁乘务人员在工作和生活中都要给乘客以干净、整洁、得体的形象。

3. 表情管理

表情管理也是高铁乘务人员必须掌握的。面部表情也属于仪容的一个重要组成部分。再美丽的容貌，如果没有生动的表情就没有魅力可言。另外，高铁乘务人员在工作中除了单纯地服务乘客，还要与乘客交流，与乘客建立一定的信任关系。因此，高铁乘务人员除了需要进行面部容貌、发型的管理外，还要重视与乘客面部表情上的交流。一个眼神可以表达自己的善意，一个微笑可以增加乘客对自己的信任。

(二) 形体塑造

高铁乘务人员必须具有良好的形体，良好的形体是一个人外在气质的表现，更是一个人内涵修养的外在体现。同时，由于工作的特殊性，高铁乘务人员需要长时间站立，这就需要具有较好的体能。因此，对于高铁乘务人员来说，形体的训练是非常重要的，它不但可以塑造高铁乘务人员优美的形体，表达优雅的肢体语言，还能增强身体素质，练就顽强的毅力。

1. 形体训练的含义

形体训练奠定在人体科学理论基础上，通过各种方法和手段来优化形体，增强人体的控制力与灵活性，更好地展现形体美。从日常教学情况来看，虽然一些学生的五官端正、体形良好，但是在举手投足之间缺乏美感，让人感到空洞且没有内涵；还有一些学生虽然衣着朴素，但是让人感到文雅大方，自身散发出独特的气质。对于高铁乘务专业的学生来说，良好的心理素质和强健的体魄都很重要，整洁的仪表、优美的形态和文雅的气质也必不可少。例如，行走时保持平衡与协调，站立时身姿挺拔、精神抖擞，这些都体现着高铁乘务专业的学生对即将从事工作的自信和自身的朝气，也会给人们带来成熟、稳重、可信赖的感觉。如果高铁乘务人员含胸凸肚、耸肩歪脖或者走路姿势懒散，一定会招致乘客的反感。

形体教学的实践表明，系统的形体训练具有其他运动项目不可取代的作用，既可增强高铁乘务专业学生的体魄，确保身体的灵活性、稳定性、柔韧性，也可以提高学生的综合能力水平，带给乘客美的享受。

2. 开设形体训练课程对高铁乘务专业学生的积极作用

（1）增强学生的体质。形体训练具有低强度、持续时间长的特点，长时间练习有助于向脑部持续供氧，提高大脑的思维能力。结合学生的实际情况，应强化训练基本动作，落实各种强度的成套动作，确保身体的韧带、关节、肌群、内脏器官等处于合理的运动负荷下，对优化心血管功能、降低体重、减少脂肪、增强身体协调性和柔韧性等可产生良好效果；通过徒手动作、成套动作或规范性的舞蹈动作，可以锻炼大脑，支配身体各部位的同步运动，体验肌肉运动时的独特感受，也可促进学生的体能协调性。通过瑜伽中腰腹肌、背肌、腿部、手臂的训练来积累力量，提高动作力度和速度；通过练习跑跳操，增强耐力素质，最终达到增强体质、提高身体机能的目的。

（2）塑造优美的姿态。人的美丽可直观地表现在形体美上。形体训练动作类型多，锻炼部位广泛。通过臂的各种摆动、绕环、波浪组合、姿态组合、腰腿的柔韧性组合、舞蹈组合、体育舞蹈练习等塑造正确的身体姿态；通过系统、有效的形体训练，可挖掘正在发育机体的遗传优势；通过后天训练，可弥补先天的体形缺陷，改善身体的不良形态，确保人体的健美；通过保持正确的站姿、坐姿和行姿，可塑造优美的姿态。

（3）锻炼坚强的意志。意志来自人们自觉确定的目标，为实际行动提供支配动力，是通过克服各种各样的困难达到最终目标的心理过程。对于个别从来没有接触过形体训练的学生来说，他们会在形体训练的初期遇到各种阻碍和不便，如柔韧性差、协调性差、动作不到位等。但通过持续的形体训练，可以引导学生克服困难，咬紧牙关，坚持下去。长期反复的锻炼，就会产生从量变到质变的飞跃，最终达到磨炼学生意志的效果。对于高铁乘务专业的学生来说，形体训练越来越被大家所接受和喜欢。

（三）艺术审美培养

内涵修养的塑造对于高铁乘务人员来说也是非常重要的。只有具有内涵修养的人，才能由内而外地散发魅力，也只有内外兼修的美才是真正的美、恒久的美。因此，高铁乘务人员的形象塑造离不开内在美的培养。根据高铁乘务专业学生的自身特点和发展方向，内涵修养的培养应重点放在艺术审美的培养上。艺术可以净化人的灵魂，艺术表现的是真、善、美，有利于学生的性格、人品、气质、修养和心态等方面的培养。通过一定的艺术审美培养，学生的自身审美能力也得到提高，这种审美并不只是针对外在事物的审美能力，更多的是深层次的审美能力，如正确审视真与善、正确判断美与丑等。在艺术的多元化熏陶中，学生的内涵不断增加，自我修养不断提高，有利于内在气质的培养，而这种气质将在这些高铁乘务专业学生以后的工作中充分地展现出来。

1. 艺术与艺术教育

（1）艺术是以动作、姿态、线条、色彩、声音、语言、文字等为表现手段，塑造出具体生动的、可被人感知的形象，反映社会生活的审美评价和审美理想的一种社会意识形态；是人从审美角度来认识和反映社会，表现人的情感和思想的一种形式；是人对现实世界审美关系的集中体现。

（2）艺术教育的本质是审美教育。艺术教育是通过审美来教育人，其教育功能的发挥必须以审美功能的发挥为前提。因此，没有突出审美本质的艺术教育就不是真正的艺术教育。

艺术是实施美育的主要途径，应充分发挥艺术的情感教育功能，促进学生健全人格的形成。

2. 艺术审美与形象

（1）形象把握与理性把握的统一。审美形象，在广义上包含审美的情境和意境，主要是指艺术活动中能引起人的思想和情感活动的生动、具体的人物和事物形象。形象是艺术活动特有的存在方式，艺术作品作为人的精神生产的产品，依存于一定的物质载体，它必须是直观的、具体的，能为人的感官所直接感知的感性存在。每个艺术形象都必须以个别具体的感性形式出现，把生活中的人、事、景、物的外部形态和内在特征真实地表现出来，有血有肉、有声有色、活灵活现，使人体验到真实感。艺术形象又是艺术家认识体验生活的结果，是艺术家审美意识的结晶。因此，艺术形象又具有艺术家审视、体验生活时把握到的事物的鲜活性和具体性，通过人的视觉、听觉等感官能够感受、把握艺术形象的色彩、线条、声音、动作，给人以闻其声、见其人、临其境的审美感受。

艺术形象贯穿于艺术活动的全过程。艺术家在创造的过程中始终离不开具体的形象。正如郑板桥画竹子，他观察和体验的竹子形象始于"园中之竹""眼中之竹"，艺术构思孕育了"胸中之竹"，而磨砚展纸，落笔倏作最后完成了"手中之竹"。艺术家不仅在创作过程中从不脱离生动具体的形象，创造的成果艺术品，更须展现具体可感的艺术形象，并以其强烈的艺术感染力去打动每一个欣赏者。因此，艺术欣赏的过程也要通过对艺术形象的感情来引发对作品中情境、意境的体味。这足以说明形象贯穿了艺术活动的每个环节，形象性成为艺术区别于其他社会意识形态的最基本的特征，也是艺术反映社会生活的特殊形式，是创作主体对创作对象瞬间领悟式的审美创造。它是感性的不是推理的，是体验的不是分析的。

艺术形象的创造也不能离开理性。艺术中的形象是有意味的形象，是渗透了艺术家深刻理性思考的形象。它不是客观生活图景的随意照搬，而是艺术家经过选择、加工并融入艺术家对人生的理解。鲁迅先生就曾说过："画家所画的，雕塑家所雕塑的，表面上是一张画、一个雕像，其实是他的思想和人格的表现。"另外，艺术家从事创作活动中的理性思维，在把握时代氛围、遴选素材和题材、构思主题和情节、选择表现形式等方面均具有举足轻重的作用。艺术活动是形象把握与理性把握的有机统一。

（2）情感体验与逻辑认知的统一。艺术中的情感即审美的情感，是一种无功利的具有人类普遍性的情感。情感在艺术活动动机的生成、创造与接受过程中均是重要的因素之一。同时，情感又是艺术创作的基本元素。艺术活动总是伴随着情感，这是欲望、兴趣、个性的具体心理表现，也是对对象能否满足自身欲望的价值评判。俄国作家列夫·托尔斯泰就曾在他的《论艺术》中指出："文艺创作是艺术家在自己的心里唤起曾一度体验过的感情，并且在唤起这种感情之后，用动作、线条、色彩、声音及言辞所表达的形象来传达出这种感情，使别人也能体验到同样的感情——这就是艺术活动。"情感主宰着艺术活动的整个过程，贯穿于艺术创作的整个心理过程。

艺术家的情感往往通过艺术形象得到充分的展现，艺术家在反映生活、描绘艺术形象时，绝不是冷漠的、无动于衷的，而是凝聚着他的思想情感、爱憎褒贬，渗透着他的审美情趣、审美理想。

在审美艺术创造和艺术欣赏活动中，情感不仅与形象联系在一起，也同认知联系在一起，是随着审美认知而产生的一种特殊的心理现象，其基础是审美认知。经过审美认知及其复杂的思想活动，生活中的美才能被发现、被感悟。

（3）审美活动与意识形态的统一。艺术的审美特性是区别于其他社会实践活动的根本标志。审美特性是指艺术作品所具有的美学品质和审美价值。艺术作品是艺术家审美理想的结晶，是美的创造结果。它不仅以情动人，更以美感人，使人得到精神上的愉悦享受。艺术作品中的形象由于浓缩了生活中的形象美，因此比生活中实际存在的事物形象更具有形而上的审美特性。例如，中国传统绘画中的梅花形象，往往老干虬枝、横斜逸出、凌寒傲霜、迎春怒放，体现了老树新花、青春勃发的审美内涵，使人产生比观赏生活中的梅花更丰富的感受。艺术作品表现生活中美的形象，使之更加突出完美，表现生活中的丑，同样可以化生活丑为艺术美。艺术家在作品中，通过对生活丑的嘲讽和鞭笞，充分暴露出其丑恶的本质，引起人们对丑的厌恶与鄙视，从而消灭丑、根除丑，以此激发人们对美好事物的憧憬与向往，此时的生活丑也就具有了一定的美学意义与价值。例如，以反腐倡廉为题材的艺术作品，通过对腐败现象的暴露和批判，充分揭示了社会腐败现象对社会主义建设的危害性，并给世人以警示，同样具有震撼力，可以使欣赏者获得一种特殊的美感。

艺术不仅是一种审美的活动，具有审美特性，而且属于上层建筑中的意识形态，具有意识形态性质。归根结底，艺术是人对世界的一种精神把握的方式，人们通过艺术达到对世界的认识，也包含着对自己的认识。而且，艺术中的审美特性是其本质属性，其意识形态特征则是隐藏在审美特性之中的，它使艺术的审美世界具有了更为广阔和深邃的内涵，所以我们说艺术活动是审美活动与意识形态的统一。

二、高铁乘务人员常见的形象缺陷分析与纠正

（一）形体固化缺陷

1. 肩倾斜

形成原因：肩部的倾斜主要是因为经常使用同一侧的肩背包、扛东西或者同一只手提重物，使一侧肩部经常处于紧张状态，久而久之，一侧肩的上提肌群较另一侧发达，表现为一侧肩明显上斜，从而导致两肩不平（见图 3-2-1）。

纠正方法：

（1）做上斜肩的下压，使其对应的上提肌群得以放松。

（2）加强双肩的全面柔韧与力量训练，使得双肩姿态均衡发展。

2. 驼背

形成原因：驼背是由于长期身体姿态不正确，经常含胸、背部松弛，造成背部肌肉力量薄弱，肩胛内收肌群相对紧张，导致驼背（见图 3-2-2）。

纠正方法：

（1）扩展和牵拉肩胛内收肌群，使此处肌肉得以放松。

（2）加强背部的肌肉力量训练。

3. 脊柱侧弯

形成原因：由于长期伏案姿势不正确，造成脊柱往一侧弯曲过大，普遍表现为两肩高低不等、腰凹不对称、同侧背部隆起等（见图 3-2-3）。

纠正方法：

（1）改变不良的姿势习惯。

（2）运用体侧屈体转法对腰凹大的一侧腰侧肌肉群进行牵拉校正。

图 3 - 2 - 1　肩倾斜　　　　图 3 - 2 - 2　驼背　　　　图 3 - 2 - 3　脊柱侧弯

4. "O"型腿

形成原因：由于遗传或长时间用腿习惯不佳，如站立时习惯双腿外侧用力，造成膝关节内扣，主要表现为双腿并拢时，膝关节留有缝隙，双腿呈"O"字形（见图 3 - 2 - 4）。

纠正方法：

（1）运用内扣压膝法改善膝关节状况。

（2）加强大腿内收肌群力量的训练。

（3）培养正确的行走习惯。

5. "X"型腿

形成原因：由于遗传或用腿习惯不佳，造成股骨内收内旋和胫骨外展外旋的骨关节异常现象（见图 3 - 2 - 5）。

纠正方法：

（1）运用外展压膝法改善膝关节状况。

（2）培养正确的行走习惯。

图 3 - 2 - 4　"O"型腿　　　　图 3 - 2 - 5　"X"型腿

（二）体态固化缺陷

1. 站姿缺陷

躯干是人的情感线，在人际交往中，站姿代表着一个人的形象。特别是高铁乘务人员，在工作中和生活中，过于随便、塌腰、背部弯曲、耸肩、颈部前伸、不停颤抖等不良的姿态都会给人留下不良的印象，从而影响与乘客的交流。所以，高铁乘务人员必须注重细节的形象美。

（1）双腿不直（见图3-2-6）。

图3-2-6 双腿不直

形成原因：①大腿内收肌群松弛，造成双膝内收不够，留有缝隙；②膝关节僵硬，使得膝关节不能充分伸展。

纠正方法：加强大腿内收肌群的力量训练，加强膝关节柔韧性的训练。

（2）塌腰挺肚子（见图3-2-7）。

形成原因：腰腹部肌肉过分放松，造成不自觉的髋前倾。

纠正方法：腰部肌肉绷紧、立直，身体尽量向上拔起，小腹收紧、挺胸。

（3）背部弯曲（见图3-2-8）。

形成原因：经常伏案姿势不正确，背部肌肉收缩无力，胸小肌发达。

纠正方法：双肩同时向后用力，双手在腰后十指相握、抬起，向后展开双肩，同时挺胸。

图3-2-7 塌腰挺肚子　　　　　图3-2-8 背部弯曲

（4）耸肩（见图3-2-9）。

形成原因：斜方肌肉紧张不松弛，肩的柔韧性不够，使得肩习惯性向上抬、缩脖子。

纠正方法：身体保持直立，双手持重物，双肩同时向下沉，牵拉肩上提肌群。注意双肩同时下沉，切勿一肩高、一肩低。

（5）颈部前伸（见图3-2-10）。

形成原因：颈后肌群松弛无力，使得颈椎习惯性向前使劲，俗称探头。

纠正方法：加强颈后部肌群力量，保持直立状态，使颈椎、胸椎、腰椎和尾椎在一条直线上：①靠墙站立，使整个身体尽量贴靠在墙上；②平躺在没有枕头的木板床或地面上，身体保持拉长状态。

图 3 – 2 – 9　耸肩　　　　　　　　　图 3 – 2 – 10　颈部前伸

2. 坐姿缺陷

"坐"是人们日常生活中最常见的姿态，坐姿是否得体也体现着一个人的修养。如果不注意坐姿，堆腰、双腿分开过大、跷二郎腿或脚上下颤动，就会给人一种无教养的感觉。

（1）堆腰身体不直立（见图 3 – 2 – 11）。

形成原因：腰腹部肌肉放松，骨盆后倾，使得脊柱前屈。

纠正方法：加强腰背部力量训练，始终保持立腰状态，使颈椎、胸椎、腰椎、骶椎在一条直线上。

（2）双腿叉开（见图 3 – 2 – 12）。

形成原因：双腿放松不加控制，不自觉分开。这是一种过于随意的姿态。

纠正方法：在训练的过程中，养成良好的习惯，大腿、膝关节、双脚要并拢，腿部肌肉保持紧张状态。

（3）"4"字形腿（见图 3 – 2 – 13）。

形成原因：双腿放松不加控制，怎么舒服就怎么坐。这就是随心所欲的坐姿。

纠正方法：将双腿一上一下完全交叠在一起，交叠后的两腿之间没有任何缝隙，犹如一条直线。双腿斜放于左右一侧，斜放后的腿部与地面呈45°夹角，叠放在上面的脚尖垂向地面。

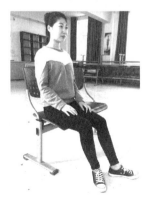

图 3 – 2 – 11　堆腰　　　　　图 3 – 2 – 12　双腿叉开　　　　　图 3 – 2 – 13　"4"字形腿

3. 走姿缺陷

（1）内八字（见图 3 - 2 - 14）。

形成原因：走路时大腿肉收肌群放松，膝盖内收，脚落地时脚尖内扣。

纠正方法：行走时注意大腿内收肌群用力，踝关节有所控制，始终保持膝盖朝前、脚跟内收、脚尖朝前的状态。

（2）外八字（见图 3 - 2 - 15）。

形成原因：走路时膝盖向外，双脚脚尖落地时各向外分开或腿形为"X"型腿。

纠正方法：在走路的过程中，注意踝关节的控制，走路时始终保持膝盖朝前，脚尖朝前。脚跟先着地，身体重心在整个脚掌上滚动，由脚跟移向脚尖，后脚以第一、二、三脚趾为中心踢出，做前脚向正前方踏出的动作。

（3）拖步走（见图 3 - 2 - 16）。

形成原因：骨盆前倾，肩膀向下低垂，走路时不抬大腿，脚离开地动作不明显。

纠正方法：行走时大腿带动小腿，脚跟先着地，同时后脚跟蹬地，将身体重心迅速移向前脚掌，后脚离开地面。

图 3 - 2 - 14　内八字　　　　图 3 - 2 - 15　外八字　　　　图 3 - 2 - 16　拖步走

4. 蹲姿缺陷

（1）含胸体前倾（见图 3 - 2 - 17）。

形成原因：下蹲时上半身姿态比较放松，双肩没有向后展开，腰部没有直立，没有挺胸的动作。

纠正动作：在下蹲的过程中，始终保持上身直立的状态，脊背保持直立，同时挺胸抬头。

（2）双腿没收紧（见图 3 - 2 - 18）。

形成原因：没有掌握正确的姿态要领，蹲下时膝盖没有并拢，大腿没有夹紧，下半身的姿态松散。

纠正方法：在下蹲的过程中，让双腿、膝盖始终保持并拢的状态，蹲下去之后一条腿的膝盖内侧靠于另一条腿的小腿内侧，形成高低的姿势。

（3）下蹲臀朝后（见图 3 - 2 - 19）。

形成原因：在下蹲的过程中，先强调了低头、弯腰翘臀的动作，蹲下后出现重心前移的情况。

纠正方法：在下蹲的过程中，保持臀部向下的姿态，应当做到缓慢下蹲。下蹲后两腿合力支撑身体，使身体垂直于地面。

图 3-2-17　含胸体前倾　　　　图 3-2-18　双腿没收紧　　　　图 3-2-19　下蹲臀朝后

（三）心理固化缺陷

高铁乘务人员需要具备良好的心理素质，特别是在与乘客交流的过程中，良好的心理素质能够推动高铁乘务人员工作的顺利开展。但未经过专业训练的人往往会在日常学习及生活中养成一些不好的习惯，而这些小小的心理缺陷会成为自我展示的最大干扰。

1. 自负

表现方式：心不在焉，对他人的讲话不感兴趣，对人不尊重。

体态表现：仰视、不正眼看人，身体颤动。

克服方法：选择一些运动强度较大的有氧运动，如健美操、民族舞蹈等，让身心在运动中得到放松；另外，多听音乐，提高自己的内涵修养。

2. 腼腆

表现方式：内向、沉静，过于关注自己的言行。

体态表现：俯视、不敢正视他人，不自觉摆弄手、脚或衣角等。

克服方法：学习一些有美感的舞蹈，在舞蹈艺术的学习过程中找到自信，培养与人交流的能力。

以上这些缺陷对于刚刚开始进行专业课程学习的高铁乘务专业的学生来说是普遍存在的，特别是形体上的缺陷较为明显，这些都需要通过长期的舞蹈形体训练来纠正和改变。通过后天的舞蹈形体训练，不但可以改正以前的缺陷，还可以塑造完美的体态，同时通过审美的培养逐步建立自信心和形成良好的内涵修养，进而使学生成为气质高雅、内外兼修的优秀高铁乘务人员。

任务拓展

一、任务实训

1. 说一说形体训练对高铁乘务人员的重要作用。

2. 分组讨论艺术审美培养与高铁乘务人员形象塑造的关系。

3. 讨论高铁乘务人员常见的形象缺陷，予以分析，并找出改正的方法。

二、案例分析

从 P 城开往 M 城的动车上，乘务员小 A 正在为乘客服务，此时已经是晚上 9 点了。有的乘客因为太累已经在座位上进入睡眠状态。小 A 突然看见一位乘客的钱包从裤兜里滑出，掉在了地上，于是上前帮忙捡了起来，准备还给他。只见这位乘客双眼紧闭，似乎睡着了，又似乎只是在闭目养神。小 A 出于礼貌，轻轻地对这位乘客说："先生，您的钱包掉了。"一连说了两声，乘客都没反应，小 A 便提高了声调，情绪激动地说："先生，您的钱包掉了！"乘客突然被惊醒，便坐直了身体，抬头瞪了小 A 一眼，同时从小 A 手里拿回钱包，说："这么大声干吗？不就是帮我捡了一下钱包吗？至于吗？你吓到我了，太没修养了。"此时，小 A 觉得既委屈又尴尬。旁边一位中年男子小声对另一同行者说："长得倒是挺漂亮，可就是缺乏内涵修养啊。"小 A 听了更觉得难过，认为自己这么辛苦地为大家服务，可为什么得不到乘客的理解呢？

案例分析：作为一名高铁乘务人员，无论在任何情况下，都要去体会乘客的心理，保持一致的服务风格才能得到乘客的认可，而不能以任何借口来推卸为乘客提供满意服务的责任。乘客在被小 A 喊醒的瞬间，对高铁乘务人员之前的良好印象都会在这一刻被掩盖。高铁乘务人员要时刻保持良好的心态才能真正成为乘客喜爱和信任的人。

高铁乘务人员外在美的形象塑造

项目一　高铁乘务人员化妆技巧与仪容塑造

任务一　高铁乘务人员的工作妆

一、高铁乘务人员工作妆的原则

1. 不可浓妆艳抹

化妆通常可分为晨妆、晚妆、上班妆、舞会妆等多种形式。这些化妆形式在浓淡程度和化妆品的选择、使用上都存在一定差异。一般来说，要求高铁乘务人员在车厢服务时化淡妆，妆容要简约、清丽、素雅，具有鲜明的立体感，既要给人留下深刻的印象，又不能显得脂粉气太浓。总之，高铁乘务人员的工作妆要以清雅传神为主，要恰到好处地展现高铁乘务人员的风采和魅力，同时又不能过分引人注目。

化妆与化淡妆是不冲突的两个概念。但是，如果对此不细致要求，就会严重影响高铁乘务人员良好的形象，不利于服务工作的顺利开展。

2. 不可过分使用芳香型化妆品

高铁乘务人员在车厢工作时，使用任何化妆品都不可过量，如香水。高铁和动车车厢是一个相对封闭的空间环境，如果高铁乘务人员在车厢工作时过量地使用香水，很可能会引起乘客的反感，还有可能会使乘客感到身体不适等。在车厢内，高铁乘务人员身上的香味应以1米以内才能被对方闻到为宜，如果在3米以外还能被对方闻到，就说明香水使用过量。

高铁乘务人员使用香水应注意两点：一是要选择类型适当的香水，如淡香型、花香型的香水都比较适合高铁乘务人员；二是使用香水的剂量不宜过大，要将香水用在恰当之处，即便只是一两滴亦能见效，且不可同时使用几种香水。

3. 避免妆面残缺

在车厢工作时，高铁乘务人员维护自己妆面的完整是很必要的。高铁乘务人员在饮水、用餐后一定要及时为自己补妆。否则妆面深浅不一、残缺不堪，必定会给乘客留下不好的印象。这不仅影响自身的形象，还会破坏所有高铁乘务人员在乘客心目中的形象。

二、女性高铁乘务人员的工作妆

高铁乘务人员中女性所占比例很大，每位女性都有自己独特的魅力，因此要根据自己的特点来设计自己的妆容，但作为高铁乘务人员，在工作中必须严格遵循高铁乘务人员工作妆的化妆原则，化出美丽、得体的妆容，最好还要根据季节的不同化出适当的妆容。在遇到春运和节假日出行高峰的时候，高铁乘务人员工作任务增多，经常要加班，因此还应掌握以最短的时间化出得体的工作妆的能力。

1. 季节性工作妆

（1）春季妆。由于北方春季多为阴冷、多风、干燥的气候，皮肤容易出现失调的情况，如皮肤紧绷、粉刺加重、皮肤过敏等。因此春季是皮肤最敏感脆弱的时候。春季妆在色调上要以柔和明快为主，突出甜美粉嫩的妆面效果。

①保持面部的滋润度。干燥气候的冷风很容易带走皮肤上的水分，使皮肤变得干燥、暗黄，因此需要选用一些有特殊效果的保湿化妆品来改善皮肤的状况，让皮肤恢复水嫩。在选择洁面品、润肤霜时尽量选用性质温和兼具保湿成分的产品，也可以选择一些有修复受损细胞功能的低油度面霜，并在化妆前使用具有补水效果的保湿化妆水。晚间的保养则应选用水质保养品，让皮肤得到充分的休息。

②修正面色基调。由于春季皮肤容易缺水、过敏，肤色的基调仍与冬季有些类似，如皮肤发黄、长痘等现象，为保护肌肤和妆面的效果，应学会在上粉底之前用修正液修饰面色。

在做完洁肤、润肤后就该使用修正液了，按照色彩互补的原则，修正液的颜色通常选用淡绿色，当然，除了淡绿色外，还可根据具体情况选择其他颜色的修正液来进行修饰。脸色晦暗泛黄，可以用紫色修正液；如肤色不均匀或有小雀斑，则可以选用修饰效果较强的黄色修正液。把修正液涂抹在脸上，可将不健康的肤色进行适当的修正。之后，再打上一层薄薄的粉底，最好选用透气性较好的蜜粉进行定妆，这样整个妆面会使人感觉皮肤很通透、自然。粉底适宜选用干湿两用粉底，以保持面部干爽不腻，避免粘住太多灰尘和杂质。

③借助各式彩妆烘托脸部自然的光泽。每个细节都不能放过，双眼、嘴唇甚至颈部都是化妆的重点。因此，要选有亮光成分的化妆品，如使用液体唇膏或水润的果冻唇彩、有华丽金粉片与光泽珍珠素的眼影和粉底。总之，要尽量通过化妆品的特殊亮光成分提亮肌肤的色泽。

④注意妆色要鲜亮明快。从乘客的角度来看，人们需要摆脱整个冬季的压抑，高铁乘务人员整个妆面色调鲜亮明快，在一定程度上可以提升乘客的心情指数，有利于拉近高铁乘务人员与乘客之间的距离。因此，要尽量选用暖色调的化妆品。

（2）夏季妆。夏季气候潮湿、炎热，人体内血液循环加快，皮肤分泌汗液与皮脂增加，脸上经常出汗或是出油，妆面易脱难持久，而且夏天是皮肤炎症高发的季节，所以夏天化妆更应注意细节。

①夏季一般应该少用油质太重的化妆品，防止因毛孔阻塞而引起的粉刺、痤疮。初夏时节可选用含粉质的或霜类化妆品；盛夏适宜选用含水量多、含油质少的乳液。

②夏季化妆应以淡妆为宜，这样可以给人清爽的感觉。在整个脸部稍微加一点色彩，使轮廓看起来健康、明快、有神即可。

③夏季妆容要注意皮肤的护理。夏季时血液流通较快，新陈代谢比较旺盛，油脂分泌也

会增加，因此，在夏季更应注意肌肤的护理，选用具有深层清洁效果的洁面产品对皮肤进行清洁，同时要选用具有收敛作用的化妆水保持皮肤的平衡。高铁乘务人员由于工作的需要，长时间处在带妆的情况下，除了需要很好的洁肤外，还要及时给皮肤补充营养，食物营养和做面膜都是很有必要的。

④另外，夏季的防晒也是非常重要的。虽然高铁乘务人员的工作环境是在车厢里，但是夏季对皮肤进行防晒是绝对不能忽略的。在夏季，由于紫外线的照射特别强烈，要尽量避免长时间的太阳照射，皮肤被强烈的阳光晒后会受伤，造成皮肤干燥、起斑、长皱纹。当皮肤处在强烈太阳光照射下时，应对皮肤采取一些保护措施，如擦防晒霜，手腿擦防晒油，外出时要戴太阳帽或是带上一把防晒伞以挡住阳光的直射，从而减少紫外线对皮肤的伤害。

⑤夏季面部的化妆要以清爽为主。在粉底的选择上建议选用水质无油的粉底液或珍珠色的水粉饼；眉毛也宜画得淡雅，可采用两次画眉法，第一次淡淡地画好后要扑上少许蜜粉，接着画第二次，这样画出来的眉毛才不会因出汗而花掉。夏季出汗较多，不宜多涂腮红，可以在头发边或眼下擦一点浅红色粉质腮红。化好妆后一定要用透明粉饼定妆，然后用化妆纸轻轻按压若干次，这样可以使妆容保持的时间长一些。白天要经常补粉，吸走脸上多余的油光。太热的天气，可以只用透明粉饼，不用粉底。

（3）秋季妆。在秋季，由于气温开始降低，雨量减少，空气的湿度也随之降低，气候偏于干燥，这时对皮肤进行补水就是秋季化妆的重点。

①选一个与自身肤色相近的粉底，要按照自己的肤质来选：如果本身肤质比较好，就可以选一个质地相对较薄的粉底，这样可以使妆容看起来更轻盈；如果本身肤质不太好，就选一个质地相对较厚的粉底，这样遮盖力会更强。随着气温的转凉，可以选择一个油分稍微高一点的粉底，这样会比较滋润。

②若是面部有瑕疵也需要进行修饰。如果有黑眼圈，可以选用一个偏粉色系的遮瑕膏来遮盖青色；如果长了痘痘或是有痘印，则可以选择一个接近肤色或者微微偏黄的遮瑕膏，来遮盖红色的痘痘或痘印。对于高铁乘务人员来说，立体感的妆容塑造是必不可少的，因此须在底妆中增加提亮肤色这一步骤。在颜色比较暗沉的眼圈、下巴和法令纹处都需要提亮。

③在眼妆方面，秋季的眼部化妆可以突出"自然"和"凹陷"两大特点。高铁乘务人员的工作妆，在这个季节可选择大地色系为眼部的主要用色，如铜色、米色等，这些色彩较为柔和，符合高铁乘务人员工作妆中眼影用色的要求。

在秋季，高铁乘务人员唇部和脸颊的用色要尽量做到自然，自然到好像是天生的一样。因此，建议使用肤色系的唇膏和腮红。近年来也非常流行哑光的唇色，所以可以不用唇蜜，但也可以根据情况再涂一层唇蜜来增加生动感。而腮红是必须要用的，否则脸部会显得太苍白。

（4）冬季妆。冬季来临之际，气温骤降，致使室内外的温度有明显的差异，脸上会呈现出红白或乌青不均匀的肤色，由于气候的寒冷干燥，皮肤血管收缩，皮脂腺分泌减少，人体皮肤中的水分容易挥发，皮肤显得粗糙，容易出现脱皮、皱纹，甚至出现小裂口。因此，须格外注重冬季肌肤颜色的保护。在化妆之前应对皮肤进行简单的养护：应选用滋润性洁面产品清理皮肤，之后可选用冷霜、营养霜等具有滋润效果的护肤品进行皮肤保养，并配合适当的按摩，使肌肤细嫩、柔美。冬季少用粉类化妆品，以免皮肤干燥而产生皱纹。

①在冬季，粉底的涂抹要均匀，并且粉底要根据不同肤质来进行选择。中干性皮肤应使

用含美白基底的润肤露，它细腻且润滑的感觉可使肌肤光滑白皙；油性皮肤或是毛孔粗大的皮肤，应在涂上润肤霜后，轻涂一层淡粉，增强皮肤的吸附力，弥补肌肤的粗糙感。这样无论处于怎样的温差环境中，都可以突出脸部轮廓。

②对于唇部和脸颊，应以健康亮丽的色彩为主。建议腮红和唇部可选用粉色系或橙色系，如粉红、粉紫、浅橙、橘红等颜色。这样会表现出健康活泼的气质，在素白的冬季会显得生机勃勃、有朝气，使人心情愉悦。

③由于冬季的特殊性，血色的不均问题还会出现在手上，并且更加明显。高铁乘务人员在工作中经常会用到手，因此，冬季手部的护理也尤为重要。试想，一双由于冷空气的侵袭而变得乌青的手在车厢内为乘客服务，这是有损高铁乘务人员形象的。因此，在冬季到来之前就应该开始手部的保养。清洁手部后要及时擦上油脂较多的护手霜，也可在指甲上涂上有保护效果的指甲油，既可增加指甲的光泽度，又可在指甲表层形成保护膜，防止指甲面缺水干裂。

2. 车厢工作妆快速化妆技巧

（1）清洁肌肤（耗时1分钟）。用温和的洁面用品洗脸，在皮肤半干的状态下涂上润肤露，在等候皮肤吸收润肤露时，可以梳头。

（2）涂遮瑕膏（耗时1分钟）。黑眼圈和脸上的瑕疵要用遮瑕膏进行遮盖。乳液式的遮瑕膏会有较为均匀的效果，并且吸收快、省时。首先，用海绵沾上遮瑕膏，从内眼角推向外眼角，然后顺便涂抹嘴角和鼻翼两侧。然后，再全面涂上粉底，遮瑕膏最好选择比自己皮肤和粉底颜色浅的颜色。

（3）上粉底（耗时1分钟）。涂上粉底，整个妆容马上变得明显突出。若想省时，可不涂粉底液，直接涂上干粉或散粉，效果也不错。

（4）画眼妆（耗时2分钟）。先涂上睫毛膏，先从眼睫毛根部水平向外擦出，然后再由下往上擦。若是想让眼睛显得大些，可以涂点眼影在眼角位置。

（5）涂口红，检查妆容（耗时1分钟）。建议选择颜色较浅的唇彩，因为深色需要较长时间才能涂好。涂唇膏会有更佳的效果，也更省时。

化妆完成后，要仔细、全面地查看妆容的整体效果，尤其是在车厢这种特定的工作环境中，妆面的检查更要细致，以达到符合高铁乘务人员专业形象的效果。

对于在列车执行工作任务时间较长的高铁乘务人员，由于带妆时间较长，可在检查完妆容后，再用蜜粉固定一次，以保持妆面的持久。

三、男性高铁乘务人员工作妆

1. 男性高铁乘务人员工作妆的原则

在高铁线上执行工作任务的男性乘务员也需要进行必要的面部修饰，应着重表现其阳刚气质，而非描绘美化。男性乘务员的妆容主要在于面容的简单修饰，要本着干净整洁的原则，不可过分化妆。

2. 面容的修饰

男性高铁乘务人员面容的修饰主要是眉毛和嘴部。

（1）眉毛。男士眉毛大多比较浓密，保持自然状态即可。如果眉毛有较大的缺陷，眉毛稀疏，眉棱不洁或没有眉毛等，就要注意加以适当的修饰。

修饰眉毛有两种方法：描眉和修眉。描眉时多采用补的手法。修眉时在清理多余的眉毛后，用眉笔加深眉色即可，不建议使用纯黑色的眉笔，会显得过于生硬，炭灰色则最自然。男士的眉毛一般不做人为美化，修眉时不要过多修饰原有的眉形，只要用笔顺着原有的形状加深即可。

描眉要注意几个问题：一是眼睛小的男士，眉毛不可描得过粗；二是双眼距离较宽的男士，眉头应描得靠拢一些，眉毛的长度不宜过短；三是鼻子长的男士，眉毛应描得稍微低一些，眉尖浓重，眉头和眉梢颜色稍淡；四是上额宽、脸型短的男士，眉毛要描得稍高一些。

（2）嘴部。男性高铁乘务人员嘴部的修饰包括嘴唇的修饰和口腔的卫生。如果嘴唇的轮廓薄厚不理想或嘴唇的颜色不正，可以用唇笔或男士专用唇膏来进行弥补。

要注意防止嘴唇开裂、起皮、生疮，还要注意清除嘴边的分泌物。另外，男性高铁乘务人员不得留胡须，胡须凌乱地为乘客服务很容易给乘客以邋遢的感觉。

任务拓展

一、任务实训

1. 根据自己的面部特点分别完成一组春、夏、秋、冬四个季节的工作妆。

2. 根据所学的快速化妆技巧，在 6 分钟之内完成一个简单的工作妆。

二、案例分析

乘务员小 B 是一个活泼的姑娘，在生活中性格爽朗，大大咧咧。做高铁乘务员一年多来，由于她开朗的性格和在工作中的积极热情，很受同事的喜爱，也深受乘客的赞许。但是也因为她大大咧咧的性格，所以对自己的妆容并不是特别在意，经常忘记检查妆容，忘记补妆，她的好朋友——乘务员莉莉时刻都在提醒她要检查妆容，及时补妆。小 B 虽然每次都在莉莉的提醒下照做了，但总是没有放在心上，觉得自己把工作干好就行，妆容检查不检查不是特别重要。

一天，莉莉生病了，请假没执行任务。小 B 还是像往常一样，在车厢里忙着。吃完午饭，小 B 没有检查妆容就直接去服务了。当她帮助一个在车厢迷路、找不到妈妈的小朋友找妈妈的时候，小朋友突然站着不走了，笑着看她。小 B 觉得很奇怪，蹲下问他怎么不走了，小朋友笑嘻嘻地说："阿姨，你的嘴巴怎么了？怎么有几种红色啊？还一块一块的？"小 B 一听，立即明白过来，刚吃了饭，口红肯定花了。平时是莉莉提醒自己，今天莉莉不在，自己就忘了。这次让面前这个小朋友给发现了……

案例分析：案例中的小 B 工作积极，对人热情，很受大家的喜爱，但由于自己对妆容的重视程度不够，经常忘记检查妆容，没有及时补妆，影响了个人的形象，同时也影响了整个行业的形象。高铁乘务人员树立的是高铁行业的形象，个人的妆容是非常重要的。妆容的干净整洁可以在乘客面前树立起高铁乘务人员良好的形象，给人以愉悦的感觉，这有利于建立乘客对自己的信任感，增加自己的亲和力，促进乘客与自己的交流，以便更好地开展工作。因此，高铁乘务人员要时刻保持好自己的妆容，维护个人形象。

任务二　高铁乘务人员发型的塑造

仪容首先要从"头"开始，头发也是人体健康的一面"镜子"。在仪容方面首先要通过发式来展现自己的审美观和良好的个人形象。

根据皮脂分泌情况可将头发分为油性头发、干性头发、混合性头发和中性头发四种类型。中性头发是一种健康的头发，头发有自然光泽、润滑、柔软、有弹性、易梳理、不分叉、不打结、梳理无静电，做好发型后不易变形，但中性头发比较少见。干性头发因头皮缺少皮脂或因水分丧失过快而显得干燥。油性头发的头皮油脂分泌旺盛，头发油腻，易黏附灰尘，易有头皮屑，造型难度大，头发呈现平、直、软、弱等特点；油性头发多与遗传因素、精神压力过大、激素分泌旺盛有关。混合性头发处于头发多油和干燥的混合状态，这种头发根部多油，发干和发梢则因缺油质而显干燥；混合性头发因其头发生长处于最旺盛阶段，而体内的激素水平又不稳定，于是出现干燥与多油并存的状态。

本任务主要介绍头发养护方法、职业发型、男女高铁乘务人员发型的基本要求，为高铁乘务人员今后的职业形象打好基础。

一、头发的基础护理

（一）头发的养护

1. 选用合适的洗发水

高铁乘务人员在工作期间要保持头部清洁，勤洗头，保持头发的自然光泽，无异味，无头皮屑，肩背无落发，而洗发水的选择尤为重要。根据自己的发质选择合适的洗发水能达到很好的效果。因此，正确地选择洗发水是呵护秀发的首要基础，必须针对头发的特质挑出合适的洗发水。如果头发健康，可以选择正常的洗发水，其主要功能在于一般性的清洁和温和的护发。细发者可以选择能够使头发增粗的洗发水，该洗发水除具有特别温和的洗涤成分外，还有角蛋白、丝蛋白或者植物浸膏等成分，可让头发丰满有型。油性头发可以选择去油作用强、有令秀发油脂分泌正常的植物浸膏的洗发水。含羊毛脂、卵磷脂及能使头发柔软光滑的合成黏合物的洗发水适合干性和开叉头发，它可以黏鳞片中的裂痕，令头发顺滑易梳。头皮屑多者可以选用去屑洗发水，这种洗发水含有某种可将头皮上将要脱落的皮肤碎料分离出来的洗涤成分，还有阻止新的头屑产生的成分，通常还伴有杀菌止痒的功效。

2. 头发梳理得当

高铁乘务人员在工作期间要注意整理头发，把头发的凌乱处和打结的地方梳理顺，不要用过于尖、密、硬的梳子，最好用牛角或桃木等天然材质的梳子。

打结又梳不开的头发不要硬梳，要用护发素加水揉湿头发，再慢慢梳理。头发不仅要注意洗涤、护理，更重要的是日常保养。注意不要用指甲抓擦头发，要用指腹轻轻按摩头发，由于头发的皮脂腺在不断地分泌油脂，头皮屑也会不断出现，因此要注意选择适合自己发质的洗发液。

3. 合理吹干头发

在用吹风机之前，一定要等头发半干，先将头发梳开，避免打结的头发在吹干的过程中受损。尽量缩短吹发的时间，吹风机与头发的距离要远一些，温度不可太高。建议每周热吹发不要超过三次，否则会使头发过于干燥，引起发梢分叉。

4. 坚持头部按摩

按摩有助于血液循环，松弛紧张的肌肉。洗发前和任何有空的时候，都可以进行头皮按摩。先从后脑勺开始，以画圆圈的动作揉到头顶、两边及额头边缘。注意用手指轻而缓慢地揉动，不要用手指去抓头发。

关于头发的保养，高铁乘务人员应注意饮食方面的合理性和科学性，全面综合的饮食有利于头发的保养。

（二）洗发的基本步骤

1. 梳发

洗头发之前，应先将头发梳理一下，梳头可将打结的部分顺开，也可以去掉头发上的浮皮和脏物，并给头发适度的刺激以促进血液循环，使头发柔软而有光泽。正确的梳发方法是首先从梳开散乱的毛梢开始，然后一段一段往上梳，一点一点梳向发根。

2. 洗发

先用水浸湿头发，将少许洗发水倒在手中，两手揉搓出泡沫后，均匀地涂抹在头发上。用手指腹按摩式的搓揉头皮和头发，洗发水在头发上停留 5~10 分钟后冲洗干净。冲洗之后可以再重复一次。头发上的脏物是引起头皮过多和脱发的一个原因，有碍于头发的正常发育。因此，要在洗头的时候按摩头皮和头发，使头发经常处于清洁状态，同时手指对头皮的按压能够增加头皮健康、促进血液循环，这样就可以提高头发的健康度。

3. 护发

把少许护发素倒在手上，先在手中轻揉，以手的温度软化护发素。将护发素从后往前均匀地涂抹在头发上。用手指腹按摩式的揉搓头皮和头发，使头皮和头发都得到滋润。1~3 分钟后，再用温水冲洗干净。

4. 擦干

用毛巾擦干头发是最传统的做法，但方法不当会折弯、摩擦头发，对头发造成伤害。正确的方法是洗头后用毛巾把头发在头上盘起包好，几分钟后，等毛巾吸收了部分水分，再轻轻挤干水分，让头发自然风干或是用吹风机吹干。

二、高铁乘务人员的发型要求

高铁乘务人员的发型是与其工作环境氛围相适应、相协调的职业发型。头发整洁，发型大方，可体现出职业特征、个人形象及文化内涵，能更好地体现职业的风度美、高雅美。

（一）男性乘务员的发型要求

男性高铁乘务人员头发要整齐，勤洗发、勤理发，保持头发的清洁卫生，不能有异味和头皮屑，注意头发要梳理到位，禁止头发蓬松、凌乱。

（1）头发的长短要适当，要做到前发不过眉，露出额头，保持鬓发两侧长度不超过内耳廓，后发不过衣领。干净整洁，庄重大方，自然得体。

（2）男士发型要简单大方、朴素典雅，具有职业感。发型要体现出男士刚毅、自然的特点，不能追求标新立异的个性化发型，绝不能留偏中性的发型。

（3）除黑色外，不能染其他颜色的头发。

（二）女性乘务员的发型要求

女性高铁乘务人员在为自己选择发型时，必须与其高铁乘务人员的身份相符合，符合本行业的要求——简约、明快。主要发型有短发、发髻、卷盘发。

（1）短发梳理整齐，直发与烫发均可，长短适宜，注意修剪，最短不得短于耳垂，最长不得超过制服衣领；用啫喱水或啫喱膏定型短发、碎发及刘海，使头发一丝不乱、美观大方，保持自然发色。

（2）长发须盘发髻或留卷盘式发型。长发应于脑后束起盘成发髻，盘发高度应在中部，发髻最低不超过双耳垂的连线，不可留发帘式刘海，刘海必须通过发胶使其服帖于额头，低头不下垂且高于眉毛。

（3）高铁乘务人员在工作时不得染除黑色以外的其他发色，更不得漂染和挑染。

（4）盘发方法（见图4-1-1、图4-1-2）：

①扎发：用橡皮筋将所有头发扎成马尾，其位置在两耳的连接线之上。

②盘发：以发根为圆心，将马尾顺着一个方向盘绕在头中部，用小发卡固定，戴上统一发饰；如果是发网，扎好马尾后，就直接将头发填充进发网。

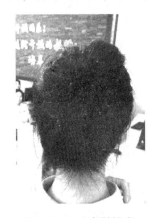

图4-1-1 发髻样式一　　　　　图4-1-2 发髻样式二

任务拓展

一、任务实训

1. 盘发训练：要求将头发用橡皮筋扎成马尾后盘成统一高度的发髻，并佩戴统一的头花。

2. 讨论男性高铁乘务人员如何正确蓄发。

二、案例分析

乘务员李明最近有点烦恼，不知怎么回事，头发特别爱滋生头皮屑，刚洗完头就可以看到头皮上隐隐约约的头皮屑，第二天就满头都是头皮屑了，天天洗头，也无法去除烦人的头皮屑。特别是在工作的时候，头皮屑就掉在制服上，像雪花片似的散落在肩头、背上，有时候看到乘客看着自己，李明总觉得乘客是在看自己的头皮屑，觉得十分尴尬。

案例分析：李明的头皮屑是在近期才有的，这说明他以前是没有头皮屑的，这种情况不但影响了李明的个人形象，而且影响了李明在工作时的状态和心情。出现这种情况，应及时分析查找问题的原因。通常有以下几种原因：一种是新买的洗发水不适合自己，如自己是干性头发，应选滋润型洗发水，如果选用了适合油性头发使用的清爽型洗发水，就很容易滋生头皮屑；另一种就是洗头的方式不正确，没有用指腹按摩头皮和头发，而是用指甲在抓头皮，这样也会滋生头皮屑。建议立即更换并找到适合自己发质的洗发水，并用正确的方式洗头，若还是没有好转，建议立即就医。

任务三　高铁乘务人员面部表情的塑造

表情是无声的语言。在人际交往中，表情反映着人们的思想、情感、反应，以及其他各方面的心理活动。表情对人们交流与沟通的影响是巨大的。好的表情来源于心，但有时不良的性格习惯也会影响人的表情。改变一个人的性格不是一件轻松的事，改变性格要花很长的时间，而表情的改变却相对容易得多，它同样能够使人抓住机遇，从而改变一生。

对于高铁乘务人员来说，面部表情也是自身仪容的一部分，姣好的面容搭配具有亲和力的表情，才是最具魅力的容颜。本任务将主要从眼神和笑容等方面对高铁乘务人员的面部表情进行讲解，力求塑造出最具亲和力和最具感染力的面部表情。

一、高铁乘务人员表情训练要求

1. 表现谦恭

待人谦恭与否，从表情神态方面可以很直观地看出来。因此高铁乘务人员在工作中务必使自己的表情神态表现出对人的恭敬谦和。

2. 表现友好

在高铁乘务服务过程中，对待乘客皆应友好。这一态度自然应当在表情神态上表现出来。正所谓"笑迎八方来客，广交四海朋友"。其实就是要求高铁乘务人员在服务过程中友好的表情神态要先行一步。

3. 表现适时

从大的方面来看，人的表情神态可以庄重、平和，也可以活泼、俏皮。有时，还可以表示不满、气愤和悲伤。不论采用何种表情神态，服务人员都要切记表情神态都要与现场的气氛、实际需求相符合，这就是所谓的表情神态要适时，如当乘客极不开心时，对其笑脸相迎，就可能会得到对方的良好反馈。

4. 表现真诚

高铁乘务人员在服务时，既要使本人的表情神态谦恭、友好、适时，更要使之出自真心、发乎诚意。这样做才能给人以表里如一、名副其实之感，千万不要在表情神态方面弄虚作假。

二、眼神训练

眼神是对眼睛活动的一种总称。眼睛是最自然、最准确地展示心理活动的一扇窗户。眼神的交流是人类的本能，是进化过程中早期生存的需要。一个眼神，可以传情达意，可以传送大量的信息，因此，眼神的训练对于高铁乘务人员来说尤为重要。

（一）训练要素

眼神的构成，一般涉及时间、角度、部位、方式和变化五个方面。高铁乘务人员的眼神训练也应当从这五个方面着手。

（1）时间。高铁乘务人员在与乘客交流时，注视对方的时间长度十分重要。一般注视对方的时间占彼此交谈时间的1/3为宜。

（2）角度。在注视他人时，目光的角度，即其发出的方向，是事关与交往对象亲疏远近的一大问题，高铁乘务人员在服务过程中一般采用正视的角度对待每一位乘客，表现出双方地位的平等和自身的不卑不亢。

（3）部位。在人际交往中，目光所及就是注视的部位。注视他人的部位不同，不仅说明自己的态度不同，也说明双方关系不同。高铁乘务人员在与乘客交流时应经常保持双方目光的接触，长时间回避对方目光或是左顾右盼，是心中不安的表现，更是不礼貌的表现。在交谈中，听的一方通常应多注视说的一方。运用目光的时候，要做到把目光柔和地放在乘客的脸上，不时地将目光移开，而不是单单注视眼睛，这样会让对方感到比较自然。

（4）方式。高铁乘务人员一般采用直视、正视的方式注视乘客，以表示认真、尊重和坦诚，但是不能一直直勾勾地盯着对方。

（5）变化。在人际交往中，目光、视线、眼神都是时刻变化的，它主要表现为：眼皮的眨动一般每分钟 5～8 次，如果过快，表示思维活跃或是在思索，如果过慢，就表示轻蔑、厌恶等，有时候眨眼也可以表示调皮或不解。眨眼时间不宜过长，一般眼皮闭上不超过 1 秒。

（二）训练方法

1. 自我练习法

自我练习法是练习者自己面对镜子独自进行眼神训练的一种方法。

练习步骤：

（1）练习者正对镜子，站在距离镜子 1 米远的位置。

（2）用一张纸，将脸的下半部分遮住，只露出双眼。

（3）假设镜子中的自己是交谈对象。

（4）对镜子中自己的眼神进行自我评价，及时调整，以达到预期效果。

2. 问题环境训练法

问题环境训练法是设立问题情境，让练习者按着问题中的要求，做出相应的眼神的一种训练方法。

练习步骤：

（1）练习者用一张纸将脸的下半部分遮住，只露出双眼。

（2）另一人作为交流对象处于 2 米之外。

（3）练习者按照问题情境中的要求做出相应的表情。

（4）对方对其眼神进行评价，及时调整，以达到预期效果。

（三）训练注意事项

表情中眼神尤其重要，眼神的训练不可忽视，需注意以下几点：

（1）在注视对方时，要正视对方的眼睛。

（2）接受对方的眼光，被注视时，也要坦诚地回视对方。

（3）不要向上翻眼珠，也不要斜眼看人，否则会给人以傲慢无礼的印象。

（4）认真注视对方，不管对方是什么人，集中精神、眼神真挚、态度自然即可。

（5）常活动眼睛是充满好奇心、喜欢观察事物、对任何东西都感兴趣的表现，而不是那种"不稳重的眼神"。

三、微笑训练

笑容，指的是人含笑的面容，亦指人含笑的神情。中国古人曾经留下这样的经验："非笑莫开店"。对于高铁乘务人员来说，在工作中面带微笑地服务乘客，是一种基本的职业规范。微笑的核心在于笑，高铁乘务人员在工作岗位上以微笑示人，意在为乘客创造一种轻松的氛围，使其在享受服务的过程中感到愉快、欢乐和喜悦。

（一）正确微笑要素

1. 掌握微笑要领

微笑的主要特征是面含笑意，但笑容不要太刻意。一般情况下，在微笑时，是不闻其声，不见其齿的。

微笑的基本方法是先放松自己的面部肌肉，然后使自己的嘴角微微上翘，让嘴唇略呈弧形。在不牵动鼻子、不发出笑声、不露出牙齿，尤其是不露出牙龈的前提下轻轻一笑。

2. 注意整体配合

微笑虽说仅仅是一种十分简单的表情，但要使之真正成功，除了要注意口形之外，还需要注意面部其他各部位的相互配合。毫不夸张地说，微笑其实也是人的面部各部位的综合运动。若忽视其整体配合，微笑便往往不称其为微笑了。

通常，一个人在微笑时，应当目光柔和发亮，双眼略微睁大；眉头自然舒展，眉毛微微上扬。这就是人们通常所说的"眉开眼笑"。除此之外，应避免耸动自己的鼻子与耳朵，并应将下巴向内自然稍含起。

3. 力求表里如一

微笑并非仅挂在脸上，而是需要发自内心，做到表里如一。

真正的微笑应当体现出一个人内心深处的真、善、美。表现自己心灵之美的微笑，才会有助于服务双方的沟通与心理距离的缩短。

真正的微笑，还应该是一种内心活动的自然流露。也就是说，它应当首先是一种心"笑"，应当来自人的内心深处。

4. 兼顾服务对象

微笑服务是对高铁乘务人员的总体要求。在具体运用时，还应当注意服务对象的具体情况。

（二）微笑的训练方法

微笑的时候先要放松面部肌肉，然后使嘴角微微向上翘起，让嘴唇呈弧形。

1. 嘴巴的表情训练

（1）对镜子摆好姿势，像婴儿咿呀学语时一样，说"E""G"，让嘴的两端朝后缩，微张双唇，轻轻浅笑，减弱发音的程度，这时可感觉到颧骨被拉向斜后方。相同的动作反复几次，直到感觉自然为止。

（2）先把手举到脸前，手从嘴角向外做"拉"的动作，一面想象笑的形象，想象愉快的事情，一面照镜子。这样的微笑就自然多了，微笑也就不一样了。

2. 打电话时表情的训练

一边打电话，一边照镜子，将自己在镜中的影像当成是打电话者，注意自己的表情。

3. 诱导法表情训练

一边照镜子，一边听娱乐节目，或听朋友讲笑话，保持愉悦的心情，体验"笑由心生"的感觉。

（三）正确微笑

1. 主动微笑

高铁乘务人员在工作中与乘客的目光接触时，应主动向对方微笑，给对方以彬彬有礼、热情的印象。

2. 自然大方的微笑

微笑时神态要自然，热情适度，最好表现为目光有神、笑由心生，这样会令人感到亲切、真诚、温暖、大方。切忌表演色彩过浓、故作姿态和生硬应付。

3. 眼中含笑

一个人是不是开心地笑，是不是真诚地笑，从其眼睛中就能找到答案。

4. 一视同仁

高铁乘务人员由于工作的特殊性，经常会遇到不同的乘客，乘客千差万别、各色各态，切忌以貌取人，不能凭外表的差别、凭主观的好恶而区别待之。

5. 天天微笑

微笑应当是自然、习惯的表情，每个人都应以饱满的精神面貌迎接新一天的生活与工作。微笑会带给自己和他人幸福和快乐。

任务拓展

一、任务实训

表情训练：两个同学一组，模拟乘务员与乘客之间的对话场景，重点展现眼神的交流和微笑。分成小组，互相纠正表情。

二、案例分析

小卫是一名高铁乘务专业的学生，在进校之前，小卫一直都是一名表现良好的学生，但由于性格内向，平时不太爱说话，更不爱笑，可他性格特别好，也特别能吃苦，因此老师、同学一直都很喜欢他。

小卫爱学习、爱思考，所有的学科他都认真学习，进步很快。可最近他有点苦恼，在形象塑造课上，老师要求他微笑着说话，而且还要有眼神的交流，这可难坏了小卫。小卫觉得让自己一直微笑着说话太难了，特别是还要与对方有眼神交流，这对于平时跟人说话都不会看着对方的小卫来说，简直是比登天还难。小卫认为，自己平时跟人说话的时候没有用眼睛看着对方，也没有微笑，不也沟通得很好吗？这种与人沟通时的表情有那么重要吗？

案例分析：以前没有人指导小卫与人交流的方式，更没有人纠正他与人交流时的表情，他认为说话就是一种交流，表达清楚就可以了，不需要表情。这种认识是不正确的。作为一名高铁乘务人员，应在与人交流时具有得体的表情，这是职业的要求，更是一种职业素养。高铁乘务人员在为乘客服务时，得体的表情能使乘客心情愉悦，更能在一定程度上建立乘客对自己的信任感，利于工作的开展。一个会心的微笑、一个温暖的眼神，在很多关键时候可以解决一些小小的误会，为高铁乘务人员自身的工作带来便利。一个美丽的表情代表着一个行业的形象和精神风貌。因此，高铁乘务人员必须克服种种困难，对自身的表情加以严格训练。

项目二　高铁乘务人员形体塑造

本项目主要讲的是对高铁乘务人员的外在形体进行专业的训练。通过体态训练来规范高铁乘务人员站、坐、蹲、走等日常体态；通过学习芭蕾基础舞步，训练高铁乘务人员形成挺拔的身姿和优美的身体线条；通过学习古典舞和民族民间舞，训练高铁乘务人员形成优美的肢体语言和表情语言。

任务一　体态训练

体态，又称仪态，包括所有的行为举止，如一举手、一投足、站立的姿势、走路的姿势、面部的表情、说话的声音控制等，这些都并非只是随意的表现，而是有一定规律的，能够起到传情达意的效果。从一个人的仪态可以看出这个人的修养和学识，并可以借此进行交流，表达感情，也能够从中了解这个人的品行为人。因此，在交际中表现出良好的礼仪仪态更能够体现自身的魅力，比语言更让人信服，所以体态语言也是仪态的另一个名称。

形体和姿态是塑造体态最重要的两个部分。正确的姿态不仅可以展现我们的气质，还可以体现我们的修养与品格。优美的体态和优雅的形体胜过语言的表达。参考古今中外的美学专家对人类健美的理解，再结合我国自身的民族体质，我国体育美学研究人员总结了以下10条关于形体美的标准：

（1）骨骼发育正常，关节不显得粗大凸出。

（2）肌肉发达匀称，皮下有适当的脂肪。

（3）头顶隆起，五官端正，与头部比例配合协调。

（4）双肩平正对称，男宽女圆。

（5）脊柱正视垂直，侧视曲度正常。

（6）胸廓隆起，正背面均略呈"倒三角形"，女子胸部丰满而不下垂，侧看有明显曲线。

（7）女子腰略细而结实，微呈圆柱形，腹部扁平，男子隐现腹肌垒块。

（8）臀部圆满适度。

（9）腿长，大腿线条柔和，小腿腓肠肌稍突出。

（10）足弓较高。

与形体美密切相关的一个定律为黄金分割定律。起初，这个定律是在公元前6世纪，由古希腊一名叫毕达哥拉斯的数学家发现的，后来被古希腊美学家柏拉图命名为"黄金分割定律"。意大利著名的画家、解剖学家达·芬奇，通过无数次的研究测量证实，人体中确实有很多部分都存在着这种黄金分割定律。根据美学实验，大多数人喜欢这种比例，并且认为这是最合乎美感的比例。这个黄金分割比例是一个常数，公式为：长边∶短边 = 5∶3 或者8∶5 又或者13∶8；换一种说法就是短边与长边的比值为 0.618。这个数字虽然被誉为美的标准尺度，但我们不能忽视一些客观存在的因素，如种族的差异、个体的差异及地域的差异等，这些都是这个数字具有"模糊性"的原因。

在现实生活中，通过形体训练，可以形成自然、健康、匀称的姿态。我们日常生活中常用到的站、立、行、蹲、面部表情、说话声调等方面的举止也应该合乎规范，也是需要我们注重和学习的。

一、站立姿态

站姿是人类最基本也是最常用的姿势，站姿即站立的姿势，是人体停止活动的一种姿态，优美、典雅的站姿是一种良好气质和风度的体现。在服务业中，优雅的站姿不仅是尊重自我的体现，更是尊重他人的表现，也能反映出其良好的工作态度和职业形象。

人体的脊柱和骨盆位置影响着我们的站姿。正确的站姿要优美、挺拔，要求人体保持头颈部位和胸腰部位的延伸感，从而使脊柱保持正常的生理弯曲，骨盆在准确的位置上，并且小腹要收紧，臀部要上提。正确的站姿，会给人挺拔向上、积极进取、活力充沛、自信满满的感觉。

（一）站姿的基本要求

站立时，头部端正、两眼平视前方、嘴唇微闭、面带微笑、下颌微收、颈部向上直立、双肩齐平舒展、收腹挺胸、双臂和手自然垂落于身体两侧、提臀收腰，双腿并拢并且向中间夹紧、两脚后跟靠拢、脚尖略微分开，女士脚尖夹角30°，男士脚尖夹角45°，注意把重心放在脚掌上。做到正看是一个面，侧看是一条线。

（二）标准站姿示范

1. 侧放式站姿

双手自然垂放于身体两侧，头顶向上、双眼平视前方、嘴唇微闭、面带微笑、下颌微收、抬头挺胸、腹部收紧、臀大肌收紧上提、双腿并拢、双膝上提伸展、脚后跟靠拢、脚尖略微分开30°（或45°）呈"V"字形站立，身体的重心落在前脚掌上。站姿要柔美，给人以亭亭玉立的感觉（见图4-2-1）。

2. 腹前握手式站姿

身体要求与侧放式站姿一样，脚后跟可并拢也可呈左丁字步或者右丁字步站立，双手自然相握，右手搭握于左手之上，做到虎口交叉轻轻贴于腹部，身体重心可放在两脚上，也可以交替转换重心，从而减轻站立疲劳（见图4-2-2）。

3. 背手式站姿

双眼平视前方、嘴唇微闭、面带微笑、下颌微收、双肩放松、收腹立腰、提臀拔背、双腿并拢、膝盖上提延伸，双脚自然打开呈"V"字形，双手背于体后（见图4-2-3）。

图4-2-1　侧放式站姿　　　　图4-2-2　腹前握手式站姿　　　　图4-2-3　背手式站姿

4. 单臂下垂式站姿

上身做到站姿的基本要求，头端正、脖子向上伸直、下颌微收、脚下呈"V"字形或者丁字步站立，左手小臂弯曲，手掌轻轻放于肚脐下方，右手臂自然下垂于体侧（见图4-2-4）。

5. 躬身致礼站姿

以标准的站姿站立，热情饱满、目光柔和、面带微笑、神态自然，鞠躬、问候。应注意，鞠躬时上身抬起的速度应该比弯下去的速度略慢一些，鞠躬时要注意眼神与他人的交流，眼神应该与头部动作保持一致。

鞠躬时保持全身面对受礼者，站姿正确，脚尖分开呈"V"字形或者丁字步站立，两手自然相握，和腹前握手式站姿的手上姿态一样。

躬身的角度可分为两类：15°和30°。15°应用于致谢；而30°多应用于欢迎和送别。鞠躬时做到挺胸、收腹，腰部以上略微前倾；头、颈、背保持三点一线，以腰部为轴心向前弯曲（见图4-2-5）。

图4-2-4 单臂下垂式站姿

图4-2-5 躬身致礼站姿

6. 错误的站姿

（1）头颈部位：歪头、偏头、探脖、缩头。

（2）肩胸腰部位：耸肩、高低肩、含胸、驼背、弯腰、腰部松懈、塌腰。

（3）手脚部位：双手插于口袋、抱于胸前、托于脑后、双腿抖动和其他不雅观姿势。

不良的站姿会给人以不尊重他人、精神不振、涣散的感觉。高铁乘务人员要注意自己的站姿，避免类似的情况出现。

二、行走姿态

行走姿态又称步态，是行进中的一种动态的姿势，也是动态美的表现。大方稳重、节奏轻快的行走姿态能够体现一个人的健康状况，也可以展示一个人朝气蓬勃的精神气质，以及积极进取的工作态度、高雅的文化修养和个人品位等。步伐稳健、步态轻盈、身体协调、节奏轻快都是良好步态不可缺少的要素。通过训练胸部、后背部、腰部及四肢关节的柔韧性，可以帮助高铁乘务人员获取控制自身体态的能力，让行走姿态更加美观大方。

（一）行走姿态的基本要求

上身自然挺拔，头颈向上、眼神从容淡定、头部端正、双肩放松、昂首挺胸、收腹立腰、后背自然伸展、重心稍稍前倾。双臂自然伸展并在身体两侧随着步伐自然摆动，步伐稳健，手臂、身体、步调三者要协调，走直线，以全脚掌着地，膝盖和脚腕不要太僵硬，要有韧性，膝盖上提绷直，手臂轻快摆动，使步伐富有节奏感。

走姿要注意腰部的发力，双臂的摆幅应该控制在30°～40°，两脚的步幅控制在20厘米左右，步伐频率大约为每分钟90步，不要发出噪声（脚摩擦地面的声音）。另外，高铁乘务人员应根据穿着的衣服和鞋子来选择不同的行走姿态。

（二）标准行走姿态示范

1. 基本行姿

眼睛平视前方、神情放松自然、面带微笑，双肩放松齐平、提臀立腰、收腹挺胸、重心稍稍前倾，双臂随着步伐以肩关节为轴心自然摆动（见图4-2-6、图4-2-7）。

图4-2-6　基本行姿（a）　　　　图4-2-7 基本行姿（b）

2. 一字步伐

行走时常运用的是一字步伐，行走时两脚的内侧保持在一条线上，两膝盖内侧靠拢，上提臀部、收腹、收腰、拔背（见图4-2-8）。

图4-2-8　一字步伐

3. 引领步伐

在做引领步伐时，上身应注意转向被引领乘客的方向，同时也要与被引领人保持两步的距离，脚尖向斜前方迈步，双腿交叉前行，余光在注意前进方向的同时也要留意被引领人的行进方向，双臂自然小幅度地摆动，在碰到上下楼梯或者转角、进门等有明显变化路线时，要做出相应的提示性手势，手势包括单手引领、双手引领（见图4-2-9、图4-2-10）。

图 4 - 2 - 9　引领步姿态（a）　　　　　图 4 - 2 - 10　引领步姿态（b）

4. 后退步行走姿态

后退步行走姿态常运用于告别的场合。告别时，先向后退几步，随后再转身离去，注意后退步时，步幅要小，脚略微擦着地面，先转身，再转头。

5. 上下楼梯时的行走姿态

上楼梯时，头部端正、脖子直立、目视前方，用眼角的余光注意脚下，上身略微前倾，屈膝上提，脚略高于台阶高度即可，前脚掌着地，后蹬腿稍微弯曲呈支撑状，双脚交替上台阶；下楼梯时，前脚全脚掌着地，脚趾略微外展，后脚屈膝，眼睛看向斜下方区域，其他部位和上楼梯时一样。

6. 错误的行走姿势

（1）躯干部位：东张西望、弯腰驼背、歪肩晃膀、腰部塌陷、含胸、扭腰摆臀。

（2）手臂及腿脚部：大甩手、步伐太大或者太碎、奔来跑去、脚步声音太大、脚内外八字、腿部僵直。

三、坐姿体态

坐姿是一种静态的姿态。得体、端庄的坐姿会给人以舒适、美好的感觉。坐姿是人的臀部坐于沙发、凳子或者椅子等物体上，这些物体支撑着人体的重量，双腿则轻轻放在地面上。躯干和下肢的配合是坐姿是否正确的关键所在，双腿和脚摆放的姿态和位置也是非常重要的。在恰当的场合，优雅的坐姿加上得体的面部表情会给高铁乘务人员增添个人魅力。

（一）坐姿的基本要领

高铁乘务人员应稳健而轻巧地入座。入座后，上身保持挺直、头部端正、颈部直立、双眼平视、面部表情自然大方、下颌微微内收、双肩放松下沉、脊柱直立、腰腹收紧、背部接近椅子、臀部保持坐在椅子的 3/4 处，双腿不得叉开，双手可交叠放在腿上。注意，女生若穿着短裙，入座时应该一手压着座椅板一手轻轻理顺后裙摆入座，并且需要坐满椅子，双手交叠置于大腿处。

（二）标准坐姿示范

1. 标准式坐姿

标准式坐姿的上半身的要领，参照上述要求完成，双臂稍微弯曲，双手交叠，右手置于左手之上，双手放于大腿并贴近腹部，双腿并拢垂直踩在地面上，双脚并拢或者呈丁字步，臀部占凳子的3/4，面部保持自然得体的微笑（见图4-2-11）。

2. 前伸式坐姿

前伸式坐姿与标准坐姿的区别在于双腿摆放的方式上。前伸式坐姿要求大腿并拢，小腿向前伸出接近一脚掌的距离，全脚掌着地，右脚可适当比左脚再往前伸展半只脚掌的长度。此坐姿可修饰腿部曲线，让腿部显得更加修长（见图4-2-12）。

图4-2-11　标准式坐姿　　　　　　　图4-2-12　前伸式坐姿

3. 前交叉式坐姿

在前伸式坐姿的基础上，右脚略向后退回一点，与左脚交叉在一起，双手交叠放于大腿上，贴近腹部前，此坐姿用得少，原因是此坐姿较为随意，没有其他坐姿雅观（见图4-2-13）。

4. 屈直式坐姿

屈直式坐姿要求上身保持基本坐姿，双手交握放于大腿上，大腿收紧并拢，左脚小腿前伸，右脚小腿向后弯曲，双脚的前脚掌着地，两脚尽量保持在一条直线上。此坐姿也相对较为随意，不适宜正式场合（见图4-2-14）。

图4-2-13　前交叉式坐姿　　　　　　图4-2-14　屈直式坐姿

5. 后点式坐姿

在基础坐姿的基础上，双手放于大腿上，双腿并拢，双脚并拢略微向后撤退着地，后脚跟离地抬起。此坐姿雅观正式（见图4－2－15）。

6. 侧点式坐姿

在保持基本坐姿的基础上，双手交握放于大腿根部，双腿并拢，双腿向右或者向左倾斜，大腿和小腿保持90°的夹角，如向右倾斜时，右脚就依附在左脚上，右脚掌与左脚尖着地，头部和身体也跟着略微向左倾倒。此坐姿小腿可尽量地延伸拉长，可以凸显腿部线条（见图4－2－16）。

图4－2－15　后点式坐姿　　　　图4－2－16　侧点式坐姿

7. 侧挂式坐姿

在"侧点式坐姿"的基础上，两腿交叠，双膝和小腿并拢，右腿轻轻搭于左腿之上，右脚离地，右脚脚面贴住左脚踝，并且右脚脚背始终保持紧绷的状态，左脚的内侧着地，上身稍微向右转。此坐姿也可尽量地拉长腿部线条，让腿部显得修长美观（见图4－2－17）。

8. 重叠式坐姿

在保持基础坐姿的基础上，双腿重叠，右腿放于左腿之上，也可以换左腿放于右腿之上。例如，右腿叠放在左腿上，右脚经左腿外侧交叉，脚背贴于左小腿内侧，脚尖朝下，也被称为"跷二郎腿"，双手交握放于大腿前并贴近腹部。此坐姿较为随意，不适合用于正式场合（见图4－2－18）。

图4－2－17　侧挂式坐姿　　　　图4－2－18　重叠式坐姿

9. 错误的坐姿

（1）上身部位：偏头歪脖、摇头晃脑、东张西望、含胸驼背、塌腰、上身瘫坐在椅子上，双手随意摆放。

（2）下肢部位：双腿抖动、双腿叉开、对着他人跷脚、双腿伸直瘫坐、腿部搭架在其他物体上。

四、蹲姿体态

蹲姿也是高铁乘务人员经常运用到的一种姿态。蹲姿既有点像坐在椅子上但并没座，又有点像单膝跪地但膝盖并没着地。优雅的蹲姿会让高铁乘务人员避免很多尴尬，也会给人以训练有素的感觉。

（一）蹲姿的基本要领

不管哪种蹲姿都要做到：上身直立、双腿并拢靠紧、臀部向下压、重心控制好、避免滑倒。蹲下屈膝时，不要过度低头，眼睛注视地上物体即可，也切记不要弓腰驼背，腰部应做到慢慢下沉。蹲姿要平稳、迅速、自然、得体、美观。

（二）标准蹲姿示范

1. 交叉式蹲姿

交叉式蹲姿需要双脚交叠，右腿搭靠到左腿上，并置于左脚的左前方，右脚小腿与地面保持垂直，右脚全脚掌着地，左脚半脚掌着地，脚后跟抬起，双腿需要共同发力支撑起身体的重量，上身略微前倾，臀部保持向下。两腿可交换交叠（见图4-2-19、图4-2-20）。

图4-2-19　交叉式蹲姿（a）　　　　图4-2-20　交叉式蹲姿（b）

2. 高低式蹲姿

上身保持标准蹲姿，两脚一前一后，如右脚在前，小腿保持与地面垂直并且全脚掌着地，左脚稍微向后撤，半脚掌着地，大腿并拢收紧，两膝盖右上左下，左膝贴于右腿内侧。双手交握放于大腿前并贴近腹部（见图4-2-21）。

图 4 – 2 – 21　高低式蹲姿

3. 半跪式蹲姿

半跪式蹲姿又称为单跪式蹲姿。上身保持基本蹲姿，一腿蹲、一腿跪，可左蹲右跪，也可交换。若右腿单膝跪地，右脚半脚掌着地，脚后跟离地，臀部则坐落在右脚脚后跟处；左脚则呈蹲的姿态，小腿垂直于地面，全脚掌着地。两大腿并拢，膝盖朝外。此蹲姿对着装有一定的要求，穿短裙时不适合做这种蹲姿。

4. 半蹲姿

半蹲姿要求上身和腿部成钝角的夹角，身体略微弯曲，臀部仍旧保持下压的姿态，双膝略弯。这种蹲姿多运用于行进中的临时半蹲，重心在一条腿上。

5. 错误的蹲姿

（1）上身部位：上身过分倾斜、偏头倒头、肩膀耸立僵硬、弓腰驼背、腰部无力。

（2）下肢部位：双腿叉开、臀部翘起。

（3）方位问题：蹲下时与他人过分靠近、方位不当等。

任务拓展

一、任务实训

1. 在工作中正确地运用坐、立、行、走的姿势。

2. 讨论在工作中容易出现的错误体态及其解决方法。

二、案例分析

某乘务员在执行任务的过程中，一位旅客在列车进站时想要去洗手间，被乘务员阻止了。旅客跟乘务员说自己腹痛，要赶紧上厕所。乘务员一手叉腰一手撑住厕所门一侧，并靠在门上说列车马上要进站了，厕所不能开放。旅客看了一眼乘务员，非常气愤，说要投诉该乘务员。旅客说，虽然该乘务员告知他列车进站不能使用厕所，但是该乘务员态度傲慢，一点没有工作人员该有的服务态度。

案例分析：从此案例中可以看出，乘务员并没有使用过激的语言，但是该乘务员在仪态表现上犯了很大的错误。在旅客身体不适、心里十分着急的情况下，该乘务员一手撑门一手叉腰的体态给乘客以傲慢、不尊重他人的感觉，所以该旅客才会投诉他。这也给所有乘务专业人员敲响了警钟，在工作中，一言一行都应合乎规范。正确的体态既是一种美的修炼，也能体现从业人员的专业性。

任务二 形体训练

形体训练分为两大板块：扶把训练和中间训练。扶把训练是所有舞蹈训练的基石，也是练习舞蹈的重要部分。无论是专业舞者还是业余舞者，想要达到舞蹈的较高水平，扶把训练是一条必经之路。因此，舞者们在进行扶把训练时要集中思想和精力，体会和领悟每一个动作的重点、难点。

扶把的正确要领说起来也比较简单，不论是双手扶把还是单手扶把，都必须保证基本站姿的准确性，扶把不能影响身体的垂直感。不管是双手扶把还是单手扶把，扶把时手要轻扶，不能周力握着把杆，手肘要自然下垂，身体离把杆的距离刚好是一小臂的长度，上臂不能与上身贴紧。扶把训练时强调芭蕾基训的四大特点，即开、绷、直、立。

对一个初学者来说，本项目的学习是必不可少的，也是一个重要的环节。在学习地面练习之前，先要让学生了解八个基本方位，这样有助于学生在学习和练习时充分地学好每个动作。在练习组合中有勾绷脚、压腿、踢腿、吸腿。在做这些动作时，要强调学生的开、绷、直。

中间训练的跳跃练习分为小跳、中跳、大跳三种。在这里我们主要讲解小跳和中跳的练习，两种跳跃主要学习的是原地的跳组合。在练习时，跳跃最关键的是起跳和落地，起跳时利用膝盖和脚背的推力、脚掌的蹬力及双胯的提升，起跳时后背、腰、双肩自然保持稳定，不能左晃右摆。落地时腿脚要有一定的控制力及缓冲力，这些要领都是跳跃时必须掌握的。

一、扶把训练

（一）站姿（基本脚位）组合

1. 音乐，钢琴曲 4/4

2. 组合

（1）准备动作。

［1-4］面对把杆，双手自然下垂。

［7-8］双手上把，如图 4-2-22 所示。

（2）第一遍音乐。

要点提示：一位脚站姿，需要两个脚后跟靠在一起，两脚尖向外打开呈"一"字型，脚与肩呈上下平行。

【1】【2】【3】

形成一位脚站好。

【4】

［1-4］形成脚位站好。

［5-8］右脚在一位脚的基础上，擦地到侧边形成二位脚，如图 4-2-23 所示。

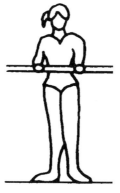

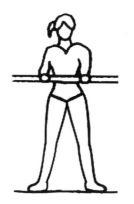

图 4 - 2 - 22　准备动作　　　　　图 4 - 2 - 23　二位脚

（3）第二遍音乐。

要点提示：同一位脚基本相同，只是脚后跟没有靠在一起，要分开，分开的距离约为本人一只脚的长度，使两脚的脚后跟与肩头上下垂直，形成分开的一字型。

【1】【2】【3】

形成脚位站好。

【4】

［1-2］移重心到左脚，同时绷脚背。

［3-4］画圈到正前方点地。

［5-8］打开落地前形成四位脚，如图4-2-24所示。

（4）第三遍音乐。

要点提示：两脚保持外开，右脚在左脚的正前方，成平行线，双脚的距离大约为本人一只脚的长度。右脚的脚跟与左脚的脚尖对齐在一条线上，身体的重心必须在双脚上。

【1】【2】【3】

［1-8］形成脚位站好。

【4】

［1-2］移重心到左脚，右脚同时绷脚背。

［5-8］擦地收回左脚靠拢，形成五位脚，如图4-2-25所示。

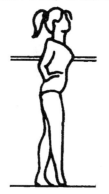
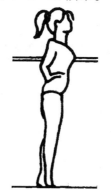

图 4 - 2 - 24　四位脚　　　　　图 4 - 2 - 25　五位脚

（5）第四遍音乐。

要点提示：在四位脚的基础上双脚合拢，两脚外开，右前左后紧紧靠拢，右脚跟与左脚尖对齐。

【1】【2】【3】

[1-8] 形成脚位站好。

【4】

[1-2] 左脚向侧边擦地出去。

[3-4] 擦地收回一位脚。

[5-8] 双手下把，双脚同时收拢成正步脚位。

（二）擦地组合

1. 音乐，钢琴曲 4/4

2. 组合

（1）准备动作。

[1-8] 双手扶把，一位脚站好。

（2）第一遍音乐。

【1】

[1-4] 右脚擦地向旁边点地，如图 4-2-26 所示。

[5-8] 停住不动。

【2】

[1-4] 右脚擦地收回一位脚。

[5-8] 停住不动。

【3】

[1-4] 擦地向旁边。

[5-8] 擦地收回一位脚。

【4】

[1-8] 重复【3】的动作。

（3）第二遍音乐。

向前擦地的动作节奏与第一遍音乐的动作相同，如图 4-2-27 所示。

（4）第三遍音乐。

向后擦地的动作节奏与第一遍音乐的动作相同，如图 4-2-28 所示。

（5）第四遍音乐。

重复第一遍音乐的动作。

所有的动作、节奏可以进行反面练习。

图 4-2-26 擦地向旁　　图 4-2-27 擦地向前　　图 4-2-28 擦地向后

（三）小踢腿组合

1. 音乐，钢琴曲 2/4

2. 组合

（1）准备动作。

［1－4］左手扶把，右脚站前五位脚，右手一位手。

［5－8］右手经二位打开到七位。

（2）第一遍音乐。

【1】

［1－2］右脚擦地向前。

［3－4］右脚抬起来，高度为25°，如图4－2－29所示。

［5－8］右脚点地，并且擦地收回右前五位脚。

【2】

［1－4］右脚向前踢出，停住。

［5－8］右脚点地，同时收回右前五位。

【3】

［1－2］右脚擦地向斜前方。

［3－4］右脚抬起来，高度为25°。

［5－8］右脚点地，并且擦地收回右前五位脚。

【4】

［1－4］右脚向旁踢出，停住。

［5－8］右脚点地，同时收回后五位脚。

【5】

［1－2］右脚擦地向后。

［3－4］右脚抬起来，高度为25°，如图4－2－30所示。

图 4－2－29　小踢腿向前　　　图 4－2－30　小踢腿向后

［5－8］右脚点地，并且擦地收回右后五位脚。

【6】

［1－4］右脚向后踢出，停住。

［5－8］右脚点地，同时收回右后五位脚。

【7】

［1－2］右脚擦地向斜后方。

［3－4］右脚抬起来，高度为25°。

［5－8］右脚点地，并且擦地收回右后五位脚。

【8】

［1－4］右脚向旁踢出，停住。

［5－8］右脚点地，同时收回右前五位脚，手收一位。

（3）第二遍音乐。

同样的动作节奏进行反面的练习。

（四）大踢腿组合

1. 音乐，钢琴曲2/4

2. 组合

（1）准备动作。

［1－4］右手扶把，站一位脚，左手一位手，左手经二位打开到七位。

［5－8］左脚向后擦地。

（2）第一遍音乐。

【1】

［1－4］左腿向前大踢腿一次并前点地。

［5－8］擦地经过一位脚到后点地。

【2】

［1－4］向前踢腿并擦地到后点地。

［5－8］向前踢腿点地，同时转身面对把杆，左手收回变成双手扶把，左脚在右斜上方点地。

【3】

［1－8］左腿向旁踢腿点地，并收回右斜上方点地。

【4】

［1－8］重复【3】。

【5】

［1－8］左腿向后踢腿点地，并擦地收回正前方点地。

【6】

［1－4］左腿向后踢腿点地，并擦地收回正前方点地。

［5－8］左腿向后踢腿点地，并擦地收回一位脚。

（3）第二遍音乐。

同样的动作节奏进行反面练习。

二、中间训练

（一）地面活动组合

1. 音乐：My Soul（忧伤还是快乐）

2. 组合

（1）准备动作，如图4－2－31。

[1-8] 面对 2 点方向坐在地面上，双腿伸直绷脚，双手自然伸直在胯两旁地上，

（2）第一遍音乐。

【1】

[1-8] 双脚背前四拍做勾脚，后四拍做绷脚，如图 4-2-32 所示。

图 4-2-31 准备动作

图 4-2-32 勾、绷脚交替

【2】

[1-8] 重复【1】。

【3】

[1-8] 右脚勾，左脚绷，两拍一次，交替进行，如图 4-2-33 所示。

【4】

[1-6] 双脚做开、关练习，两拍一次。

[7-8] 双脚绷脚，双手到三位手，如图 4-2-34 所示。

图 4-2-33 单脚绷脚

图 4-2-34 双脚绷脚

（3）第二遍音乐。

【1】

[1-8] 压正腿，两拍压，两拍起。

【2】【3】【4】

重复【1】的动作。

【5】【6】【7】

双手抱正腿停住。

【8】

[1-8] 起上身，左腿吸腿面对 1 点方向，左手三位手，右手点地，如图 4-2-35 所示。

（4）第三遍音乐。

【1】

[1-8] 压旁腿，两拍压，两拍起。

【2】【3】【4】

重复【1】的动作。

【5】【6】【7】

左手抱住旁腿停住。

【8】

[1-8] 起上身，面朝 1 点方向，压左旁腿，右手三位手，左手扶着右脚背。

（5）第四遍音乐。

【1】

[1-8] 压旁腿，两拍压，两拍起。

【2】【3】【4】

重复【1】的动作。

【5】【6】【7】

[1-8] 右手抱住旁腿停住。

【8】

[1-8] 起上身，转身面对 3 点方向，左腿变成后腿，双手在胯部两边落地，如图 4-2-36 所示。

图 4-2-35　起身吸腿　　　　图 4-2-36　双手落于胯两侧

（6）第五遍音乐。

【1】

[1-8] 压后腿，两拍向后，两拍起身。

【2】【3】【4】

重复【1】的动作。

【5】【6】【7】

[1-8] 向后倒腰停住。

【8】

[1-4] 起身。

[5-8] 面对 2 点方向平躺于地面，准备踢正腿。

3. 音乐 2

（1）第一遍音乐。

【1】

[1-8] 左正腿大踢腿两次，4 拍一次，踢 2 次。

【2】

[1-8] 左正腿大踢腿四次，2 拍一次，踢 4 次。

【3】

[1-8] 右正腿大踢腿两次，4 拍一次，踢 2 次。

【4】

［1-6］右正腿大踢腿三次，2拍一次。

［7-8］侧躺，身体面对4点方向，准备踢旁腿。

【5】

［1-8］左旁腿大踢腿两次，4拍一次，踢2次。

【6】

［1-6］左旁腿大踢腿三次，2拍一次。

［7-8］翻身滚地，身体面对8点方向。

【7】

［1-8］右旁腿大踢腿两次，4拍一次，踢2次。

【8】

［1-4］右旁腿大踢腿两次，2拍一次。

［5-8］右膝盖跪地，面朝3点方向，左后腿伸直点地停住，如图4-2-37所示。

图4-2-37　左后脚伸直点地

（2）第二遍音乐。

【1】

［1-8］左后腿大踢腿两次，4拍一次，踢2次。

【2】

［1-6］左后腿大踢腿三次，2拍一次。

［7-8］交换进行反面练习。

【3】

［1-8］右后腿大踢腿两次，4拍一次，踢2次。

【4】

［1-6］右后腿大踢腿三次，2拍一次。

［7-8］收回双膝跪地，双手收回背手。

（二）小跳组合

1. 音乐，钢琴曲2/4

2. 组合

［1-6］面对1点方向，站一位脚，双手一位手。

［7-8］半蹲。

【1】

［1-8］一位原地小跳两次。

【2】

[1-6] 一位原地小跳三次。

[7-8] 落地变二位脚。

【3】

[1-8] 二位原地小跳两次。

【4】

[1-6] 二位原地小跳三次。

[7-8] 落地变五位脚。

【5】

[1-8] 右前五位原地小跳两次，落地时先右后五位再右前五位。

【6】

[1-8] 五位原地小跳四次，落地分别为后—前—后—前五位。

【7】

[1-8] 变位，五位变二位，二位变五位，2拍一次。

【8】

[1-7] 重复【7】的动作。

[8] 最后一拍落地收一位脚。

（三）中跳组合（变位跳）

1. 音乐，钢琴曲 2/4

2. 组合

（1）准备动作。

[1-7] 面对1点方向，右前五位脚，双手一位手。

[8] 五位半蹲起跳。

（2）第一遍音乐。

【1】

[1-4] 原地2拍五位起跳，2拍落地变成二位脚半蹲。

[5-7] 慢慢站直腿。

[8] 半蹲。

【2】

[1-4] 原地2拍二位起跳，2拍落地变成五位脚半蹲。

[5-7] 慢慢站直腿。

[8] 半蹲。

【3】

[1-8] 原地2拍一次变位跳。

【4】

[1-8] 重复【3】的动作。

（3）第二遍音乐。

所有动作重复一遍。

（四）舞姿（手位）组合

1. 音乐 4/4

2. 组合

（1）准备动作。

[1-6] 面对8点方向，右前五位，一位手，如图4-2-38所示。

图 4-2-38　一位手准备动作

[7-8] 双手打开小七位再收回一位。

（2）第一遍音乐。

【1】

[1-4] 从一位手到二位手。

[5-8] 左手上三位，右手打开七位，形成五位手。

【2】

[1-4] 左手打开，变成双手七位手。

[5-8] 慢慢收回一位手。

【3】

[1-2] 双手二位手，脚做五位半蹲，右脚同时擦地出去。

[3-4] 移重心到右脚，上左脚后点地不动。

[5-8] 形成第一阿拉贝斯。

【4】

[1-4] 变成第四阿拉贝斯。

[5-8] 左脚擦地收回一位脚，落一位手，面对1点方向站立。

（3）第二遍音乐。

【1】

[1-4] 双手到二位手，如图4-2-39所示。

[5-8] 变三位手，如图4-2-40所示。

图 4 - 2 - 39　变换二位手　　　　　图 4 - 2 - 40　变换三位手

【2】

［1 - 4］右手到二位手形成四位手，如图 4 - 2 - 41 所示。

［5 - 8］左手不动，右手打开到七位，形成五位手，如图 4 - 2 - 42 所示。

图 4 - 2 - 41　变换四位手　　　　　图 4 - 2 - 42　变换五位手

【3】

［1 - 4］左手从三位到二位，形成六位手，如图 4 - 2 - 43 所示。

［5 - 8］左手打开到旁侧形成七位手，如图 4 - 2 - 44 所示。

图 4 - 2 - 43　变换六位手　　　　　图 4 - 2 - 44　变换七位手

【4】

［1 - 4］收回一位手。

［5－8］行礼，结束。

一、任务实训

1. 乘务员平时应如何有效地保持自己的形体？
2. 讨论形体训练对乘务员的重要性。

二、案例分析

某铁路局乘务组的乘务长芳芳是领导眼中的一个得力干将，又是同事眼中的标杆级人物。在人们眼中，芳芳亲和力强，举止端庄，大方得体，甜美的笑容赢得了旅客的信任。芳芳说，作为一名合格的乘务员，要接受基本的形态训练，言谈举止都要得体，才能服务旅客，她休息的时候会经常去健身房练练瑜伽，做做有氧运动，看看国内外名著，以此修身养性，保持一颗放松的心情，从而在工作中全身心投入，做好服务工作。

案例分析：芳芳把自己的兴趣爱好和工作完美结合，既锻炼了身体，同时也保持了必要的形体训练，这无疑是自我提升、培养自信的一种方式。

高铁乘务人员内在美的培养

本课题通过音乐、美术、文学三个方面的艺术欣赏对学生进行审美培养，使学生在艺术的熏陶中得到美的享受，培养内在修养，打造由内而外的气质。本课题旨在培养学生正确的艺术审美观，提高学生的审美能力，塑造学生高尚的道德情操。

项目一 音乐欣赏

一、音乐的表现要素

音乐是一种通过有组织的音（主要是乐音）所形成的艺术形象来表现人们的思想感情，反映社会现实生活的艺术形式。创作、演奏（演唱）和欣赏，是音乐艺术实践的三个方面。其中，音乐欣赏是一种审美活动，而美的标准是由一定时代、民族、社会群体的审美趣味所决定的。

音乐欣赏分为三个阶段：感官的欣赏，即主要满足于悦耳、好听；感情的欣赏，即对乐曲表现的基本情感有进一步的体验和把握；理智的欣赏，即在较高的层次上对作品的音响、思想感情、表现意义等做知识性、专业性的赏析。

欣赏者要想从感官、感情和理智三方面全面地欣赏一部作品，就要具备以下几方面的知识：①作者和作品的时代背景；②作品的民族特征；③作者的创作个性；④作品标题的含义；⑤音乐语言的表现功能；⑥曲式和体裁。其中，音乐语言的表现功能及曲式和体裁知识，是基本的乐理常识。

二、音乐欣赏心理

音乐欣赏，以欣赏者的音乐审美经验为条件，表现为一系列复杂的心理活动，包括音响感知、情感体验、想象联想及理解判断等。欣赏者通过这些心理活动去体验、发现和判断音乐的艺术价值。这些心理活动在欣赏过程中相互作用，能在欣赏者心里形成一种奇妙的审美体验。

1. 音乐欣赏的感性经验

音乐欣赏的感性经验，指欣赏者通过听觉对音乐音响所产生的感知和体验活动。

人生活在世界上，依靠各种感觉器官与周围世界发生着感性、自然而直接的联系。在长期的社会环境中，人们经过生存劳动和各种社会实践，发展起那些只有人类才能体会的感受，其中就包括对于自然音响和作为艺术的音乐音响的听觉感受。人们在听到某些自然音响和音乐音响时，会无形中得到一种愉悦。美学家玛克思·德索在《美学与艺术理论》一书中提到："当倾听某种歌声时，我们还没有听清其歌词与旋律，便觉得已深受感动了。有些音色会使人立即兴奋或松弛，有时会使人狂怒，有时会像微风一样轻抚我们，它们作为生动性情感、美感的激发，只在几秒钟内就对我们起作用。"这是一种近乎生理的"审美反射"，这种感受并不是来自这些音乐包含的内容和思想，而是来自人对这些音乐本身的愉悦感觉，体会这种感觉正是音乐欣赏的出发点，也是通往音乐艺术更为高级和复杂的审美心理活动的基础。

以上所述是关于音乐欣赏感性经验赖以形成的生理方面和心理方面的基础。事实上，音乐欣赏感性经验的主要特点表现在：在欣赏音乐时，欣赏者不是把音乐音响看作一些互不相关、零散且没有意义的部分加以感受，仅仅追求一种单纯的初级心理和生理快感，而是将音乐音响作为一种具有综合表现意义的艺术整体加以感受。这其中，有对音乐的音高、节奏、力度、速度、音色等基本要素的感觉，还有对这些要素及其结构的综合形式的感受，如旋律感、节奏感、协和感、曲式结构等，还包含对音乐所具有的种种含义和基本情感特征的体验，以及由此引发的联想想象活动。这是一种积极主动的审美心理活动，是整个音乐欣赏活动过程的重要组成部分。只有通过对音乐音响的具体感知和体验，欣赏者才能在此基础上深刻理解音乐表现的深层内涵，对音乐的艺术价值做出审美判断，使欣赏的感性经验上升为理性经验，并在此基础上达到对音乐更深刻的审美理解，从而构成完整的欣赏心理结构。

音乐欣赏的感知和体验活动构成欣赏中的联想想象材料，这种联想和想象是建立在感性经验的基础上，在理性指导下进行的一种显意识的过程。通过联想和想象，一方面，使欣赏者对音乐形象的感知和体验更为具体，更为形象生动；另一方面，将音乐本身和音乐艺术所赖以表现的客观现实生活联系起来，在一定程度上丰富和提高了欣赏者的生活体验和知识。音乐联想和想象主要是在描绘性音乐和情节性音乐的音响感知和情感体验中引发出来的。

2. 音乐欣赏的理性经验

音乐欣赏的感性经验积累到一定程度，就会向理性经验跃进，其主要表现是理解与判断的更多参与。音乐欣赏中的理解，是指欣赏者通过对音乐作品的感性体验而达到的对其内涵的把握。在这一过程中，除了听音乐以外，还有赖于欣赏者对音乐作品的标题、时代背景、创作思想及音乐表现手段和方法的了解和分析。例如，在欣赏贝多芬第九交响曲时，通过对作曲家生活的时代背景、社会状况、作曲家本人的精神和思想状况和创作思想的了解，还有对其创作手段和方法的分析，就可能从音乐中领会其"通过斗争，得到胜利""通过苦难，走向光明"，以及在特定的生活时代从作曲家心灵中表现出来的"四海之内皆兄弟"的深刻哲理思想、博大的情怀和崇高的精神境界。因此，人们在欣赏音乐时，不能局限在对音乐的感性经验上，而是要充分运用理性思维进行深刻的哲理思考。

欣赏者在充分体验和理解作品的基础上，便会在心中对作品做出自己的判断。这种判断不同于抽象思维中的判断，而是对作品艺术价值的判断。例如，欣赏者在反复聆听贝多芬第九交响曲、充分理解其内涵后，会对作品中表现出来的艺术独创性、艺术手法的成功运用，以及表现出来的伟大精神力量和社会功能予以肯定和称赞。这种肯定和称赞又会进一步激发欣赏者欣赏该类作品的欲望，引起欣赏者更强烈的情感共鸣，使欣赏者从艺术审美中获得极大的满足。

每个欣赏者的音乐判断标准是不相同的，这与欣赏者本人的思想境界、艺术修养和趣味等有着密切的联系。一个思想境界高尚，且有良好文化、艺术修养和健康的艺术趣味的欣赏者，在欣赏那些优秀的音乐作品时，是能够从中体验审美的愉悦，得到深刻的心灵净化和启迪的；而对那些思想不健康、情调庸俗低下、艺术价值不高的音乐则会产生反感并自觉予以抵制。反之，一个思想境界不高、缺乏艺术修养、趣味低下的人，对于音乐的感知体验、理解与判断则与前者有着巨大的差异。

需要指出的是，在实际的音乐欣赏过程中，各种欣赏心理要素都在不同程度上互相渗透和融合，即使在对音乐的初步体验中，也有着理解的参与，而理解与做出判断，是以音乐的感性经验为前提的，音乐欣赏也是在不断的音乐感知和体验中实现的。在感性经验和理性经验之间不存在绝对的界限，而是主要体现音乐欣赏多种心理要素在欣赏过程中的相互作用。

音乐欣赏作为一种艺术审美活动，其心理过程并非如一般的认识活动那样，经历着从感性到理性、由初级到高级、以理性认识为目的的过程。音乐欣赏以审美体验为目的，而音乐审美体验是一种高于感官刺激而又超越理性认识的高层次的心理活动。在欣赏过程中，理解、判断与认识所起到的作用是对审美体验的强化，音乐欣赏促进了音乐审美心理结构的形成和完善。

三、中外声乐作品欣赏

声乐作品由人声进行演唱。人声按照性别和年龄差异特点，可分为女声、男声、童声三类；按照音域的高低、音色的差异和不同的表现特点，女声可以分为女高音、女中音、女低音；男声可以分为男高音、男中音和男低音。声乐的演唱方法主要有美声唱法、民族唱法、通俗唱法三种。

（一）优秀作品欣赏

1.《摇篮曲》

这是一首流传在中国东北地区的摇篮曲，《摇篮曲》又名《催眠曲》，是母亲为哄婴儿入睡时哼唱的歌谣，后逐步发展为一种小型的音乐体裁。全曲结构短小，采用相同旋律、不同歌词的分节歌结构形式；旋律起伏不大，流畅抒情，优美而富有声韵；节奏缓慢均匀，带有一种轻轻的摇晃感；速度缓慢，仿佛使人进入婴儿甜美的梦境之中，体现亲切、温和、安宁的音乐形象。

2.《茉莉花》

民歌《茉莉花》主要在江苏、浙江、安徽一带传唱，是全国同名小调中流传最广、影响最大的一首。《茉莉花》主要讲述了姑娘想摘茉莉花，又担心被责骂取笑，破坏了美好的茉莉花等一系列心理活动，表现出一个天真可爱、纯洁善良的美丽形象，含蓄地表达出人们对真、善、美的向往和追求。全曲为五声调式，结构是由起、承、转、合四乐句组成的一段体曲式。旋律婉转流畅，以级进为主，带有南方江南水乡的色彩情调。节奏紧凑又不失稳重，将姑娘喜爱茉莉又怜惜茉莉的情绪表达了出来。

3.《嘎达梅林》

《嘎达梅林》是中国民族音乐中的经典作品，因为它讲述了一个真实感人的不朽故事，蕴含着人们对正义、自由、英雄的美好期盼和向往。20世纪30年代初，嘎达梅林率领各族人民起义，奋起反抗封建王爷和军阀的压榨，不惧强敌，壮烈牺牲。嘎达梅林是科尔沁蒙汉人民共同敬仰的英雄。

歌曲旋律以蒙古族常用的五声羽调式为基础，采用上下句单句段结构的曲式，两个乐句的节奏完全相同，上句的旋律起伏宽广，情绪激昂；下句基本上是上句的变化重复，旋律低沉。总体来看，歌曲的节奏舒展从容、一字一音、稳健有力，旋律宽广豪迈、庄严肃穆，既表现了广大群众对英雄的崇敬爱戴之情，又突出了英雄高大的形象。歌曲朴实精练，表达了人物坚毅、执着的性格。

4.《我的太阳》

《我的太阳》是19世纪意大利作曲家蒂·卡普阿的作品，由于歌曲流传广泛，也被作为民歌看待。关于这首歌的内容有很多看法：有人认为这是一首情歌，把心爱的人比作太阳；也有人说这是一首体现兄弟之间感情的歌曲。因为哥哥代替弟弟去受苦而离开故乡，在送别的路上弟弟唱起了这首歌，把哥哥比作太阳。不管是何种说法，都认为是把自己所爱的人比作太阳，表达了深厚的感情。

歌曲为两段体结构：第一乐段有四个乐句，每个乐句都采用了后半拍起的节奏，以第一句的音调为核心发展，使用了自由摸进和重复的手法。旋律抒情，具有内在感。第二乐段也是四个乐句，更多地使用了后半拍起的节奏，它以八度大跳进入，使情绪更为高涨，表达出激动和赞美的心情。第二乐段反复一遍后，最后在高潮中结束。

5.《友谊地久天长》

《友谊地久天长》是苏格兰民歌中的佳作。这首歌曲因出现在美国20世纪40年代电影《魂断蓝桥》中而家喻户晓。这首歌还有一个名字叫《一路平安》，人们习惯在和朋友告别时演唱这首歌。这首歌的歌词是由18世纪苏格兰著名的诗人罗伯特·彭斯根据原苏格兰古老民歌《过去的好时光》而写的。歌曲分为A、B两段，A段是前八小节，B段是副歌部分，歌曲结构规整，节奏鲜明，其特点是以附点的节奏贯穿全曲。歌曲旋律优美婉转，情感丰富，歌词淳朴自然，深切感人，歌曲还通过B段重复的歌词渲染了分别时的依恋不舍和分别后思恋之情的气氛。这首歌还有三拍子的记谱，电影《魂断蓝桥》中就是以三拍子的圆舞曲出现的。

6.《桑塔·露琪亚》

《桑塔·露琪亚》是意大利的一首著名的那波里"船歌"。"船歌"是声乐的一种体裁形式，特点是优美、抒情，具有摇荡感。桑塔·露琪亚据传是一个女神的名字，也有人说是一位姑娘的名字，总之她象征着美丽和幸福。

歌曲为两段体结构，采用分节歌形式，第一乐段有四个乐句，各句之间均为自由摸进的关系，节奏型也基本相同。抒情、流畅的旋律描绘出一幅星光灿烂、碧波荡漾的美丽夜景。第二段以六度跳进进入，旋律在高音区进行，使情绪进一步高涨。歌曲在充满激情的歌声中结束。

（二）经典作品推荐

（1）《送别》；

（2）《黄河船夫曲》；

（3）《想亲娘》；

（4）《半屏山》；

（5）《鳟鱼》；

（6）《乘着那歌声的翅膀》；

（7）《小夜曲》；

（8）《我亲爱的》。

四、中外器乐作品欣赏

器乐演奏自音乐产生以来就存在了。相对于声乐而言，器乐是完全使用乐器演奏而不用人声或者人声处于附属地位的音乐。

西方音乐演奏的乐器主要由弓弦乐器（如小提琴、大提琴等）、木管乐器（双簧管、单簧管等）、铜管乐器（圆号、小号等）、键盘乐器（钢琴）和打击乐器（定音鼓、排钟等）组成。有的器乐曲也应用部分人声作为效果，部分作曲家有时也加入一些人声，如贝多芬《第九交响曲》的《欢乐颂》合唱部分，但总的来说交响曲属于器乐而不属于声乐。

中国吹奏乐器的发音体大多为竹制或木制，主要由弹拨乐器（筝、古琴、扬琴等）、打击乐器（鼓、锣等）、拉弦乐器（二胡、京胡等）、吹奏乐器（竹笛、箫等）组成。

（一）优秀作品欣赏

1. 《春江花月夜》

《春江花月夜》改编于琵琶曲《夕阳箫鼓》，是一首著名的琵琶传统大套文曲，明清就早已流传了。乐谱最早见于鞠世林（1820 年前）与吴宛卿的手抄本。李芳园在 1985 年编集了《南北派十三套大曲琵琶新谱》时收入此曲，曲名《浔阳琵琶》。1929 年在沈浩初编的《养正轩琵琶谱》中，该曲名叫《夕阳箫鼓》。1925 年上海同乐会的柳尧章、郑觐文将此曲改为丝竹合奏，同时根据《琵琶记》中"春江花朝秋月夜"而将其命名为《春江花月夜》。

《春江花月夜》意境优美，乐曲结构紧凑，旋律古朴、典雅，节奏比较舒缓、平稳，随着音乐主题的不断变化和发展，乐曲所描绘的意境也逐渐发生变化，时而幽静，时而热烈，表现了大自然景色的变幻无穷，形象地描绘了月夜春江的迷人景色，赞颂了江南水的优美风姿，具有较强的艺术感染力。

此曲的音乐主题旋律尽管多种变化，新元素层出不穷，但是每一段的结尾都以同一乐句出现，听起来十分和谐。在民间音乐中，这种手法叫作"换头合尾"，能从各个不同的角度来揭示乐曲的意境，深化音乐表现的内容。

2. 《月光下的凤尾竹》

《月光下的凤尾竹》最初是一首著名的傣族乐曲，后因其风格清新委婉，被改编为钢琴、舞蹈、声乐等多种音乐形式，受到大众的欢迎，犹以葫芦丝演奏的版本最为常见。

3. 《渔舟唱晚》

《渔舟唱晚》是一首歌唱性强、简单易学的古筝曲。本曲形象地描绘了夕阳西下、晚霞斑斓、渔歌四起、渔夫满载丰收的喜悦欢乐场景。全曲主要分为三段，第一段为悠扬婉转、流畅平稳的抒情性慢板乐段，采用揉、吟等弹奏技巧，展示了湖光山色中西去的夕阳、缓慢移动的帆影、自由歌唱的渔民情景，给人以"唱晚"之意，抒发了作者内心平静而又祥和的心境。第二段在第一段音乐材料的基础上进行变化，速度变快，表现出渔夫荡桨归舟、收获喜悦的欢乐心情。第三段的速度逐渐加快，力度增强，使用摸进和变奏的音乐发展手法及古筝技巧中按滑叠用的催板奏法，荡桨声、摇橹声和浪花飞溅声被形象地刻画出来，展现出欢快愉悦之情。

4.《二泉映月》

《二泉映月》是我国民间音乐家阿炳（原名华彦钧）创作的一首二胡独奏曲。《二泉映月》作为他仅保留下来的几首曲目之一，显得弥足珍贵。本曲名字是由中央音乐学院杨萌浏先生为阿炳录音后加上的名字。这首乐曲向我们传递了一位饱尝人间疾苦的民间盲艺人内心坚毅的情感。作者通过对月映惠山泉景色的描绘来讲述自己遭遇苦难经历时的坚韧品格。全曲分为六段，由音乐主题和五次变奏组成：曲子开始之前由如深沉的叹息声引入主题，仿佛要准备向世人讲述自己充满坎坷的一生；音乐主题的音域不宽、在中低音区进行、节奏多变呈不规律发展，将阿炳对黑暗社会的控诉及不向旧社会低头的个性用对主题的多次变奏表现出来。全曲表达的音乐主题统一，通过力度的变化将阿炳内心的想法进行外化，表现出其对命运的反抗与不屈精神。

5.《梁山伯与祝英台》

该作品创作于1959年。作品构思来源于我国一个古老的民间传说。4世纪中叶，在我国南方的一个名叫祝家庄的小村庄，祝员外的女儿祝英台女扮男装去杭州求学。在那里，她遇上了憨厚的穷书生梁山伯。当学业结束分别时，祝英台用各种美妙的比喻向梁山伯倾吐蕴藏已久的爱慕之情，但梁山伯却没有领会。一年后，梁山伯得知祝英台是女子，便立即向祝家求婚，但祝家嫌梁家家境贫穷，而把祝英台许配给一个豪门子弟——马太守之子马文才。因无法与相爱之人共结连理，梁山伯不久便抑郁而死。祝英台闻此不幸，悲痛万分，在送亲的途中，她来到梁山伯的坟墓前，向封建礼教发出了血泪控诉，此时坟墓突然裂开，祝英台毅然投入坟墓中，二人化成一对彩蝶，在花丛中双双飞舞。

作者选择了故事情节中"相爱""抗婚""化蝶"三个主要内容进行音乐创作，以浙江的越剧唱腔为素材，成功地将我国民族音乐与西方作曲技法融为一体。作品自问世以来，在国内外受到热烈的欢迎，它以中华民族的鲜明特征为风格，得到国际社会和音乐界的高度评价。

该作品为单乐章的协奏曲形式，采用奏鸣曲式结构。全曲主要分为三大部分：呈示部、展开部、再现部。

呈示部包含引子、主部、连接部、副部、结束五个部分。在弦乐轻柔的颤音衬托下，长笛奏出了一段优美的华彩旋律，随后引子主题曲双簧管奏出，在我们面前展示了一幅山清水秀、鸟语花香的春景。

展开部由抗婚、楼台会和哭灵投坟三部分组成。抗婚这一部分主要由两个主题组成：第一主题代表了残暴的封建势力，由铜管乐奏出；第二主题是小提琴独奏，代表了祝英台抗婚的形象与决心，这一对矛盾的主题在不同的调性上反复出现，表现了激烈的抗婚场面，但最终是封建势力的主题占了上风。楼台会这一段音乐表现了梁祝在楼台相会时互诉衷肠、倾诉爱慕之情的感人情景。这部分采用了大提琴与小提琴对答演奏的形式，音乐如泣如诉、感人至深。哭灵投坟这段音乐运用了京剧中的倒板与越剧中紧拉慢唱的手法，并加进了板鼓。独奏小提琴激动的散板强奏与乐队快板齐奏的交替出现，表现了祝英台泣不成声、悲痛欲绝的痛苦形象。在锣鼓齐鸣声中，祝英台毅然投坟，乐曲达到最高潮。

再现部是化蝶。长笛以飘逸的旋律，结合竖琴的滑奏，把人们带入了仙境。这时，在加弱音器的弦乐衬托下，第一小提琴与独奏小提琴先后加弱音器演奏了抒情的爱情主题，仿佛使人们看到一对彩蝶在花丛中自由自在地飞舞，永远不分离。这一段音乐讴歌了伟大的爱情，寄托了人们对梁祝的深切同情和美好祝愿。

6.《布兰登堡协奏曲》

《布兰登堡协奏曲》是巴赫在 1718 年前后受聘于克腾宫廷期间创作的作品。几年之后，巴赫在克腾宫廷创作的器乐作品中精心挑选了 6 首协奏曲送给布兰登宝总督。这些协奏曲是不同时期写成的，各首乐曲所要求的乐队编制也不一样，巴赫把它们合称为《六首不同的乐器的协奏曲》。但是这些精美的作品长期被存放在总督家里的图书馆，束之高阁、无人问津，一直到 19 世纪才在布兰登堡的档案史里发现了这些手稿，从此，它们也被命名为《布兰登堡协奏曲》。

《第四布兰登堡协奏曲》是巴赫的这套协奏曲中最轻松优雅的一首，这是一首所谓的大协奏曲。它不同于我们今天所熟悉的一件乐器独奏、管弦乐队伴奏的独奏协奏曲形式，在大协奏曲中，独奏是一个娇小型的重奏组，它与另一个稍大一些的重奏组呼应对答、交替配合。在《第四布兰登堡协奏曲》中，巴赫使用了一个弦乐五重奏组与拨弦古钢琴为伴奏，另外使用两个直笛和一把小提琴的三重奏组作为独奏，独奏组时而以两个直笛独奏，时而以小提琴独奏，有时又以三重奏形式与伴奏的乐队穿插对比，显得富于变化又情趣盎然。

（二）经典作品推荐

（1）《十面埋伏》；

（2）《阳春白雪》；

（3）《塞上曲》；

（4）《月儿高》；

（5）《闲聊波尔卡》；

（6）《蓝色多瑙河》；

（7）《小狗圆舞曲》。

任务拓展

一、任务实训

1. 用自己的话简要叙述一下音乐欣赏的感性经验。

2. 在《渔舟唱晚》和《春江花月夜》中任选一首，分析不同乐器版本的欣赏感受。

二、案例分析

小雨是一名高铁乘务人员，每天繁忙的工作让她觉得特别充实，可时间久了，她觉得千篇一律的工作和生活显得太乏味，渐渐地，她的情绪开始低落，对工作和生活的热情大不如前，甚至有了辞职的念头。乘务长发现了小雨的变化，便把她叫到一边，送给她两张 CD，小雨一看，一张是西方古典音乐，一张是中国二胡名曲，她疑惑地看着乘务长，乘务长笑着说："空闲的时候多听听音乐，这两张专辑特别好，是我最喜欢的，每当遇到不愉快的事情，听一听心情就会好很多。"

过了两个月，小雨脸上的笑容渐渐多了起来，工作也更热情、更积极了。她把 CD 还给了乘务长，并对乘务长说："谢谢您，我自己现在也收集了很多的音乐 CD，两个月下来真的觉得心里透亮多了，心情也好了。我现在才发现，原来音乐可以给身心带来如此愉悦的感受。太谢谢您了！"

案例分析：乘务员的工作十分繁忙、枯燥，在心理上很容易产生厌倦。因此，乘务员应经常调整自己的心态，可以通过音乐、美术等艺术的欣赏活动来放松心情，同时提高个人修养内涵和审美品位，从而以更好的心理状态投入工作和生活。

项目二　美术欣赏

在几千年的文明进程中，人们逐步形成了美的概念，并且因此出现了大量的美术作品，这些美术作品的取材都来源于生活并高于生活。美术作品就是要通过不同的表现手法来诠释人们对美的理解和向往。它们有的是反映人们对大自然的热爱，有的是反映帝王的威严，有的是反映人们对英雄的崇敬，有的是反映宗教文化及其特征，可以说美术可以反映自然、社会生活的方方面面。美术也可以通过某些表现手法，反映人们对自然社会的理解和对美的向往。因此，通过美术作品认识客观世界，会有一种不同于别人的全新发现。

由于东西方文化不同，因此艺术的表现形式也不一样。一般而言，西方艺术重客观，东方艺术重主观。故在绘画上，西洋画多重形式，中国画则注重神韵。两者比较起来，有以下几点不同：

（1）西洋画线条都不太显著，而中国画则盛用线条。线条大都不是物象所原有的，是画家用来代表两物象的界限的。

（2）西洋画极注重透视法，而中国画不注重透视法。透视法，就是在平面上表现立体物。西洋画力求形似，因此非常讲究透视法。

（3）西洋画很重解剖学，而中国画不讲解剖学。

（4）西洋画重写实，因此必描背景；中国画重传神，故必删除琐碎而特写其主题，以求印象深刻。

（5）西洋画题材以人物为主，而中国画则多以自然为主。

总之，美术欣赏不仅可以了解古今中外的自然风景、人物、历史和宗教神话，以此扩大我们的知识面、开阔我们的视野，还能让我们受到美的熏陶，积累丰富的审美经验，提高审美能力，逐步形成高尚的审美情操，以提高我们的艺术素养和道德修养。

一、中国画欣赏

（一）优秀作品欣赏

1.《富春山居图》

《富春山居图》（见图 5-2-1、图 5-2-2）由元代画家黄公望所作。黄公望（1269—1354），元代画家，本姓陆，名坚，江苏常熟人，又号大痴道人，晚号井西老人。50 岁左右才开始作山水画，有人题他的《天池石壁画》"滑稽玩世，平生好饮复好画，醉后酒墨秋淋漓"。

此图描绘富春江两岸秋初的景色。开卷描绘彼岸水色，远山隐约，接着是连绵起伏、群峰争奇的山峦，再下是茫茫江水，天水一色，最后则高峰突起，远岫渺茫有渔舟垂钓。山和水的布置疏密得当，层次分明，大片的空白乃是长卷画的构成特色。

画家用笔利落，虽学习借鉴了董源、巨然一派的风格，但比董、巨更简约，更少概念化，因而也就更透彻地表现了山水树石的灵气和神韵。笔法既有湿笔披麻皴，又另施长短干笔皴擦，在坡与峰之间还用了近似米点的笔法。浓淡迷蒙的横点，运笔劲道十足，表现力很强。黄公望极注意层次感，前山后山的关系改变了传统屏风似的排列，而是由近及远地自然消失，虚实相生，过渡微妙，渲染力和层次感增强。

图 5 - 2 - 1　《富春山居图》（局部一）

画面仅用水墨渲染，若明若暗的墨色，经过这位大师的巧妙处理，深浅浓淡不匀的水墨在宣纸上转化为无穷的"色彩"，使画面空白处具有真实的空间感，给人以挥洒奔放、一气呵成的深刻印象，超越了随类赋彩的传统观念，自然地笼罩在景物之上，化为一种明媚的氛围，令人倍感亲切。这也是黄公望对客观世界和主观感受高度尊重的体现。

清初画家恽寿平赞赏此图说："凡数十登，一峰一状，数百树，一树一态，雄秀苍茫，变化及矣。"这幅从真山真水中提炼出来的作品，堪称元代文人画的杰作，同时也是我国十大传世名画之一。

图 5 - 2 - 2　《富春山居图》（局部二）

2.《韩熙载夜宴图》

《韩熙载夜宴图》（见图 5 - 2 - 3、图 5 - 2 - 4）由南唐画家顾闳中创作。此图由五个片段组成，分别是听琴、观舞、休憩、赏乐和调笑。第一场景描绘了韩熙载与来宾聆听乐女弹奏琵琶；第二场景描绘了舞女在韩熙载的击鼓声中翩翩起舞；第三场景描绘了韩熙载在围床上休息；第四场景描绘了韩熙载手执纨扇欣赏乐女吹奏（两人吹横笛，三人吹筚篥）；第五场景描绘、记录了韩熙载和宾客与乐女调笑，以此结束夜宴。这五个片段可以各自独立成章，但互相之间又有一定的关联。它们主要表现了韩熙载玩世不恭的生活态度和忧郁、苦闷的心情，客观上揭露了封建统治阶级奢侈腐化的生活及社会激烈的内部矛盾。

图 5-2-3　《韩熙载夜宴图》（局部一）

由于画家顾闳中深厚的绘画功力和高超的绘画技巧，使这幅画卷在造型、用笔、设色方面都取得了非凡的成就。

画面上虽然也描绘了不同的场面、情景，但其重点是人物形象，尤其是对主人公韩熙载的刻画。这一人物在不同的场合出现时，有时是端坐，有时是闲立，有时是击鼓，有时是洗手，有时是正面，有时是侧身，但从全图来看，他的形象和气质是统一协调的。这就突破了一般故事情节中人物形象描写的布局，具备了肖像画的特点。在设色方面，以浓重色调为主，层层深入，不过有的也配以淡彩，但运用得相当自然。这种绚丽的色彩，大大地渲染了富丽堂皇的环境气氛，更加衬托出人物精神的空虚和心情的忧郁。全图的结构十分特别，五个场景的间隔和相连，通过室内常用的装饰屏风来实现，可谓独具匠心。由于屏风的巧妙运用，使他在分隔场景时，丝毫不显得生硬，而在连接情节时又很自然，这是本图结构上的一大特色。此外，图中衣冠物品等的描绘也十分精美，具有很高的艺术性。整幅画面主要人物反复出现，可以说是一幅长卷式的连环画。画面第一段之间的连接处理得当，完全没有生硬重复之感，使人身临其境，宛如把人带到了一幅既可望又可行的长卷人物场景中一般。这种非同凡响的构图方式，使画面段落分明而统一，结构完整而灵活，也更富有艺术感染力。

图 5-2-4　《韩熙载夜宴图》（局部二）

该图是当时现实生活的写照，是以现实生活为基础的作品。作品中的主人公韩熙载是一个多才多艺且政治上有才干、有远见的士大夫，然而却生活在国家悲剧与个人政治悲剧相联系的南唐，这种客观现实和错综复杂的矛盾折磨着他的心灵。现实中的韩熙载和作品中所塑造的艺术形象，无不凝聚着深刻的现实矛盾和精神上的空虚苦闷，是南唐王朝的写照，也是当时上层士大夫和统治阶级生活的典型写照。此图艺术水准高超，既显示了我国古代时期人物画创作的水平，也使顾闳中在中国绘画史上占有了一席之地。

3.《流民图》

《流民图》（见图 5 - 2 - 5、图 5 - 2 - 6）是由我国现代画家蒋兆和所作。蒋兆和（1904—1986），20 世纪中国现代水墨人物画的一代宗师，原名万绥，祖籍湖北麻城，生于四川泸州，自幼家贫。1950 年起任中央绘画学院教授，曾当选中国绘画家协会第二届、第三届理事。其代表作品有《流民图》《朱门酒肉臭》《阿 Q 相》《一篮春色卖人间》《杜甫》《苏东坡》《文天祥》等。

画卷由右至左以一位拄棍老人开始，他身边另有一位已经气息奄奄、卧地不起的老者，两位妇女和一个牵驴人围着他。再往下是抱锄的青年农民和他饥饿的家眷，抱着死去小女儿的母亲，在空袭中捂着耳朵的老人，以及抱在一起、望着天空的女人和孩子。断壁颓垣，尸身横卧，路皆乞丐。之后是乞儿、逃难的人、受伤的工人、等待亲人归来的城市妇女、弃婴、疯了的女人、要上吊的父亲和哀求着他的女儿、在痛苦中沉思的知识分子等。作品通过对 100 余位无家可归者躲避日军轰炸、在死亡线上挣扎的痛苦情状的塑造，展现出侵略者造成的饿殍遍地、生灵涂炭的人间悲剧。画面没有直接出现烧杀抢掠的侵略者形象，而是通过一个个满面愁容、疲惫不堪、倒地而息的人物形象，揭示了侵略者给中华民族造成的巨大创伤。

图 5 - 2 - 5　《流民图》（局部一）

现藏于中国绘画馆的《流民图》仅是原作的上半卷，画面有五十余位人物，儿童形象近半，其余多为老人和妇女。而画家正是通过幼童的天真不知愁滋味、老人和妇女愁苦无助的形象，使作品增添了悲剧感和人性在遭受蹂躏过程中的沉重感，表达出一个有良知的艺术家在当时的社会环境下，同情大众、反对侵略的正义心声。

《流民图》全以毛笔、水墨画出，其形象描绘之具体、深刻，在现代绘画史上是鲜见的。传统人物画由于一味追求写意性，加上公式化，近百年来很少有深刻描绘现实的作品。蒋兆和把西洋画素描手法引入中国画，每画一个人物都必求有生活依据，有相应的模特作为参考。他适当吸取光影法刻画人物面部，但又以线描为主要造型手段，这是自近现代倡导写实主义绘画以来，在人物画领域所获得的巨大成果。在艺术表现上，画家采用中西结合的手法，中国画的线描结合西方画明暗即色彩的元素，使作品既有中国画美学所追求的笔墨气韵，又不乏写实精神。这也正是画家在艺术取向上所追求的，通过绘画揭示劳苦大众的悲惨命运和他们痛苦的现实生活。

图 5 - 2 - 6　《流民图》（局部二）

（二）经典作品推荐

（1）《历代帝王图》；

（2）《秋山问道图》；

（3）《虢国夫人游春图》；

（4）《百骏图》；

（5）《奔马图》；

（6）《桃园仙境图》；

（7）《万山红遍》。

二、西洋画欣赏

（一）优秀作品欣赏

1.《蒙娜丽莎》

《蒙娜丽莎》（见图 5 - 2 - 7）由"文艺复兴三杰"之一的达·芬奇创作。达·芬奇出生在佛罗伦萨附近的一个海滨小镇芬奇镇。他从小就表现出高超的绘画天赋，被誉为"绘画神童"，曾师从韦罗基奥。长大后，他曾在佛罗伦萨、米兰和罗马等地工作并享有盛名。达·芬奇晚年来到法国，成为国王的座上客。他的作品并不多，如《蒙娜丽莎》《最后的晚餐》《岩间圣母》《母与子》等。

图 5 - 2 - 7　《蒙娜丽莎》

画面上的蒙娜丽莎体态丰满，姿态端庄，她的脸上带着神秘的微笑，仿佛正坐在那里，看着远方。画家将她明亮的双眼、纤细的睫毛和柔软卷曲的头发刻画得惟妙惟肖。从作品中我们可以看出，画家在创作之时特别注重精准与含蓄的结合，使画中人物的内心状态和美丽外表达到了完美统一。达·芬奇的这一创举为后世画家表现人物深层次的内在精神变化树立了典范。

至于画中人的脸上为什么带着神秘的微笑，几百年来，人们做出了无数推测。

有人认为，达·芬奇在画蒙娜丽莎画像时，她正怀孕，她脸上的淡笑是一个母亲对新生命的期盼。

但是反对这一观点的人则认为，画中人根本不是蒙娜丽莎，也不是达·芬奇的情人或母亲，更不是画家本人。她只是一个普通的资产阶级妇女，她脸上根本就不曾有过微笑。那看起来像是微笑的表情，不过是因为她缺少了门牙造成的假象。

神秘的蒙娜丽莎除了以其微笑著称，画中人物的眼神也是相当独特。无论你从正面哪个角度赏画，都会发现蒙娜丽莎的眼睛直视着你，这使人感觉蒙娜丽莎仿佛是活的，会随着观众的视角走，并对所有观众报以永恒的微笑。

虽然这幅肖像画法简单，但是人与背景之间的和谐使这幅画成为历史上最著名、分析最精致的画。画中妇人的头发与衣服的曲线与背景中山谷河流的弯曲相称。整个画的和谐体现出了达·芬奇对人与自然联系的观念，从而使这幅画成为达·芬奇的世界观和他杰出的艺术天分的永恒记录。

在人像背后，一个遥远的背景一直延伸到远处的冰山。只有弯曲的道路和远处的桥梁显示着人的存在。模糊的分界线，潇洒的人物，光亮与黑暗的明显对比和一个总体冷静的感觉都强烈地体现着达·芬奇的风格。

2.《马拉之死》

《马拉之死》（见图 5 - 2 - 8）由法国大革命时期的杰出画家大卫所创作。大卫，法国大革命时期的杰出画家，新古典主义美术代表人物。雅各宾执政期间，大卫成为共和国政府的文化教育委员。他充满感情创作了《球厅宣誓》《马拉之死》《布鲁特斯》等一系列讴歌法国大革命的优秀作品。1816 年拿破仑失败后大卫流亡到比利时的布鲁塞尔，作品有《萨宾父女》《疲倦的战神马尔斯》等。

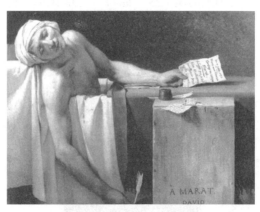

图 5 - 2 - 8　《马拉之死》

画面上马拉无力地倚靠在浴缸里，他的头向后仰着，脸上异常平静，像睡着了一样。一把沾满鲜血的匕首掉在了马拉的右手边上，鲜血则染红了浴缸里的水。马拉的右手握着鹅毛笔，软弱无力地垂在地上，手又捏着一张便签，上面写着："1793 年 7 月 13 日，玛丽·夏洛特·科黛，致公民马拉：我十分不幸，为了您的慈善，这就足够了。"

马拉面前的桌子上放着墨水瓶、鹅毛笔等办公用品。木箱旁边有一张便签上写着："请把这五法郎送给一位孩子的母亲，她的丈夫为共和国献出了自己的生命。"简单的办公用品和便签上的内容，在体现革命者伟大人格的同时，也揭露了暗杀者的无知无耻。

画家有意将上半部分处理得单纯、深情，以突出下半部分的写实内容，同时，加强死者身体下垂的感觉和令人震惊感慨的事件给人们带来的压抑、憋闷及莫大的悲痛之感。

画家以写实的手法再现了马拉之死的最后场面，整个画面散发着庄严的气氛。画面的光线明暗对比处理得比较柔和，左边射进来的光线落在马拉的脸上，成为画面的焦点，同时让画面充满了立体感。

马拉工作台如同纪念碑一样，使画面产生了一种凝重庄严的气氛，尤其是台侧精心安排的法文"献给马拉·大卫"犹如石碑上的铭文，体现出简洁严谨、清晰及理智的表现手法，反映了大卫对马拉的无比敬仰之情；同时也反映了在法国大革命期间，古典主义的盛行及人们寻求一种时代所需要的理想主义和英雄主义精神。

3. 《最后的晚餐》

《最后的晚餐》（见图 5－2－9）是意大利画家达·芬奇所创作的。作者是这样来构思这一题材的，他对称设计了两边 6 个门徒的形体动作：

左边是一组由巴多罗买、安德烈、小雅各三人组成。巴多罗买好像怀疑自己的耳朵听错了，从座位上跳起来，手按在桌上，面对耶稣，情绪激动；安德烈双手张开，手指向上；夹在中间的小雅各则紧张地由后背伸手到第四个人的肩上，形成两组人之间的联系。这三个人都面向耶稣。

右边一组由马太、达太和西门组成。三人听了这个骇人听闻的消息后，自发地讨论起什么来，三人的手都伸向画面中心。

中右一组是多马、老雅各、腓力。多马伸出一个指头，好像在问老师："有一个人要出卖你！"和他并坐的老雅各张开双手做惊奇地表示："这是多么可怕的呀！"年轻的腓力则用双手遮掩着胸部似乎说："难道怀疑我对老师有背叛行为吗？"

中左一组的彼得、约翰和犹大三人最富有表情，也是画面的主要角色。坐在耶稣旁边的约翰歪着身子眼睛朝下，双手手指交叉，有气无力地放在桌上，做出忧愁状。火性的彼得则情绪激昂，他从座位上跳起，似乎在问约翰："叛徒是谁？"他手中已经握着一把切了面包的刀，无意地靠近了犹大的肋部。而对于犹大，作者采用了特别的表现手法：听了耶稣的话后，犹大情绪紧张，身子稍向后仰，右臂支在桌上，右手紧握钱袋，露出一种抑制不住的惊恐。这十三人中只有犹大的脸色是灰暗的。

坐在正中央的耶稣摊开双手，把头侧向一边，做无可奈何的淡漠表情，加强了两边四组人的变化节奏感，让场面显得富有戏剧效果，而这 12 个人由于身份、年龄、性格的不同，他们的表情也各自贴近其身份。人物之间相互呼应，相互联系，感情不是孤立的。这是作者最重要也是最成功的心理描写。这幅画的杰出成就也就在此处。

在空间与背景的处理上，作者利用食堂壁面的有限空间，用透视的手法表现画面的深远感，他正确地计算了离地透视的距离，使水平线恰好与画中人物与桌子构成一致，给观众造

图 5 - 2 - 9 　《最后的晚餐》

成心理上的错觉,仿佛人们亲眼看见这一幕圣经故事。在这幅画背景上面有成排的坚壁窗子、天顶和背后墙上的各种装饰。他那"向心力"的构图是为了取得平衡的庄严感的对称形式,运用得不好很容易形成呆板感。明暗是由左上臂的窗子里面透进来的光线来表示的,所有人物都被画在阳光中,显得十分清晰,唯独犹大的脸和一部分身体处在黑暗阴影里。这种象征性的暗示手法,是由达·芬奇始创的。

4.《向日葵》

《向日葵》(见图 5 - 2 - 10)是由荷兰画家梵高所作。文特森·威廉·梵高是 19 世纪最伟大的艺术家之一。其代表作有《星空》《向日葵》《吃土豆的人》《有乌鸦的麦田》等。

图 5 - 2 - 10 　《向日葵》

《向日葵》是在阳光明媚的法国南部所作,画家心中像有熊熊烈火,怀着炽热的激情令充满动感,仿佛旋转不停的笔触那样粗厚有力,色彩的对比也极为单纯强烈。然而,在这种粗厚的单纯中又充满了智慧和灵气。观者也在看此画时,无不为这激动人心的画面效果而心动，心灵为之震颤，激情也喷薄而出，无不跃跃欲试，力求共同融入丰富的主观情感中去。总之，作者笔下的向日葵不仅是植物，更是带有原始冲动和热情的生命体。梵高所做的向日葵，像一团熊熊燃烧的烈火，这团烈火似乎想要将每个观看过它的人的心燃烧，让每个观看的人拜服于作者的想象力。在绘画艺术漫长的发展历史中，梵·高的向日葵似乎成为极具代表性的作品。

（二）经典作品推荐

（1）《夜巡》；

（2）《泉》；

（3）《加冕》；

（4）《格尔尼卡》；

（5）《失乐园》；

（6）《西斯廷圣母图》；

（7）《干草车》。

任务拓展

一、任务实训

1. 分组讨论中国画与西洋画的区别。

2. 谈谈美术欣赏对审美培养的重要意义。

二、案例分析

张宇是一名高铁乘务人员，他热爱自己的工作，更热爱现在的生活状态。无论是在工作中还是在生活中，他都觉得一切是那么美好，周围的人都很友善，即使偶尔看到一些世故的人或事，他也觉得这只是生活中一些无关紧要的小插曲而已。总之，在张宇的眼里，心里充满了积极向上的正能量，他非常满意目前的工作和生活，积极面对每一天。对于这一切，张宇认为和自己喜爱艺术，特别是喜欢美术是分不开的。一到休息时间，张宇就会在美术馆流连，他热衷于参观各种美术展览，甚至还报了一个国画培训班的课程。通过这几年来的艺术熏陶，张宇的审美能力得到很大的提高，心胸也开阔了，心境也好了，张宇沉浸在艺术的魅力中，也找到了自我的价值。

案例分析：艺术能够净化人的心灵，高铁乘务人员因繁忙的工作很容易感到身心疲惫，而艺术的净化作用能有效地缓解这些疲惫。因此，作为高铁乘务人员，经常欣赏艺术、感悟艺术，有利于身心的良性发展，更有利于以较好的心态去面对工作与生活。

项目三　文学欣赏

一、文学

生活和文学的关系正像一个笑话：有一个小孩很淘气。一天他闯了祸，淘气的孩子就被爸爸打了一顿。小孩觉得自己非常委屈就去告诉妈妈说："我被人打了！"妈妈不假思索地说："敢打我的儿子，我把他儿子也打一顿！"这小孩一听："啊?！还得打我呀！"孩子淘气捱打是生活，然而使用了误会法就成了笑话。由此可知，文学是生活的朋友，甚至就是生活本身。例如：司马迁的不朽著作《史记》既是一部文学作品，也是当时社会现实的真实写照。书中记叙了上自传说中的黄帝，下至汉武帝时期我国民族三千年发展的历史。其中"列传"里有许多篇，还有一些"本纪"和"世家"，都是人们公认的杰出传记文学作品。鲁迅评价《史记》为"史家之绝唱，无韵之离骚"。

（一）文学的内涵

文学是人类精神活动的一种特殊形式，这种特殊形式是依靠语言来表达人类的生命体验和审美思考的。文学是作家所经历、所感悟的社会生活在思想中的体现，也是他的经历、成长的环境和个人学养的体现。社会生活在作家的灵魂深处打下了深刻的烙印，作家所记录下的经历，可为后来者借鉴，指明人生的方向。文学是文字的学问，我们都生活在文学中，正如人们常说的那样：社会是个大舞台，演员就是芸芸众生。

1. 文学来源于生活

诗歌起源于劳动，劳动群众是最早的歌手、最初的作家。

《弹歌》："断竹，续竹；飞土，逐肉。"这是一首远古民歌，反映了原始社会狩猎的生活。"断竹，续竹"，是歌咏"弹"的生产制作过程，就是先将竹竿截断，然后用弦将截断的竹竿连接两头制成弹弓。这样，"弹"的制作完成了。有了"弹"，一场狩猎活动就开始了。"飞土"是指将泥制的弹丸射出；"逐肉"是说猎手们追赶被击伤的鸟兽等猎物。一颗颗弹丸从弹弓中射出，击中了一只只猎物，人们欢乐地追逐着，满载而归。这首民歌简短、质朴，诗句整齐，有和谐的韵律，是原始时代狩猎生活的真实反映。

2. 文学发展伴随着形象思维和神话

上古故事"开天辟地"的主人公盘古左手执凿，右手持斧，或用斧劈，或以凿开，久而天地乃分，二气升降，清者上为天，浊者下为地，自此而混茫开矣。盘古开辟了天地，用身躯造出日月星辰、山川草木。那残留在天地间的浊气慢慢化作虫鱼鸟兽，为死寂的世界增添了生气。这个故事表现了"劳动创造世界"的壮丽情景。与开辟神话紧密相连的是关于人类起源的神话。天地初开的时候，大地上还没有人类，女娲用手在池边挖了些泥土，和上水，照着自己的样子捏出了"人"。在"造人"之外，女娲还建立了另一项勋业——"补天"。苍天补好了，天的四极端正稳固了，洪水干涸了，中原一带的灾祸平息了，恶禽猛兽被诛灭了，善良的人民渐渐从灾难中获得了新生。

同样，基督教《圣经》说上帝创造了人类，就是亚当和夏娃。像"女娲补天""后羿射日""上帝造人"这些古代神话，乍一看全是幻想，跟真实的生活不沾边儿，实际上神话乃是远古的人民对于当时生活的一种解释，是以现实生活作为基础的。又如后人创作的《西游记》一类的神魔小说，那虚构就更是怪诞离奇，似乎毫无生活根据。其实神魔小说中的艺术形象也不是完全凭空虚构的，他们是人类社会的人情世态的曲折反映，或者说它们是现实生活的一种升华。

3. 文学是语言的艺术

（1）文学是以语言为媒介的艺术。

远在文字产生之前，人类就有了语言，有了语言才有了文学。文学是最原始的，也是最普通的一种艺术。诗歌与小说、戏剧起源于歌唱，例如中国的《诗经》，希腊的《荷马史诗》，原先都是口头传诵，后来才被人用文字记录下来。中国语言艺术的极高成就是诗歌，唐代是古代诗歌的鼎盛时期,产生了许多伟大的诗人和伟大的诗篇。我们对李白、杜甫、白居易的诗作都很熟悉了,而被称为"小李杜"之一的李商隐,他的无题诗的艺术就很值得我们仔细品味。

（2）文学语言再现人生。

文学就是用语言将作者生活、学习、工作中的所思所感、人生的精神体验表现出来。文学语言的再现性是指把活生生的、丰富多彩的景象和印象"艺术地加以琢磨和发挥"。当代作家金文吉通过《寻人启事》再现了人间真情。作品讲述了少不更事的女孩离家出走,她的妈妈辞了工作到全国各地贴寻人启事找她的故事。

4. 文学是人生的必需品

文学教会我们看世界,了解不同的世纪、时代,理解民族的宽容和信念,也教会我们关注自己以外的人与事。

（1）文学中人的情感的意义。

文学作品可以以情感人。文学告诉我们,人活着需要温饱;但是,只有爱过,才可以说我们真正活过。我们吟诵苏轼的《江城子·乙卯正月二十日夜记梦》（十年生死两茫茫,不思量,自难忘,千里孤坟,无处话凄凉……）这首词的时候,总能感受到一种感情的力量。苏轼写这首词悼念亡妻是一千多年前的事,现在读起来依然令人感动。我们感动在哪里呢?感动在夫妻之间。妻子已经死去了十年,还能想到"小轩窗,正梳妆,相顾无言,惟有泪千行",还能"料得年年肠断处",那种执着的情感恰恰就是我们内心所渴望的。这首词激发了我们内心对美好情感的向往,使我们得到了洗礼和净化,产生了共鸣。

（2）文学中人的精神力量的意义。

自然科学和社会科学提供给人们的是分解认识世界的各种方法和手段,而文学则有助于人们整体地、综合地把握世界。文学的根本是精神,它是人类精神的创造性展示,是人类情感升华中的耀眼光辉。千百年来,文学之所以在人类的生活中有着不可替代的重要作用,就在于它始终追求人类存在的终极意义,为人类营造一片温馨的精神栖息之地,成为人类心灵的家园。例如,千古奇书《红楼梦》留给世人的就是百科全书式的精神食粮。

（二）文学的作用

语言文学的根本作用是启迪发展智力。文学对于培养观察、记忆、思维、想象与判断的认识能力和创造能力都有巨大作用。要会做人、会学习,前提是学好语言文学。

1. 认识人生百态

语言文学覆盖面广泛,上至天文时空,下至地理人文,世事洞明皆学问,人情练达即文章。

（1）风云际会,雄武沧桑。

《史记》里这样描写霸王别姬的故事:项王慷慨悲歌,自为诗曰"力拔山兮气盖世,时不利兮骓不逝。骓不逝兮可奈何,虞兮虞兮奈若何!""歌数阕,美人和之。项王泣数行下,左右皆泣,莫能仰视"。"莫能仰视"就是哭得抬不起头来。英雄末路,楚霸王是何等的豪情、何等的威武呀!

（2）情系人生,天长地久。

从文学作品中认识爱情。古今中外,文学对爱情的各种描写各有千秋。《红楼梦》中宝玉、黛玉以命相许、以死相争的爱情,陆游和唐婉被强迫离异后的相互怀念,元稹追悼亡妻的诗《离思》，意大利经典歌剧《卡门》那种热情奔放、追求自由的爱情，莎士比亚戏剧《罗密欧与朱丽叶》中那种被撕裂的悲剧性的爱情等，都令人长久地感动。童话作家安徒生写的《海的女儿》更让人思绪绵绵。美人鱼的故事是爱情的圣经，它把爱情真正变成一种无私、一种崇拜、一种献身。

（3）炎凉世态，悲惨世界。

文学作品中对现实黑暗的描写更能震撼灵魂。对于人情冷暖、世态炎凉，对社会人际关系黑暗部分的鞭笞，文学是相当敏感的。如法国雨果的《悲惨世界》、俄国的陀思妥耶夫斯基写的大量反映社会黑暗的小说都让人感受深刻。

马克·吐温的《百万英镑》讲述了一个穷困潦倒的美国小伙子亨利·亚当斯在伦敦的一次奇遇。伦敦的两位富翁兄弟打赌，把一张无法兑现的百万大钞借给亨利，看他在一个月内如何收场。一个月的期限到了，亨利不仅没有饿死或被捕，反倒成了富翁，并且赢得了一位漂亮小姐的芳心，还在富翁兄弟那里获得了一份工作。小说充满了讽刺与幽默，揭露了20世纪初英国社会的拜金主义思想。

（4）花样年华，美好人生。

更多的文学作品是从正面来书写人生，带给我们快乐，写人生的光明，写生命的珍贵，写世界的奇妙。尽管唐代大诗人李白一生坎坷，但是他仍然活得那么潇洒，笔下的诗篇仍然美好："今人不见古时月，今月曾经照古人"——月亮与怀古心；"举头望明月，低头思故乡"——月亮与故乡情；"我寄愁心与明月，随风直到夜郎西"——月亮与友情；"人生得意须尽欢，莫使金樽空对月"——月亮与内心；"云龙风虎尽交回，太白入月敌可摧"——月亮与边关情；"海风吹不断，江月照还空"——月亮与山川情。一到李白那里，月亮就显得特别亮、特别有感情。

2. 塑造人格

文学作品是作家的人生态度、人生追求和人格力量的体现。不畏强暴，坚持人的尊严，歌颂人的高尚情操，礼赞崇高的人格力量，肯定人的尊严、人的高贵，这种文学资源在中国古代文学典籍中并不乏见。

人格力量不仅表现为积极、进取的人生态度，而且表现为受到打击、挫折乃至屈辱所呈现的那种旷达的心态。从陶渊明的"不为五斗米折腰"到李白的"安能摧眉折腰事权贵，使我不得开心颜"，从陆游的"丈夫贵不挠，成败何足论"到陈确的"一身如可赎，万死又何辞"，从谭嗣同的"我自横刀向天笑，去留肝胆两昆仑"到章太炎的"七被追捕，三入牢狱，而革命之志终不屈不挠"，这类坚贞的品格、高尚的情操、崇高的气节都是作为"中国脊梁"的知识精英们人格力量的表现。屈原更具有典型意义："亦余心之所善兮，虽九死其犹未悔""长太息以掩涕兮，哀民生之多艰""路漫漫其修远兮，吾将上下而求索"，他最终用结束自己的生命以示对理想的坚持，这种为坚持真理不惜牺牲一切的精神是中国许多文学家和志士仁人共同的信念。

3. 培养审美能力

人们阅读、欣赏文学作品，可以受到美的熏陶、感染，得到美的享受。叶圣陶说过，我们鉴赏文艺，最大目标是接受美感的经验，得到人生的受用。作家陈村说，语文首先是美育。文学为我们打开一扇美的窗户，让我们领略文学百花园的姹紫嫣红。作家始终如一地创设艺术化的情境，创造良好的艺术氛围，就是创造一种审美的氛围，让美的形式作用于人们的兴趣与情感，使人们在不知不觉中聆听美的声音，体会充满激情、意蕴深刻、清词丽句、声情并茂的美。

二、文学影响人生

优秀的文学作品能够鼓舞人、教育人和引导人。20 世纪三四十年代，巴金的小说《家》影响了成千上万的中国青年毅然离开封建大家庭，奔赴革命圣地延安；五六十年代，苏联小说《钢铁是怎样炼成》、报告文学《谁是最可爱的人》，激励了许多热血男儿到边疆哨所去保家卫国、到祖国最需要的地方去建功立业；七十年代末，徐迟的报告文学《哥德巴赫猜想》感动了一代青年为科学春天的到来而发奋苦读，渴望用知识改变命运；到了八十年代，著名作家路遥的鸿篇巨作《平凡的世界》给广大青年指明了诚实劳动、艰苦奋斗的人生道路。翻阅中国现当代文学史，不难发现，一些作家的人生轨迹受到文学的影响，甚至因文学发生了改变。

文学鉴赏有着不可低估的社会意义。文学作品的认识作用、教育作用，只有通过欣赏才能完成；离开欣赏，文学作品就无从发挥它的社会作用。文学鉴赏是一个由感情到理智、由形象到逻辑交织进行的复杂过程，最后达到对生活认识和理解的目的。优秀的文学作品能够深深地打动欣赏者的感情；欣赏者在欣赏过程中，也总是希望能从作品中得到感情上的满足、认识上的深化以及美学的享受。就在这个过程中，文学作品便发挥了它陶冶性情、改造灵魂的作用。经常阅读文学作品既能提高高铁乘务人员的阅读能力，又能让高铁乘务人员陶冶情操、增长知识，还能提高高铁乘务人员的语言表达能力。

三、文学作品赏析

1.《人这一辈子》

我常以"人就这么一辈子"这句话来告诫自己并劝说朋友。这七个字，说来容易、听来简单，想起来却很深沉。它能使我在懦弱时变得勇敢，骄矜时变得谦虚，颓废时变得积极，痛苦时变得欢愉，对任何事拿得起也放得下，所以我称它为"当头棒喝"、"七字箴言"。

人不就这么一辈子吗？生不带来、死不带去的一辈子，春发、夏荣、秋收、冬藏，看来像是一年四季般短暂的一辈子。每当我为俗务劳形的时刻，想到这七个字，便忆起李白《春夜宴桃李园序》中"夫天地者，万物之逆旅也；光阴者，百代之过客也。而浮生若梦，为欢几何？"的句子。而在哀时光之须臾，感万物之行休中，把周遭的俗事抛开，将眼前的争逐看淡。我常想，世间的劳苦愁烦、恩恩怨怨，如有不能化解、不能消受的，经过这短短几十年不也就烟消云散了吗？若是如此，又有什么好解不开的呢？

人不就这么一辈子吗？短短数十寒暑，刚起跑便到达终点的一辈子；今天过去，明天还不知道属不属于自己的一辈子；此刻过去便再也追不回的一辈子；白了的头发便再难黑起来，脱了的智齿便再难生出来，错了的事便已经错了，伤了的心便再难康复的一辈子；一个不容我们从头再活一次，即使再往回过一天、过一分、过一秒的一辈子。想到这儿，我便不得不随着东坡而叹："寄蜉蝣于天地，渺沧海之一粟。"我便不得不随陈子昂而哭："前不见古人，后不见来者，念天地之悠悠，独怆然而涕下。"我便不得不努力抓住眼前的每一刻、每一瞬，以我渺小的生命、有限的时间，多看看这美好的世界，多留些生命的足迹。

人就这么一辈子，你可以积极地把握它，也可以淡然地面对它。看不开时想想它，以求释然吧！精神颓废时想想它，以求振作吧！愤怒时想想它，以求平息吧！不满时想想它，以求感恩吧！因为不管怎么样，你总很幸运地拥有这一辈子，你总不能白来这一遭啊！

（选自刘墉．萤窗小语［M］．南宁：接力出版社，2012．）

赏析：

《人就这么一辈子》虽然寥寥数语，但已把人的一生分析得透彻明晰。

文章可分为如下三个部分：

第一部分（第1段），作者对"人就这么一辈子"这"七字箴言"的解题。

第二部分（第2~3段），作者把人的一生比作一年的四个季节，用春、夏、秋、冬形容生命的短暂，形容生活的艰难。简短的形容却寓意深远。通过引用李白、苏轼、陈子昂的诗句，借古喻今，感慨人生苦短，只有放下过去、把握现在，才会拥有美好的未来！

第三部分（第4段），总结全文，提出忠告，阐明应当如何看待"人这一辈子"。

本文很直白却很实在，也许每个人都明白其中的道理，然而却说不出其中的奥妙来。我们生命中有着太多太多的理所当然，有着太多太多的不以为然，而这就是人生。怎么样都是一辈子，为什么不轻轻松松、友善和美地过一辈子呢？人生就这么一次，我们虽然无权控制生死，却可以把握精彩与黯淡的分寸。只有活出生命的价值，才是最完美的人生。

文章讲述的都是贴近生活、贴近你我、贴近大众的人生道理，虽然篇幅短小，却寓意深刻、发人深省。文中没有华丽动人的辞藻，没有惊心动魄的故事情节，更没有唯美浪漫的爱情故事，却让读者感同身受、回味无穷。文章的语言表述浅显易懂、平白朴实，表达技巧上恰当运用了排比、比喻、对比等修辞方式，多处引用了古人的经典诗句，使行文节奏鲜明、语调和谐，读来朗朗上口，别具一番特色。

2.《我爱这土地》

假如我是一只鸟，

我也应该用嘶哑的喉咙歌唱：

这被暴风雨所打击着的土地，

这永远汹涌着我们的悲愤的河流，

这无止息地吹刮着的激怒的风，

和那来自林间的无比温柔的黎明……

——然后我死了，

连羽毛也腐烂在土地里面。

为什么我的眼里常含泪水？

因为我对这土地爱得深沉……

（选自艾青．艾青诗歌赏析［M］．南京：江苏人民出版社，2017．）

赏析：

此诗是作者于1938年11月在武汉创作的，当时是抗日战争爆发的初期，日寇横行，东北已沦陷，华北、华东、华南也遭日寇铁蹄的践踏，正是中华民族生死存亡之际。中国军民奋起反抗，进行了不屈不挠的斗争。诗人看到当时的形势，心中充满了对祖国深沉的爱和对侵略者切齿的恨，于是写下了这首慷慨激昂的诗。以一只鸟生死眷恋土地作比，形象抒发了深沉而真挚的爱国情感。诗人艾青用"嘶哑"来形容鸟儿鸣唱的歌喉，更能表达其为祖国前途、命运担忧的心力交瘁的情状。

任务拓展

一、任务实训

1. 简述培养自己文学鉴赏能力的重要性。

2. 在自己阅读过的中外文学作品中挑选一篇，分享一下阅读心得。

二、案例分析

乘务员李楠刚从学校踏入社会，对于乘务员这个工作充满了好奇和热情，每天都在思考如何才能把工作做得最好。因此，他总是观察有经验的乘务员，默默地向他们学习。他发现，乘务员徐姐和别的乘务员总有那么一点不同，谈吐上感觉非常有涵养，知识面也非常广。李楠想，乘务员在学校都是经过专业训练的，照说大家都应该差不多啊，可是徐姐不论从语言能力和知识层面上都透着比别人高的文化素养和亲和力。带着疑问，李楠请教了徐姐。徐姐笑着说："可能是我比较喜欢文学的原因吧，我喜欢在休息的时候看看书，阅读中外名著，也许是在这种长期的文学熏陶下，变得不一样了吧。"

案例分析：作为乘务人员仅靠在学校学习的专业技能来提高自身魅力、陶冶自身情操、培养语言沟通能力、开阔自身知识层面是不够的。良好的修养和谈吐是需要长期培养的。只有不断学习、不断成长，才能提升自己修养和魅力。

动车组列车服务质量规范

1. 适用范围

本规范对中国铁路总公司所属铁路运输企业的动车组列车旅客运输服务提出了质量要求。

2. 术语和定义

2.1 动车组列车：指由若干带动力和不带动力的车辆以固定编组组成、两端设有司机室的一组列车。

2.2 重点旅客：指老、幼、病、残、孕旅客。特殊重点旅客是指依靠辅助器具才能行动等需要特殊照顾的重点旅客。

3. 安全秩序

3.1 防火防爆、人身安全、食品安全、现金票据、结合部等安全管理制度健全有效。

3.2 出、入动车所前，由车辆、客运人员对上部服务设施状态进行检查，办理一次性交接；运行途中，发现上部服务设施故障时，客运乘务人员立即向列车长报告，并通知随车机械师共同确认、处理。

3.3 各车厢灭火器、紧急制动阀（手柄或按钮）、烟雾报警器、应急照明灯、防火隔断门、紧急门锁、紧急破窗锤、气密窗、厕所紧急呼叫按钮及车门防护网（带）、应急梯、紧急用渡板、应急灯（手电筒）、扩音器等安全设施设备配置齐全，作用良好，定位放置。乘务人员知位置、知性能、会使用。

3.4 安全使用电源，正确使用电器设备。电器元件安装牢固，接线及插座无松动，按钮开关、指示灯作用良好；不乱接电源和增加电器设备，不超过允许负载。配电室（箱）、电气控制柜锁闭，无堆放物品。不用水冲刷车内地板、连接处和车内电器设备。

3.5 餐车配置的微波炉、电烤箱、咖啡机等厨房电器符合规定数量、规格和额定功率，规范使用，使用中不离开操作区域，用后及时断电、清洁。

3.6 执行车门管理制度。

3.6.1 列车到站停稳后，司机或随车机械师开启车门，并监控车门开启状态。开车前，列车长（重联时为运行方向前组列车长）确认站方开车铃声结束、旅客乘降、高铁快件和餐车物品装卸完毕后，通知司机或随车机械师关闭车门。

3.6.2 CRH5型动车组列车停靠低站台时，到站前乘务人员提前锁闭辅助板指示锁并打开翻板，开车后及时将翻板及辅助板指示锁复位。

3.6.3 餐车上货门仅供餐车售货人员补充商品、餐料时使用，无旅客乘降。

3.6.4 列车运行中，车门、气密窗锁闭状态良好。定期巡视，保持通道畅通。发现车门未锁闭或锁闭状态不良时，指派专人看守，并及时通知随车机械师处理。

3.7 安全标志设置齐全、规范，符合标准。采用广播、视频、图形标志、服务指南等方式，宣传安全常识和车辆设备设施的使用方法，提示旅客遵守安全乘车规定。

3.8 运行中做好安全宣传和防范，车内秩序、环境良好，无闲杂人员随车叫卖、拣拾、讨要。发现可能损坏车辆设施和影响安全、文明的行为及时制止。

3.9 全列各处所禁止吸烟，加强禁烟宣传，发现吸烟行为及时劝阻，并由公安机关依法查处。

3.10 行李架、大件行李存放处物品摆放平稳、牢固、整齐。大件行李放在大件行李存放处，不占用席（铺）位，不堵塞通道。锐器、易碎品、杆状物品及重物等放在座（铺）位下面或大件行李存放处。衣帽钩限挂衣帽、服饰等轻质物品。使用小桌板不超过承重范围。

3.11 发现旅客携带品可疑及无人认领的物品时，配备乘警的列车通知乘警到场处理；未配备乘警的列车由列车长处理，对危险品做好登记、保管及现场处置，并交前方停车站（公安部门）处理。

3.12 发现行为、神情异常旅客时，重点关注，配备乘警的列车通知乘警到场处理；未配备乘警的列车由列车长处理，情形严重时交列车运行前方停车站处理。

3.13 发生旅客伤病时，提供协助，通过广播寻求医护人员帮助；情形严重的，报告客调。

3.14 乘务人员进出车站和动车所（客技站）时走指定通道，通过线路时走天桥、人行地道，走平交道时做到"一停二看三通过"，不横越线路，不钻车底，不跨越车钩，不与运行中的机车车辆抢行。进出车站时集体列队。

3.15 乘务人员在接班前充分休息，保持精力充沛，不在班前、班中、折返站饮酒。

4. 设备设施

4.1 车辆设备设施齐全，符合动车组出所质量标准。

4.1.1 乘务员室、监控室、多功能室、洗脸间、厕所、电气控制柜、备品柜、储藏柜、清洁柜、衣帽柜、大件行李存放处、软卧会客室等不挪作他用或改变用途。多功能室用于照顾重点旅客。

4.1.2 车辆外观整洁，内外部油漆无剥落、褪色、流坠；车内顶棚不漏水，内外墙板及车内地板无破损、无塌陷、不鼓泡；渡板及各部位压条、压板、螺栓不松动、无翘起；脚蹬安装牢固，无腐蚀破损；手把杆无破损、松动。各部位金属部件无锈蚀。

4.1.3 广播、空调、电茶炉、饮水机、照明灯具、电子显示屏、电视机、车载视频监控终端、控制面板、电源插座、车门、端门、儿童票标高线、地板、车窗、翻板、站台补偿器、窗帘、座椅、脚蹬、小桌板、靠背网兜、茶桌、座席号牌、衣帽钩、行李架、垃圾箱、洗手盆、水龙头、梳妆台、面镜、便器、洗手液盒、一次性坐便垫盒、卫生纸盒、擦手纸盒、婴儿护理台、镜框、洗脸间门帘、干手器，商务座车小吧台、呼唤应答器、阅读灯，软卧车铺位号牌、包房号牌、卧铺栏杆、扶手、呼叫按钮、沙发、报刊栏，餐车侧门、餐桌、吧台、冰箱、展示柜、微波炉、电烤箱、售货车等服务设备设施齐全，作用良好，正常使用，外观整洁，故障、破损及时修复。

4.1.4 车厢通过台外端门框旁设儿童票标高线。儿童票标高线宽 10 毫米、长 100 毫米，距地板面分别为 1.2 米和 1.5 米，以上缘为限，距内端门框约 100 毫米。

4.2 车内各种服务图形标志型号一致，位置统一，安装牢固，齐全醒目，符合规定。

4.3 车厢外部的电子显示屏显示列车运行区间、车次、车厢顺号等信息，车内电子显示屏显示列车运行区间、车次、车厢顺号、停站、运行速度、温度、中国铁路客户服务中心客户服务电话（区号＋电话号码）、安全提示等信息，显示及时、准确。

5. 服务备品

5.1 服务备品、材料等符合国家环保规定，质量符合要求，色调与车内环境相协调。

5.2 服务备品齐全，干净整洁，定位摆放。布制、易耗备品备用充足，保证使用。布制备品按附录规定的时间使用和换洗，有启用时间（年、月）标志。

5.2.1 软卧车（含高级软卧车）。

——包房内有被套、被芯、枕套、枕芯、床单、垫毯、卧铺套、靠背套、茶几布、一次性拖鞋、衣架、不锈钢果皮盘、带盖垃圾桶、热水瓶、积水盘、面巾纸盒及服务指南、免费读物。

——备有托盘、热水瓶和一次性硬质塑料水杯。

5.2.2 软卧代座车。

——包房内有卧铺套、靠背套、不锈钢果皮盘。

——包房门框上原铺位号牌处有座席号牌。

——备有热水瓶和一次性硬质塑料水杯。

5.2.3 商务座车。

——提供小毛巾，就餐时提供餐巾纸、牙签。

——有耳塞、靠垫、鞋套、一次性拖鞋、清洁袋和专项服务项目单、服务指南、免费读物。

——备有防寒毯、耳机、眼罩、托盘、热水瓶和一次性硬质塑料水杯。

5.2.4 特、一、二等座车。

——有清洁袋、免费读物和服务指南，放置在座椅靠背袋内或其他指定位置。

——有座椅套、头枕片；特、一等座车座椅有头枕。

——电茶炉配有纸杯架的，有一次性纸杯。

——乘务组备有热水瓶、耳塞和一次性硬质塑料水杯。

5.2.5 餐车。

——有座椅套。

——有售货车、托盘、热水瓶、一次性硬质塑料水杯。

——备有餐巾纸、牙签。

5.2.6 洗脸间有洗手液、擦手纸（或干手器）。

5.2.7 厕所内有芳香盒和水溶性好的卫生纸、擦手纸，坐便器有一次性坐便垫圈，小便池内放置芳香球。

5.3 贴身卧具（被套、床单、枕套）和头枕片干燥、清洁、平整，无污渍、无破损，已使用与未使用的折叠整齐，分别装袋保管。卧具袋防水、耐磨、干净，无破损。贴身卧具与其他布质备品分类洗涤；洗涤、存储、装运及更换不落地、无污染。

5.4　卧车垫毯、被芯、枕芯等非贴身卧具备品干燥、清洁，无污渍、无破损，定期晾晒。被芯、枕芯先加装包裹套，再使用被套、枕套。包裹套定期清洗，保持干燥整洁。

5.5　布制备品定位存放在储物（藏）柜内。无储物（藏）柜或储物（藏）柜容量不足的，软卧车定位放置在3、7、11号卧铺下。

5.6　有厕所专用清扫工具，与车内清扫工具分开定位存放在清洁柜内；无清洁柜的定位隐蔽存放。商务座、特等座、一等座车厢不存放清洁工具。清扫工具、清洁剂材质符合规定。

5.7　清洁袋质地、规格符合规定，具有防水、承重性能。

5.8　每标准编组车底配备2辆垃圾小推车，垃圾小推车、垃圾箱（桶）内用垃圾袋，垃圾袋符合国家标准，印有使用单位标志，与垃圾箱（桶）规格匹配，厚度不小于0.025毫米。

5.9　列车配有票剪、补票机、站车客运信息无线交互系统手持终端和GSM-R通信设备；乘务人员配置手持电台。设备电量充足，作用良好。站车客运信息无线交互系统手持终端在始发前登录，途中及时更新信息。

6. 整备

6.1　出库标准。

6.1.1　车厢内外各部位整洁，窗明几净，四壁无尘，物见本色。

6.1.1.1　外车皮、站台补偿器内外、窗门框及玻璃、扶手干净、无污渍。

6.1.1.2　天花板（顶棚）、板壁、边角、地板、连接处、灯罩、座椅（铺位）、空调口、通风口、电茶炉、靠背袋网兜内等部位清洁卫生，无尘无垢无杂物。

6.1.1.3　热水瓶、果皮盘、垃圾箱（桶）、洗脸间内外洁净。

6.1.1.4　餐车橱、柜、箱干净无异味，分类标志清晰，商品、餐、饮品和备品等分类定位放置。

6.1.1.5　厕所无积便、积垢、异味，地面干净无杂物。污物箱内污物排尽。

6.1.2　深度保洁结合检修计划安排在白天作业，范围包括车厢天花板、板壁、遮阳板（窗帘）、灯罩、连接处、车梯、商务座椅表面、座椅（铺位）缝隙、座椅扶手及旋转器卡槽、小桌板脚踏板、暖气罩缝隙、洗手液盒、车厢边角，以及电茶炉、饮水机内部。

6.1.3　布制品、消耗品和保洁工具等服务备品配备齐全，定位放置，定型统一。

6.1.3.1　卧具叠放整齐，摆放统一，床单、头枕片、座席套、茶几布等铺设平整，干净整洁。

6.1.3.2　清洁袋、洗手液、卫生纸、擦手纸、一次性坐便垫圈、服务指南、免费读物、商务座专项服务等备品补足配齐，定位放置。服务指南中含有旅行须知、乘车安全须知、本车型的设备设施介绍、主要停靠站公交信息、客运服务质量标准摘要及本趟列车销售的商品价目表、菜单。

6.1.3.3　垃圾小推车等保洁工具及售货车等备品定位放置，不影响旅客使用空间。

6.1.4　可旋转式座椅转向列车运行方向。

6.1.5　定期进行"消、杀、灭"，蚊、蝇、蟑螂等病媒昆虫指数及鼠密度符合国家规定。

6.2　途中标准。

6.2.1　使用垃圾小推车和专用工具适时保洁，保持整洁卫生。旅客下车后及时恢复车容。

6.2.1.1　各处所地面墩扫及时，干燥、干净；台面、桌面、面镜擦抹及时、干净、无水渍。

6.2.1.2　洗脸（手）池、电茶炉沥水盘清理、擦抹及时，无污渍，无残渣，无堵塞，无积水；垃圾车、垃圾箱（桶）、清洁袋、靠背袋网兜、果皮盘清理及时，无残渣；厕所畅通无污物，无异味，按规定吸污。

6.2.1.3　餐车餐桌、吧台、工作台、微波炉及各橱、箱、柜内保持洁净。

6.2.2　清洁袋、洗手液、卫生纸、擦手纸、一次性坐便垫圈等备品补充及时；卧具污染更换及时。

6.2.3　垃圾装袋、封口、无渗漏，定位放置，在指定站定点投放；不向车外扫倒垃圾、抛扔杂物。

6.3　终到标准。

终到站时车内无垃圾、污水、粪便、异味。垃圾装袋、封口、无渗漏，到站定点投放。

6.4　到站立即折返标准。

6.4.1　站台侧车外皮、门框、车窗干净，无污物，无积尘。

6.4.2　车内地面清洁，行李架、大件行李存放处、扶手及座椅（铺位）、窗台上和靠背网兜内干净整洁；垃圾箱（桶）内无垃圾，无异味。

6.4.3　热水瓶、果皮盘内外洁净，垃圾箱（桶）、洗脸间四周洁净。

6.4.4　餐车橱、柜、箱干净无异味，分类标志清晰，商品、餐、饮品和备品等分类定位放置。

6.4.5　洗脸间、厕所面镜洁净，洗脸（手）池、便器无污物、无异味。电茶炉沥水盘洁净。

6.4.6　布制品、消耗品和保洁工具等服务备品配备齐全，定位放置，定型统一。

6.4.6.1　卧具叠放整齐，摆放统一，床单、头枕片、座席套、茶几布等铺设平整，干净整洁。

6.4.6.2　清洁袋、洗手液、卫生纸、擦手纸、一次性坐便垫圈、服务指南、免费读物、商务座专项服务等备品补足配齐，定位放置。

6.4.6.3　保洁工具、售货车等备品定位放置，不影响旅客使用空间。

6.4.7　可旋转式座椅转向列车运行方向。

7. 文明服务

7.1　仪容整洁，着装统一，整齐规范。

7.1.1　头发干净整齐、颜色自然，不理奇异发型、不剃光头。男性两侧鬓角不得超过耳垂底部，后部不长于衬衣领，不遮盖眉毛、耳朵，不烫发，不留胡须；女性发不过肩，刘海长不遮眉，短发不短于两寸。

7.1.2　面部、双手保持清洁，身体外露部位无文身。指甲修剪整齐，长度不超过指尖2毫米，不染彩色指甲。

7.1.3　女性淡妆上岗，唇线与口红的颜色一致；眉毛修剪整齐，眉笔和眼线为黑色或深棕色；眼影的颜色与制服一致；使用清香、淡雅型香水。工作中保持妆容美观，端庄大方。补妆及时，在洗手间或乘务间进行。不浓妆艳抹。

7.1.4　换装统一，衣扣拉链整齐。着裙装时，丝袜统一，无破损。系领带时，衬衣束在裙子或裤子内。外露的皮带为黑色。佩戴的外露饰物款式简洁，限手表一只、戒指一枚，女性还可佩戴发夹、发箍或头花及一副直径不超过3毫米的耳钉。不歪戴帽子，不挽袖子和卷裤脚，不敞胸露怀，不赤足穿鞋，不穿尖头鞋、拖鞋、露趾鞋，鞋跟高度不超过3.5厘米，跟径不小于3.5厘米。

7.1.5　佩戴职务标志，胸章牌（长方形职务标志）戴于左胸口袋上方正中，下边沿距口袋1厘米处（无口袋的戴于相应位置），包含单位、姓名、职务、工号等内容。菱形臂章佩戴在上衣左袖肩下四指处。按规定应佩戴制帽的工作人员，在执行职务时戴上制帽，帽徽在制帽折沿上方正中。除列车长外，其他客运乘务人员在车厢内作业时可不戴制帽。

7.1.6　餐车加热、供应餐食时，服务人员戴口罩、手套；女性穿围裙。

7.2　表情自然，态度和蔼，用语文明，举止得体，庄重大方。

7.2.1　使用普通话，表达准确，口齿清晰。服务语言表达规范、准确，使用"请、您好、谢谢、对不起、再见"等服务用语。对旅客、货主称呼恰当，统称为"旅客们""各位旅客""旅客朋友"，单独称为"先生、女士、小朋友、同志"等。

7.2.2　旅客问讯时，面向旅客站立（工作人员办理业务时除外），目视旅客，有问必答，回答准确，解释耐心。遇有失误时，向旅客表示歉意。对旅客的配合与支持，表示感谢。

7.2.3　坐立、行走姿态端正，步伐适中，轻重适宜。在旅客多的地方，先示意后通行；与旅客走对面时，要主动侧身面向旅客让行，不与旅客抢行。列队出（退）勤（乘）时，按规定线路行走，步伐一致，箱（包）在同一侧。

7.2.4　立岗姿势规范，精神饱满。站立时，挺胸收腹，两肩平衡，身体自然挺直，双臂自然下垂，手指并拢贴于裤线上，脚跟靠拢，脚尖略向外张呈"V"字形。女性可双手四指并拢，交叉相握，右手叠放在左手之上，自然垂于腹前；左脚靠在右脚内侧，夹角为45°，呈"丁"字形。

7.2.5　列车进出站时，在车门口立岗，面向站台致注目礼，以列车进入站台开始，开出站台为止。办理交接时行举手礼，右手五指并拢平展，向内上方举手至帽沿右侧边沿，小臂形成45°角。

7.2.6　清理卫生时，清扫工具不触碰旅客及携带物品。挪动旅客物品时，征得旅客同意。需要踩踏座席、铺位时，戴鞋套或使用垫布。占用洗脸间洗漱时，礼让旅客。清洁厕所时，作业人员戴保洁专用手套。

7.2.7　夜间作业、行走、交谈、开关门要轻。进包房先敲门，离开时应倒退出包房。

7.2.8　不高声喧哗、嬉笑打闹、勾肩搭背，不在旅客面前吃食物、吸烟、剔牙齿和出现其他不文明、不礼貌的动作，不对旅客评头论足，接班前和工作中不食用异味食品。餐车对旅客供餐时，不在餐车逗留、闲谈、占用座席、陪客人就餐。

7.2.9　客运乘务人员进出车厢时，面向旅客鞠躬致谢。

7.3　温度适宜，环境舒适。

7.3.1　通风系统作用良好，车内空气清新，质量符合国家标准。始发前对车厢进行预冷、预热，车内温度保持冬季18℃~20℃，夏季26℃~28℃。

7.3.2　车内照明符合规定。夜间运行（22：00—7：00）时，座车关闭半夜灯；始发、终到站和客流量大的停站，以及列车途经地区与北京时间存在时差时自行调整。

7.3.3　广播视频。

7.3.3.1　广播常播内容录音化。使用普通话。经停少数民族自治地区车站的列车可根据需要增加当地通用的民族语言播音。过港列车可增加粤语播音。直通列车可增加英语播报客运作业信息。

7.3.3.2　广播语音清晰，音量适宜，用语准确，不干扰旅客正常休息。自动广播系统播报正确。

7.3.3.3　视频系统性能良好，使用正常，始发前开启系统播放节目，播放内容符合规定并定期更新。

7.3.3.4　广播、视频内容以方便旅行生活为主，介绍宣传安全常识和车辆设备设施的使用方法，提示旅客遵守安全乘车规定，播报前方停站、到站信息等内容，适当插播文艺娱乐、文明礼仪、沿线风光、民俗风情、餐食供应、广告等节目。

7.4　用水供应。

7.4.1　饮用水保证供应，途中上水站按规定上水。使用饮水机的备有足量桶装水。

7.4.2　列车始发后为旅客送开水，途中有补水服务；售货车配热水瓶，利用售货时为有需求的旅客提供补水服务。

7.5　运行途中，厕所吸污时或未供电时锁闭厕所，其他时间不锁厕所。厕所锁闭时，为特殊情况急需使用厕所的旅客提供方便。

7.6　公共区域的电源插座保证符合标示范围的旅行必需的小型电器正常使用。

7.7　通过图形符号、电子显示、广播、视频、服务指南等方式宣传旅客运输服务信息及客运服务质量标准摘要，引导旅客自助服务。

7.8　卧具在终点站收取，贴身卧具一客一换。到站前提醒卧车旅客做好下车准备，不干扰其他旅客。夜间运行，卧车乘务员在边凳值岗，并定时巡视车厢。始发后和夜间客运乘务人员对卧车核对铺位。列车剩余铺位在列车办公席或指定位置公开发售，公布手续费收费标准。

7.9　发现旅客遗失物品妥善保管，设法归还失主，无法归还时编制客运记录交站处理。无法判明旅客下车站时交列车终到站处理。

7.10　根据旅客乘坐列车等级和席别提供相应服务。

7.10.1　商务座车配有专职人员，主动介绍专项服务项目，提供饮品、餐食、小食品、小毛巾、耳塞等服务。

——饮品有茶水、饮料，品种不少于6种，茶水全程供应。

——逢供餐时间的，免费供应餐食。供餐时间为：早餐8：00以前，正餐11：30—13：00、17：30—19：00。

——正餐以冷链为主，配用速溶汤，分量适中，可另行配备面点、菜品、佐餐料包等。品种不少于3种，配有清真餐食，定期调整。

——选用非油炸类点心、蜜饯类、坚果类等无壳、无核、无皮、无骨的休闲小食品，品种不少于6种，独立小包装。

7.10.2　"G"字头跨局动车组特、一等座车提供饮品、小食品等服务，全程提供送水服务。

7.11　全面服务，重点照顾。

7.11.1　无需求无干扰。通过广播、电子显示屏等方式宣传服务设备的使用方法，方便旅客自助服务。

7.11.1.1　有需求有服务。在各车厢电子显示屏公布中国铁路客户服务中心客户服务电话（区号＋电话号码）。实行首问首诉负责制。受理旅客咨询、求助、投诉，及时回应，热情处置，有问必答，回答准确；对旅客提出的问题不能解决时，指引到相应岗位，并做好耐心解释。

7.11.2　重点关注，优先照顾，保障重点旅客服务。

7.11.2.1　按规范设置无障碍厕所、座椅、专用座席等设施设备，作用良好。

7.11.2.2　对重点旅客做到"三知三有"（知座席、知到站、知困难，有登记、有服务、有交接）；为有需求的特殊重点旅客联系到站提供担架、轮椅等辅助器具，及时办理站车交接。

7.11.3　尊重民族习俗和宗教信仰。经停少数民族自治地区车站的列车可按规定在图形标志增加当地通用的民族语言文字，可根据需要增加当地通用的民族语言播音。

8. 应急处置

8.1　火灾爆炸、重大疫情、食物中毒、空调失效、设备故障和列车大面积晚点、停运、变更径路、启用热备车底等非正常情况下的应急处置预案健全有效，预案内容分工明确，流程清晰。日常组织培训，定期组织演练，培训演练有记录、有结果、有考核。

8.2　配备照明灯、扩音器等应急物品，电量充足，性能良好。灾害多发季节增备餐料、易于保质的食品、饮用水和应急药品，单独存放。

8.3　遇火灾爆炸、重大疫情、食物中毒、空调失效、设备故障和列车大面积晚点、停运、变更径路、启用热备车底等非正常情况时，及时启动应急预案，掌握车内旅客人数及到站情况，维持车内秩序，准确通报信息，做好咨询、解释、安抚、生活保障等善后工作。

8.3.1　列车晚点15分钟以上时，列车长根据调度、本段派班室（值班室）或车站的通报，向旅客公告列车晚点信息，说明晚点原因、晚点时间。广播每次间隔不超过30分钟，可利用电子显示屏实时显示。

8.3.2　遇列车空调故障时，有条件的，将旅客疏散到空调良好的车厢；需开启车门通风的，在车门安装防护网，有专人防护。在停车站，开启站台一侧车门；在途中，开启运行方向左侧车门。运行途中劝阻旅客不在连接处停留，临时停车严禁旅客下车。在站停车须组织旅客下车时，站车共同组织。按规定做好旅客到站退还票价差额时的站车交接。

8.3.3　热备车底的乘务人员、随车备品和服务用品同步配置到位。遇启用热备车底时，做好宣传解释，配合车站共同组织旅客换乘其他列车，或者按照车站通报的席位调整计划组织旅客调整席位，按规定做好站车交接。

8.3.4　遇变更径路时，做好宣传解释，组织不同径路的旅客下车，按规定做好站车交接。

8.3.5　车门故障无法自动开启时，手动开启车门，并通知随车机械师处理；无法关闭时，由专人看守并通知随车机械师处理。使用车门紧急解锁拉手后，及时复位。

8.3.6　发生烟火报警时，随车机械师、列车长和乘警根据司机通知立即到报警车厢查实确认，查看指定车厢的客室、卫生间，随车机械师重点查看电气设备。若发生客室或设备火情，列车长或随车机械师立即通知司机按规定实施制动停车，并启动应急预案进行处理；若确认因吸烟等非火情导致烟火报警时，由随车机械师做好恢复处理，乘警依法调查，并向旅客通告。

8.3.7　发生人身伤害或突发疾病时，积极采取救助措施，按规定办理站车交接，客运乘务员不下车参与处理。必要时可请求在前方所在地有医疗条件的车站临时停车处理。

9. 列车经营

9.1　餐饮经营。

9.1.1　餐饮经营符合有关审批、安全规定，证照齐全有效。食品经营单位的食品安全管理制度健全。

9.1.2　餐车销售的饮食品符合国家有关规定。销售的商品质价相符，明码标价，一货一签，价签有"CRH"标志，提供发票。餐车、车厢明显位置、售货车、服务指南内有商品价目表和菜单，无变相卖座和只收费不服务。

9.1.3　餐车整洁美观，展示柜布置艺术，与就餐环境相协调；厨房保持清洁，各种用具定位摆放。商品、售货车等不堵通道，不占用旅客使用空间。售货车内外清洁，定位放置，有制动装置和防撞胶条。

9.1.4　商品柜、冰箱、吧台、橱柜不随意放置私人物品（乘务员随乘携带的餐食等定位存放）。餐食、商品在餐车储藏柜、冰箱内定位放置，不占用旅客使用空间。

9.1.5　餐车配置的微波炉、电烤箱、咖啡机等厨房电器符合规定数量、规格和额定功率，保持洁净。

9.1.6　经营行为规范，文明售货，不捆绑销售商品。非专职售货人员不从事商品销售等经营活动。餐车实行不间断营业，并提供订、送餐服务。销售人员不在车内高声叫卖，频繁穿梭，销售过程中主动避让旅客。夜间运行时，不得进入卧车销售，座车可根据情况适当延长或提前销售时间，但不得超过1小时。

9.1.7　供应品种多样，有高、中、低不同价位的预包装饮用水、盒饭等旅行饮食品，2元预包装饮用水和15元盒饭不断供。尊重外籍旅客和少数民族的饮食习惯。盒饭以冷链为主，热链为辅，常温链仅做应急备用，有清真餐食。

9.1.8　餐饮品、商品有检验、签收制度，采购、包装、贮存、加工、运输、销售符合食品卫生安全要求。

9.1.9　不出售无生产单位、生产日期、保质期和过期、变质，以及口香糖、方便面等严重影响列车环境卫生的食品。超过保质期限的食品单独存放、回收销毁。

9.1.10　一次性餐饮茶具符合国家卫生及环保要求。

9.2　广告经营规范。广告发布的内容、形式、位置等符合有关规范，布局合理，安装牢固，内容健康，与列车环境协调，不挤占铁路图形标志、业务揭示、安全宣传等客运服务内容或位置，不影响安全和服务功能，不损伤车辆设备设施。

10. 高铁快件

10.1　高铁快件集装件按装载方案指定位置码放；码放在车厢内最后一排座椅后的空档处时，不影响座椅后倾，高度不超过座椅；须中途换向的列车，不使用最后一排座椅后的空档处。利用高铁确认列车运输时，可使用纸箱、集装袋等集装容器；集装件可码放在大件行李处、通过台、车厢过道及座椅间隔处等位置，但不码放在座椅上；单节车厢装载的集装件总重量不超过列车允许载重量（二等座车厢标记定员乘以 80 千克）。

10.2 列车乘务人员在运行途中巡视、检查高铁快件集装件码放、外包装、施封等状况。发现高铁快件集装件短少或外包装、施封破损立即报告列车长。短少的，列车长确认后，组织查找，上报运行所在局客调；破损的，会同乘警或其他列车乘务人员共同检查，并拍照留存（含可视的内装高铁快件）。开具客运记录，并通知到站。

10.3 遇列车故障途中须更换车底时，列车长报告高铁快件装载情况。在车站换乘更换乘务组的，救援车乘务组确认集装件换车情况，并办理交接。在区间换乘的，集装件不换至救援车。故障车乘务组随故障车返回的，由故障车乘务组负责途中看管，与动车所所在地高铁车站办理交接。故障车乘务组随救援车继续担当乘务的，铁路局安排专人与乘务组办理集装件交接。

11. 人员素质

11.1 身体健康，五官端正，持有效健康证明。

11.2 具备高中（职高、中专）及以上文化程度，保洁人员可适当调整。

11.3 持有效上岗证，经过岗前安全、技术业务培训合格。从事餐饮服务的人员有卫生知识培训合格证明。广播员有一定编写水平，经过广播业务、技术培训合格。

11.4 列车长从事列车乘务工作满 2 年。列车值班员从事列车乘务工作满 1 年。列车长、商务座、软卧列车员能够使用简单英语。

11.5 熟练使用本岗位相关设备设施，熟知本岗位业务知识和职责，掌握担当列车沿途停站和时刻，沿线长大隧道、桥梁、渡海等线路概况，以及上水、吸污、垃圾投放等作业情况。熟悉本岗位相关应急处置流程，具备应对突发事件能力。

12. 基础管理

12.1 管理制度健全，有考核，有记载。定期分析安全和服务质量状况，有针对性具体整改措施。

12.2 按规定配置业务资料，内容修改及时、正确。除携带铁路电报、客运记录、车内补票移交报告外，车上不携带其他纸质资料台账。

12.3 各工种在列车长的领导下，按岗位责任各负其责，相互协作，落实作业标准，有监督，有检查，有考核。

12.4 业务办理符合规定，票据、台账、报表填写规范、内容准确、完整清晰。配备保险柜，营运进款结算准确，票据、现金及时入柜加锁，到站按规定解款。

12.5 客运乘务人员配备统一乘务箱（包），集中定位摆放；洗漱用具、茶杯等定位摆放。

12.6 库内保洁作业纳入动车所一体化作业管理，动车所满足一体化吸污、保洁等整备作业条件。

12.7 备品柜、储藏柜按车辆设计功能使用，备品定位摆放。单独配置的备品柜与车身固定，并与车内环境相协调。

12.8 定期开展职业技能培训，培训内容适应岗位要求，评判准确。

空调列车服务质量规范

1. 适用范围

本规范对中国铁路总公司所属铁路运输企业的空调普速旅客列车旅客运输服务提出了质量要求。

2. 术语和定义

2.1 普速旅客列车：指运送旅客或行包、邮件的非动车组列车。

2.2 动车组列车：指由若干带动力和不带动力的车辆以固定编组组成、两端设有司机室的一组列车。

2.3 重点旅客：指老、幼、病、残、孕旅客。特殊重点旅客是指依靠辅助器具才能行动等需要特殊照顾的重点旅客。

3. 安全秩序

3.1 防火防爆、人身安全、食品安全、现金票据、结合部等安全管理制度健全有效。

3.2 列车始发前及途中，客运、车辆、公安等人员按照职责分工分别对列车上部设备设施进行检查，发现问题各自填入"三乘检查记录"并通知车辆人员处置，涉及行车、人身安全的及时采取临时处置措施。列车终到前，已经修复的在"三乘检查记录"上标记并由"三乘"签字确认后（若丢失或人为造成的客服设施损坏，列车长填写"客统－36"），交车辆乘务员。

3.3 各车厢灭火器、紧急制动阀、人力制动机、紧急破窗锤、灭火毯、防毒面具、应急手电筒、扩音器等安全设备设施配齐配全，作用良好，定位放置。乘务人员知位置、知性能、会使用。

3.3.1 各车厢紧急制动阀有包封，印有"危险勿动"警示标志；紧急制动阀手柄施封良好，压力表指示正常。

3.3.2 人力制动机施封良好，制动、缓解方向指示标志清晰，无遮挡。

3.3.3 灭火器安放牢固，便于取用，不搭挂物品；检修不过期，压力符合规定，标牌齐全清晰，施封完好。

3.3.4 紧急破窗锤标注"消防专用"标志，安放牢固，便于取用。

3.3.5 餐车厨房配备 2 条灭火毯，灭火毯装袋、定位存放于靠近炉灶第一个储藏柜内并保持干燥。

3.3.6 行李车、邮政车和发电车配备 2 具有效防烟毒面具，包装完好，配件齐全。

3.3.7 封闭式洗脸间、厕所防护栏安装牢固，防护栏栏杆之间及栏杆与窗框之间间隙不大于 150 毫米。

3.4　正确使用电器设备，安全用电。电器元件安装牢固，接线及插座无松动，紧急断电按钮护盖施封良好，按钮开关、指示灯作用良好；不乱接电源和增加电器设备，不超过允许负载。配电室（箱）人离锁闭，门锁良好，配电箱、控制箱内及上部不得放置物品；可燃物品不得贴靠电采暖装置。不用水冲刷地板、墙板、电器设备及带有电伴热塞拉门乘降梯。

3.5　定期对餐车炉灶（台面）、器具进行油垢清理。餐车炉灶台面一餐一清；炉灶墙壁、抽油烟机、排烟罩和烟道的表面可见部位一趟一清。

3.6　电气化厨房设备在明显位置粘贴操作说明和安全操作规程，使用前确认电源控制柜技术状态良好，操作时按规定使用电磁炉、电炸炉、电烤箱、微波炉、电冰箱、蒸饭箱等电器设备，无人操作设备时关闭电源。灶台上保持干燥、清洁，不放导磁体。不使用电磁炉油炸食品。不带电清洁和用水冲刷，不自行拆卸电气设备。电气化餐车电炸锅内油面高于 1/4 油锅深度，最高油面高度不超过油位警告标志，油温设定值严禁超过 200℃。

非电气化餐车按规定检查蒸饭锅炉水位（压）表、水温表、验水阀状况，不漏水，不缺水。煤箱盖安装牢固，无松动、脱落、变形。炉灰先用水浸灭后再装袋处置。终到因故甩下的餐车彻底排净锅炉内的积水。燃煤炉灶运行中油炸食物使用前进方向第一个炉灶，用油量不超过容器的 1/3。

3.7　执行车门管理制度。

3.7.1　车门管理做到停开、动关、锁，出站台四门检查瞭望。车站开车铃声结束、旅客乘降完毕后上车放下脚踏板，在车门口值守做好关门准备，车动关闭车门；进站提前到岗，确认站台，试开车门（塞拉门除外），停稳开门，卡牢翻板，无旅客从背面车门下车。试开车门时开启车门缝隙不超过 10 厘米，确认车门状态良好后立即关闭。始发、终到客流较大时双开车门组织乘降，一人值乘多个车厢时，由车站负责值守增开的车门。

3.7.2　列车运行中，载客车厢连接端门不锁闭，车门及餐车厨房边门、走廊边门、厨房后门锁闭；行李车、发电车、邮政车端门锁闭，但与车厢连接端门锁闭后可用列车通用钥匙打开。到站前、开车后疏通通道。列车站停期间，卧车端门按照值乘范围锁闭相应车厢端门。

3.7.3　列车首节车辆前部、尾节车辆后部设有外端门、防护栏和"禁止通行"标志，外端门运行中锁闭。餐车后厨边门窗户不是内翻可开启式的，边门外加装防护栏并加锁固定牢固。列车首尾载客车厢侧门和端门运行中锁闭，在内端门设置"旅客止步"标志。有运转车长作业的，侧门和内端门由其负责管理，无旅客通行。

3.7.4　临时停车时做好宣传，加强巡视，确保车门锁闭，严禁旅客上下车，未经列车长统一组织不准开启车门。列车启动后四门检查瞭望。

3.7.5　停站立岗时，面向旅客放行方向立岗（高站台时不背对车厢连接处立岗），做好安全宣传，验票上车，重点帮扶，安全乘降。

3.7.6　高站台乘降作业时，站停时间超过 4 分钟时，车门口与站台间使用安全踏板，组织乘降的车门与相邻车厢间空挡处设置警示带。安全踏板制作轻巧牢固，安放平稳，定位放置。警示带印有反光材料制作的"当心坠落、注意安全"字样，设置方式、位置统一。临时双开车门组织乘降时，增开的车门可不设置安全踏板和警示带。

3.8 安全标志和揭示揭挂设置齐全，有铁路旅客乘车安全、旅行须知、客运服务质量标准摘要；车门有"禁止携带危险品"标志，塞拉门还有"禁止倚靠"标志；客室相应位置有"禁止吸烟""请勿向窗外扔东西""当心烫伤""当心夹手""请勿触摸""禁止通行""旅客止步"等安全标志。设置位置合理，内容准确，规格统一，符合标准。

3.9 运行中做好安全宣传和防范，车内秩序、环境良好，无闲杂人员随车叫卖、拣拾、讨要。发现可能损坏车辆设施和影响安全、文明的行为及时制止。

3.10 车厢内禁止吸烟，加强禁烟宣传，发现禁烟区吸烟行为及时劝阻，并由公安机关依法查处。允许吸烟的处所有"吸烟处"标志和安全注意事项告知揭示，配备烟灰盒。

3.11 行李架物品摆放平稳、牢固、整齐。大件行李妥善放置，不占用席（铺）位，不堵塞通道。锐器、易碎品、杆状物品及重物等放在座（铺）位下面。衣帽钩限挂衣帽、服饰等轻质物品。

3.12 发现旅客携带品可疑及无人认领的物品时，配备乘警的列车通知乘警到场处理；未配备乘警的列车由列车长处理，对危险品做好登记、保管及现场处置，并交前方停车站（公安部门）处理。

3.13 发现行为、神情异常旅客时，重点关注，配备乘警的列车通知乘警到场处理；未配备乘警的列车由列车长处理，情形严重时交列车运行前方停车站处理。

3.14 发生旅客伤病时，提供协助，通过广播寻求医护人员帮助；情形严重的，报告客调。

3.15 乘务人员进出车站和客技站时走指定通道，通过线路时走天桥、人行地道，走平交道时做到"一停二看三通过"，不横越线路，不钻爬车底，不跨越车钩，不与运行中的机车车辆抢行。进出车站时集体列队。

3.16 乘务人员在接班前充分休息，保持精力充沛，不在班前、班中、折返站饮酒。

4. 设备设施

4.1 车辆设备设施齐全，符合运用客车出库质量标准。

4.1.1 列车办公席、乘务员室、行李员办公室、广播室，备品柜、清洁柜、工具室（柜）、洗脸间、厕所等设施齐全，作用良好，正常使用，不挪作他用或改变用途。

4.1.2 车辆外观整洁，内外部油漆无剥落、褪色、流坠；车内顶棚不漏水，内外墙板及车内地板无破损、无塌陷、不鼓泡；渡板及各部位压条、压板、螺栓不松动、无翘起；脚蹬安装牢固，无腐蚀破损；手把杆无破损、松动。各部位金属部件无锈蚀。

4.1.3 各门、翻板及簧、锁、门止、碰头、卡销配件齐全，不松动，作用良好。车窗锁及窗帘盒滑道、窗帘杆、毛巾杆、挂钩齐全，作用良好。门窗玻璃无破损，密封条完整，不透气、透尘，不漏水，无脱落。车内各车门处有防挤手装置，配置齐全，作用良好。

4.1.4 暖气片（罩、管）、座席、卧铺（及吊带）、扶手、梯子、行李架、梳妆台、面镜、茶桌、餐桌、抽屉、衣帽钩、毛巾杆（架）、镜框、书报架、温度计齐全良好，无松动。座席及卧铺面布无破损。包房号牌、座（铺）位号牌以及各室、柜、箱、开关等服务标牌齐全清晰。

4.1.5 载客车厢通过台内端门框旁设儿童票标高线。儿童票标高线宽10毫米、长100毫米，距地板面分别为1.2米和1.5米，以上缘为限，距内端门框100毫米。

4.1.6 电茶炉安装牢固，炉体无变形、破损，管系各阀无漏水，排水管畅通、无堵塞，过滤器清洁，液位显示清晰。

4.1.7　给、排水装置配件齐全，作用良好，不漏水。车厢水位表（液位仪）显示准确。配有加热装置的，加热装置作用良好，正常启用。盥洗设备齐全，作用良好，安装牢固，无裂损。

4.1.8　厕所便器、卫生纸盒、冲水装置作用良好，便器（斗）冲水均匀，无外喷。集便式厕所配有垃圾箱（桶）。

4.1.9　灯具、灯罩完整清洁，无松动、裂损、变形，灯带、卡子齐全；顶灯光色一致。各电气开关、电源插座齐全，作用良好，无烧损。餐车厨房排气扇、电动水泵及电气化厨房电器作用良好，配线不外露。

4.1.10　车载视频监控终端设施设备作用良好，外观整洁，安装牢固，故障、破损及时修复。

4.1.11　空调设备各部配件齐全，作用良好，安装牢固，运转正常。

4.1.12　广播系统作用良好，定检合格，音量控制器作用良好。

4.1.13　餐车冰箱作用良好，有隔水板。厨房地面有沥水设施。

4.2　车内各种服务图形标志型号一致、位置统一，安装牢固，齐全醒目，符合规定。

4.3　车厢有列车运行区间牌、内外顺号（牌）等标志，文字清晰、准确，无破损、卷边、褪色。使用电子显示屏的作用良好，显示及时、准确。

4.4　每节车厢垃圾箱不少于一个，与垃圾袋配套使用。内嵌式垃圾箱正常启用，不封闭或挪作他用，内胆采用不锈钢材质，与垃圾箱体空间适应，与箱体内壁间隙不超过 1 厘米，箱体四壁封闭，垃圾投放进口有漏斗。外置式垃圾箱有盖，放置位置不占用通道或影响其他服务设施使用。

4.5　单双管客车混编时，在全列制动机试验前，集便式厕所锁闭，开车后启用；当运行途中因列车管压力下降被迫停车时，按照车辆乘务员要求，将集便式厕所适当锁闭。

5.　服务备品

5.1　服务备品、材料等符合国家环保规定，质量符合要求，色调与车内环境相协调。

5.2　服务备品齐全，干净整洁，定位摆放。布制、易耗备品备用充足，保证使用。布制备品按附录规定的时间使用和换洗，有启用时间（年、月）标志。

5.2.1　软卧车（含高级软卧车）。

——使用遮光帘和纱帘。

——厕所配有大盘卷筒卫生纸，坐便器配有一次性坐便垫圈。

——洗脸间有洗手液（皂）、垃圾桶。

——走廊有地毯，边座有套。包房内有被套、被芯、枕套、枕芯、床单、垫毯、卧铺套、靠背套、茶几布、一次性拖鞋、衣架、不锈钢果皮盘、带盖垃圾桶、热水瓶和积水盘；高级软卧车包房内还有面巾纸盒。

——乘务员室备有托盘、热水瓶（根据需要增配防倒架）和一次性硬质塑料水杯。

5.2.2　软座车。

——使用遮光帘和纱帘。

——坐便器配有一次性坐便垫圈。

——有座席套、头靠套（头枕片）、果皮盘。

——乘务员室备有热水瓶（根据需要增配防倒架）。

5.2.3　硬卧车。

——使用遮光帘。

——厕所配有大盘卷筒卫生纸，坐便器配有一次性坐便垫圈。

——有卧铺套、被套、被芯、枕套、枕芯、床单、垫毯和边座套，每格有不锈钢果皮盘、热水瓶（根据需要增配防倒架）。

5.2.4　硬座车。

——使用遮光帘。

——有果皮盘。

——有座席套、头靠套（片）。

——乘务员室备有热水瓶（根据需要增配防倒架）。

5.2.5　餐车。

——有售货（饭）车、热水瓶、一次性硬质塑料水杯。

——使用遮光帘和纱帘。

——台面有台布，座椅有套。餐、茶、酒具等器皿规格统一，花色一致，齐全无破损。备有调味品容器、牙签盅、餐巾纸和清真炊、餐具、托盘、席位牌。

5.3　贴身卧具（被套、床单、枕套）和头靠套干燥、清洁、平整，无污渍、无破损；已使用与未使用的折叠整齐，分别装袋保管。卧具袋防水、耐磨，干净，无破损。贴身卧具与其他布质备品分类洗涤；洗涤、存储、装运及更换不落地、无污染。可使用独立包装的贴身卧具供途中、折返更换。

5.4　卧车垫毯、被芯、枕芯等非贴身卧具备品干燥、清洁，无污渍、无破损，定期晾晒。被芯、枕芯先加装包裹套，再使用被套、枕套。包裹套定期清洗，保持干燥整洁。

5.5　布制备品定位存放在备品柜内。无备品柜或备品柜容量不足的，硬卧车定位放置在 4、5、18、19 号卧铺下，软卧车定位放置在 3、7、11 号卧铺下。

5.6　有厕所专用清扫工具，与车内清扫工具分开定位放置在清洁柜内，无清洁柜的定位隐蔽存放。

5.7　载客车厢配备安全踏板和警示带，定位存放。

5.8　垃圾箱（桶）内用垃圾袋，垃圾袋符合国家标准，印有使用单位标志，与垃圾箱（桶）规格匹配，厚度不小于 0.025 毫米。餐车厨房配备专用垃圾袋，厚度不小于 0.04 毫米。

5.9　列车配有票剪、补票机、站车客运信息无线交互系统手持终端；列车长和首尾车厢、列车办公席等重点岗位客运乘务人员配置手持电台。设备电量充足，作用良好。站车客运信息无线交互系统手持终端在始发前登录，途中及时更新信息。

6. 整备

6.1　出库标准。

6.1.1　车厢内外各部位整洁，窗明几净，四壁无尘，物见本色。

6.1.1.1　车外皮、车梯、翻板内外、窗门框及玻璃、扶手干净、无污渍。

6.1.1.2　天花板（顶棚）、板壁、边角、地板、连接处、灯罩、座椅（铺位）、暖气罩、空调口、通风口、电茶炉等部位清洁卫生，无尘无垢，缝隙无杂物。

6.1.1.3　热水瓶、果皮盘、垃圾箱（桶）、洗脸间内外洁净。

6.1.1.4　餐车橱、柜、箱干净无异味，分类标志清晰，餐料、商品、备品和餐、炊具等分类定位放置。

6.1.1.5　厕所无积便、积垢、异味，地面干净无杂物，便器排污管及内边沿无积垢。集便式厕所污物箱内污物排尽。

6.1.2　布制品、消耗品和清扫工具等服务备品配备齐全，定位放置，定型统一。

6.1.2.1　卧具叠放整齐，摆放统一，床单、头枕套、座席套、茶几布等铺设平整，干净整洁。窗帘、纱帘悬挂整齐，定型统一，美观大方，无脱扣。

6.1.2.2　洗手液、卫生纸、面巾纸、一次性坐便垫圈等服务备品补足配齐，定位放置。

6.1.2.3　清扫工具、活动顺号、安全踏板、警示带等备品定位放置，不影响旅客使用空间。

6.1.2.4　办公席、乘务员室各种资料、备品定位摆放，干净整齐。

6.1.3　定期进行"消、杀、灭"，蚊、蝇、蟑螂等病媒昆虫指数及鼠密度符合国家规定。

6.2　途中标准。

6.2.1　各处所清扫及时，保持整洁卫生。

6.2.1.1　各处所地面墩扫及时，干燥、干净；台面、桌面、面镜擦抹及时，干净、无水渍；中途站擦扶手，低站台停车时擦翻板扶手。

6.2.1.2　洗脸（手）池、电茶炉沥水盘、餐车洗碗池清理、擦抹及时，无污渍，无残渣，无堵塞，无积水；果皮盘、垃圾箱（桶）清理及时，无残渣；厕所畅通无污物，无异味，集便式厕所按规定吸污。

6.2.1.3　餐车餐桌、吧台、厨房地面和工作台，以及各橱、箱、柜内保持洁净。厨房垃圾使用专用垃圾袋收纳，与列车其他垃圾分类管理。

6.2.2　洗手液、卫生纸、面巾纸、一次性坐便垫圈等备品补充及时；卧具污染更换及时。

6.2.3　垃圾装袋、封口、无渗漏，定位放置，在指定站定点投放；不向车外扫倒垃圾、抛扔杂物。

6.3　终到标准。

终到站时车内无垃圾，无污水，无粪便。垃圾装袋、封口、无渗漏，到站定点投放。

6.4　到站立即折返标准。

6.4.1　车厢地面、通过台、连接处、行李架、扶手及座椅（铺位）、暖气罩、边角等部位干净整洁，通风口、电茶炉下、洗脸间下等隐蔽处所无积垢，无杂物。垃圾箱（桶）内无垃圾，无异味。

6.4.2　果皮盘、热水瓶内外洁净；垃圾箱（桶）、洗脸间四周洁净。

6.4.3　餐车橱、柜、箱干净无异味，分类标志清晰，餐料、商品、备品和餐、炊具等分类定位放置。

6.4.4　洗脸间、厕所面镜洁净，洗脸（手）池、便器无污物、无异味。电茶炉沥水盘洁净。

6.4.5　布制品、消耗品和清扫工具等服务备品配备齐全，定位放置，定型统一。

6.4.5.1　卧具叠放整齐，摆放统一，床单、头枕套、座席套、茶几布等铺设平整，干净整洁。窗帘、纱帘悬挂整齐，定型统一，美观大方，无脱扣。

6.4.5.2　洗手液（皂）、卫生纸、面巾纸、一次性坐便垫圈、垃圾袋等服务备品补足配齐，定位放置。

6.4.5.3　清扫工具、活动顺号、安全踏板、警示带等备品定位放置，不影响旅客使用空间。

6.4.5.4　办公席、乘务员室各种资料、备品定位摆放，干净整齐。

7. 文明服务

7.1　仪容整洁，着装统一，整齐规范。

7.1.1　头发干净整齐、颜色自然，不理奇异发型、不剃光头。男性两侧鬓角不得超过耳垂底部，后部不长于衬衣领，不遮盖眉毛、耳朵，不烫发，不留胡须；女性发不过肩，刘海长不遮眉，短发不短于两寸。

7.1.2　面部、双手保持清洁，身体外露部位无文身。指甲修剪整齐，长度不超过指尖2毫米，不染彩色指甲。女性淡妆上岗，保持妆容美观，不浓妆艳抹。

7.1.3　换装统一，衣扣拉链整齐。着裙装时，丝袜统一，无破损。系领带时，衬衣束在裙子或裤子内。外露的皮带为黑色。佩戴的外露饰物款式简洁，限手表一只、戒指一枚，女性还可佩戴发夹、发箍或头花及一副直径不超过3毫米的耳钉。不歪戴帽子，不挽袖子和卷裤脚，不敞胸露怀，不赤足穿鞋，不穿尖头鞋、拖鞋、露趾鞋，鞋跟高度不超过3.5厘米，跟径不小于3.5厘米。

7.1.4　佩戴职务标志，胸章牌（长方形职务标志）戴于左胸口袋上方正中，下边沿距口袋1厘米处（无口袋的戴于相应位置），包含单位、姓名、职务、工号等内容。菱形臂章佩戴在上衣左袖肩下四指处。按规定应佩戴制帽的工作人员，在执行职务时戴上制帽，帽徽在制帽折沿上方正中。除列车长外，其他客运乘务人员在车厢内作业时可不戴制帽。

7.1.5　餐车工作人员作业时着工作服，戴工作帽（女性带三角巾）和围裙。

7.2　表情自然，态度和蔼，用语文明，举止得体，庄重大方。

7.2.1　使用普通话，表达准确，口齿清晰。服务语言表达规范、准确，使用"请、您好、谢谢、对不起、再见"等服务用语。对旅客、货主称呼恰当，统称为"旅客们""各位旅客""旅客朋友"，单独称为"先生、女士、小朋友、同志"等。

7.2.2　旅客问讯时，面向旅客站立（列车办公席工作人员办理业务时除外），目视旅客，有问必答，回答准确，解释耐心。遇有失误时，向旅客表示歉意。对旅客的配合与支持，表示感谢。

7.2.3　坐立、行走姿态端正，步伐适中，轻重适宜。在旅客多的地方，先示意后通行；与旅客走对面时，要主动侧身面向旅客让行，不与旅客抢行。列队出（退）勤（乘）时，按规定线路行走，步伐一致，箱（包）在同一侧。

7.2.4　立岗姿势规范，精神饱满。站立时，挺胸收腹，两肩平衡，身体自然挺直，双臂自然下垂，手指并拢贴于裤线上，脚跟靠拢，脚尖略向外张呈"V"字形。女性可双手四指并拢，交叉相握，右手叠放在左手之上，自然垂于腹前；左脚靠在右脚内侧，夹角为45°呈"丁"字形。

7.2.5　列车进出站时，在车门口立岗，面向站台致注目礼，以列车进入站台开始，开出站台为止。办理交接时行举手礼，右手五指并拢平展，向内上方举手至帽沿右侧边沿，小臂形成 45°角。

7.2.6　清理卫生时，清扫工具不触碰旅客及携带物品。挪动旅客物品时，征得旅客同意。需要踩踏座席、铺位时，戴鞋套或使用垫布。占用洗脸间洗漱时，礼让旅客。

7.2.7　夜间作业、行走、交谈、开关门要轻。进包房先敲门，离开时，应倒退出包房。

7.2.8　不高声喧哗、嬉笑打闹、勾肩搭背，不在旅客面前吃食物、吸烟、剔牙齿和出现其他不文明、不礼貌的动作，不对旅客评头论足，接班前和工作中不食用异味食品。餐车对旅客供餐时，不在餐车逗留、闲谈、占用座席、陪客人就餐。

7.3　温度适宜，环境舒适。

7.3.1　车厢内空气质量符合国家标准。发电车供电的空调客车须在列车始发前 1 小时，机车供电的空调客车须在列车始发前 40 分钟完成机车连挂和供电，对车厢进行预冷或预热；车内温度保持冬季 18℃~20℃，夏季 26℃~28℃。

7.3.2　车内照明符合规定。夜间运行（22：00—7：00）时，硬卧车关闭顶灯、开启地灯，软、硬座车关闭半夜灯；始发、终到站和客流量大的停站，以及列车途经地区与北京时间存在时差时自行调整。列车终到后供电时间不少于 30 分钟；入库期间以及使用发电车或具备地面电源供电的折返停留列车供电时间不少于 4 小时，停留不足 4 小时的不间断供电。

7.3.3　广播视频。

7.3.3.1　广播常播内容录音化。使用普通话。经停少数民族自治地区车站的列车可根据需要增加当地通用的民族语言播音。过港列车可增加粤语播音。直通列车可增加英语播报客运作业信息。

7.3.3.2　广播语音清晰，音量适宜，用语准确，内容丰富，更新及时，形式多样，健康活泼，不干扰旅客正常休息。视频播放画面清晰，外放声音不得影响列车广播的正常播放，且音量不得高于 30 分贝。

7.3.3.3　广播及集中控制的视频播放时间为 7：00—12：30、15：00—21：30。列车在 7：00 以前或 21：30 之后始发或终到的，或者根据季节、昼夜变化情况，可以提前或顺延 30~60 分钟，其他时间只能播报应急广播。途经地区与北京时间存在时差时，可适当调整。

7.3.3.4　广播内容以方便旅行生活为主。始发前，播放旅客引导、行李摆放提示、列车情况介绍以及禁止携带危险品、禁止吸烟等内容。运行中，播放列车设施设备、旅客安全须知、旅行常识、旅行生活知识、治安法制宣传、卫生健康、餐售经营等宣传及前方停站、到站信息预播报等内容，适当插播文艺娱乐、文明礼仪、地方概况、沿线风光、民俗风情、广告等节目。

7.3.3.5　列车停站信息预、播报及时。执行"一站三报"，即开车后预告下一到站站名和时刻；到站前（不晚于到站前 10 分钟）再次通报；停稳后第三次确报。开车后、到站前硬座车厢乘务员双车（边）通报。

7.4　用水供应。

7.4.1　始发开车前电茶炉水开，清空热水瓶存水；开车后及时为热水瓶注水，途中为有需求的旅客供水。

7.4.2　车厢不间断供水。上水站到站前、开车后分别核记水位刻度，确认上水情况。

7.5　列车渡海以及运行在市区、长大隧道、大桥和站停 3 分钟及以上的停车站锁闭厕所；中途停车站提前 5 分钟、终到站提前 10 分钟锁闭厕所。集便式厕所吸污时或未供电时锁闭厕所，其他时间不锁厕所。厕所锁闭时，为特殊情况急需使用厕所的旅客提供方便。

7.6　公共区域的电源插座保证符合标示范围的旅行必需的小型电器正常使用。

7.7　在始发站根据车站通知、在中途站列车停稳后打开车门组织旅客乘降；开车铃响，面向列车，足踏安全线，铃止登车，做到行动迅速，作业统一。遇有高寒、高温、雨雪天气或在办理客运业务的中间站长时间停靠时，列车长与车站确认没有旅客乘降后，可统一组织乘务员提前上车，保留正对车站放行通道的车门开放，其余车门暂时关闭，乘务员在车门口立岗。

7.8　除一站直达列车外，卧车及时为上车旅客更换卧铺牌，到站前 30 分钟为旅客更换车票，及时提醒旅客做好下车准备，不干扰其他旅客。卧车贴身卧具一客一换，卧具终点站收取。夜间运行，卧车乘务员在边凳值岗，定时巡视车厢。始发后和进入夜间运行前，客运乘务人员对卧车核对铺位，对座车进行旅客去向登记。

7.9　列车剩余铺位在列车办公席或指定位置公开发售，公布手续费收费标准。

7.10　发现旅客遗失物品妥善保管，设法归还失主，无法归还时编制客运记录交站处理。无法判明旅客下车站时交列车终到站处理。

7.11　全面服务，重点照顾。

7.11.1　全面做好基本服务。

7.11.1.1　各车厢公布中国铁路客户服务中心客户服务电话（区号＋电话号码）。

7.11.1.2　实行首问首诉负责制。受理旅客咨询、求助、投诉，及时回应，热情处置，有问必答，回答准确；对旅客提出的问题不能解决时，指引到相应岗位，并做好耐心解释。

7.11.2　保障重点旅客服务。

7.11.2.1　按规范设置无障碍厕所、座椅、专用座席等设施设备，作用良好。

7.11.2.2　对重点旅客做到"三知三有"（知座席、知到站、知困难，有登记、有服务、有交接），优先办理卧铺、安排座席；为有需求的特殊重点旅客联系到站提供担架、轮椅等辅助器具，及时办理站车交接。

7.11.3　尊重民族习俗和宗教信仰。经停少数民族自治地区车站的列车可按规定在图形标志增加当地通用的民族语言文字，可根据需要增加当地通用的民族语言播音。

8. 应急处置

8.1　火灾爆炸、重大疫情、食物中毒、空调失效、设备故障和列车大面积晚点、停运、变更径路、变更车底等非正常情况下的应急处置预案健全有效，预案内容分工明确，流程清晰。日常组织培训，定期组织演练，培训演练有记录，有结果，有考核。

8.2　配备照明灯、扩音器等应急物品，电量充足，性能良好。灾害多发季节增备餐料、易于保质的食品、饮用水和应急药品，单独存放。

8.3　遇火灾爆炸、重大疫情、食物中毒、空调失效、设备故障和列车大面积晚点、停运、变更径路、变更车底等非正常情况时，及时启动应急预案，掌握车内旅客人数及到站情况，维持车内秩序，准确通报信息，做好咨询、解释、安抚、生活保障等善后工作。

8.3.1　列车晚点 30 分钟以上时，列车长根据调度、本段派班室（值班室）或车站的通报，向旅客公告列车晚点信息，说明晚点原因、晚点时间。广播每次间隔不超过 30 分钟，有条件的可利用电子显示屏实时显示。

8.3.2　遇列车空调故障时，有条件时将旅客疏散到空调良好的车厢，必要时采取开窗通风措施。在站停车须组织旅客下车时，站车共同组织。按规定做好旅客到站退还票价差额时的站车交接。

8.3.3　遇车底变更时，做好宣传解释，配合车站共同组织旅客换乘其他列车，或者按照车站通报的席位调整计划组织旅客调整席位，按规定做好站车交接。

8.3.4　遇变更径路时，做好宣传解释，组织不同径路的旅客下车，按规定做好站车交接。

8.3.5　发生人身伤害或突发疾病时，积极采取救助措施，按规定办理站车交接。必要时可请求在前方所在地有医疗条件的车站临时停车处理。

9. 列车经营

9.1　餐车经营。

9.1.1　经营证照齐全有效，经营项目、收费价格公开，无变相卖座和只收费不服务；提供发票。

9.1.2　储藏室（柜）、冰箱、吧台、橱柜等处所不随意放置私人物品。餐料、商品在餐车储藏柜、冰箱内等处所定位放置，不占用旅客使用空间。

9.1.3　食品加工用具（刀、板、墩、盆、桶等）有生熟标记，并按标记使用。冰箱按原料、半成品、成品分别存放，并有标记、垫布、盖布。

9.1.4　厨房有防蝇、防尘、灭鼠措施。

9.1.5　有符合要求的洗消设备和消毒药品，炊、餐、茶、酒具清洁、消毒合格。

9.1.6　销售无包装直接食用的食品时有防蝇、防尘措施，加盖洁净、消毒合格的苫布（盖），不徒手接触食品。

9.1.7　厨房前门悬挂印有"非工作人员禁止入内"字样的挡帘。除检查等工作必须外，非餐车工作人员不进入餐车厨房。餐车刀具和锅铲等可移动铁器定人管理，定位隐蔽存放，使用完毕后及时归位。

9.2　商品经营。

9.2.1　销售的商品质价相符，明码标价，一货一签，提供发票。

9.2.2　非专职售货人员不从事商品销售等经营活动，专职售货人员不得超过4人（不含餐车）。

9.3　经营行为规范，文明售货，不捆绑销售商品。售货（饭）人员不在车内高声叫卖、频繁穿梭，销售过程中主动避让旅客。夜间运行时，不得进入卧车销售，座车可根据情况适当延长或提前销售时间，但不得超过1小时。

9.4　售货（饭）车美观整洁，四周有防撞胶带（条），制动装置作用良好，有经营单位审定的价目表。列车编组14辆以上时，售货（饭）车总数不超过4辆，不足14辆的不超过3辆。双层客车可使用规格统一、洁净、无害塑料筐（箱）代替售货车，总数不超过4个。一节车厢内经营的售货（饭）车不超过1辆，经营过程中人车不得分离。非经营期间，售货（饭）车定位制动存放。

9.5　供应品种多样，有高、中、低不同价位的预包装饮用水、盒饭等旅行饮食品。尊重外籍旅客和少数民族的饮食习惯。

9.6 商品柜、储藏室、蔬菜柜、吧台橱柜（陈列柜）加锁，不放置私人物品；商品、餐料定位放置，不占用通道和旅客使用空间。

9.7 餐料、商品有检验、签收制度，采购、保管、加工、运输、销售符合食品卫生安全要求。

9.8 不出售无生产单位、生产日期、保质期和过期、变质，以及口香糖等严重影响列车环境卫生的食品。

9.9 一次性餐饮茶具符合国家卫生及环保要求。

9.10 广告经营规范。广告发布的内容、形式、位置等符合有关规范，布局合理，安装牢固，内容健康，与列车环境协调，不挤占铁路图形标志、业务揭示、安全宣传等客运服务内容或位置，不影响安全和服务功能，不损伤车辆设备设施。

10. 行包

10.1 行李车办公室有遮光帘，有站名牌、货位示意图和隔离带（网）和《押运人员须知》；货仓有"严禁烟火"安全标志，地面有隔水板。

10.2 执行行包运输方案，装运行包监装监卸，车门点数，使用规定印章办理站车交接。

10.3 行李车货仓保持干净，留有安全通道，保证货物装卸和人员正常通行，货物堆码平稳、牢固、整齐，不堵塞车门，不超载、偏载、超限。贵重品、密件入柜加锁。

10.4 及时、正确填写台账资料，及时向前方站做好预报。

10.5 行李车内无违章运输物品，无闲杂人员，货仓拉门加明锁。对押运人员查验车票，告知注意事项并进行登记。

11. 人员素质

11.1 身体健康，五官端正，持有效健康证明。

11.2 新职人员具备高中（职高、中专）及以上文化程度。软卧列车员能够使用简单英语。

11.3 持有效上岗证，经过岗前安全、技术业务培训合格。从事餐饮服务的人员有卫生知识培训合格证明。广播员有一定编写水平，经过广播业务、技术培训合格。列车乘务班组有经过红十字救护知识培训合格的人员。

11.4 列车长从事列车乘务工作满2年。列车值班员、列车行李员、广播员（含兼职）从事列车乘务工作满1年。

11.5 熟练使用本岗位相关设备设施，熟知本岗位业务知识和职责，掌握担当列车沿途停站和时刻，沿线长大隧道、桥梁、渡海等线路概况，以及上水、吸污、垃圾投放等作业情况。熟悉本岗位相关应急处置流程，具备应对突发事件能力。

12. 基础管理

12.1 管理制度健全，有考核，有记载。定期分析安全和服务质量状况，有针对性整改措施。

12.2 按规定配置业务资料，内容修改及时、正确。

12.3 各工种在列车长的领导下，按岗位责任各负其责，相互协作，落实作业标准，有监督，有检查，有考核。

12.4 业务办理符合规定，票据、台账、报表填写规范、内容准确、完整清晰。配备保险柜，营运进款结算准确，票据、现金及时入柜加锁，到站按规定解款。

12.5　宿营车整齐有序，管理规范，乘务员休息铺位定位管理，有定位图，客运、公安、检车等乘务人员每两人轮流使用一个铺位（日勤人员除外），不在乘务人员休息区安排旅客。硬卧宿营车旅客与乘务人员休息区之间有挡帘，印有"旅客止步　请勿喧哗"标志。乘务人员铺位每格有挡帘。宿营车端门有"保持安静"标志。

12.6　客运乘务人员配备统一乘务箱（包），集中在宿营车定位摆放；洗漱用具、茶杯、衣帽鞋等定位摆放。

12.7　库内保洁作业纳入客技站一体化作业管理。客技站有客运备品存放、人员间休和看车值班等场所，向列车提供上下水、照明、用电、上下卧具等作业条件。

12.8　定期开展职业技能培训，培训内容适应岗位要求，评判准确。

非空调列车服务质量规范

1. 适用范围

本规范对中国铁路总公司所属铁路运输企业的非空调普速旅客列车旅客运输服务提出了质量要求。

2. 术语和定义

2.1 普速旅客列车：指运送旅客或行包、邮件的非动车组列车。

2.2 动车组列车：指由若干带动力和不带动力的车辆以固定编组组成、两端设有司机室的一组列车。

2.3 重点旅客：指老、幼、病、残、孕旅客。特殊重点旅客是指依靠辅助器具才能行动等需要特殊照顾的重点旅客。

3. 安全秩序

3.1 防火防爆、人身安全、食品安全、现金票据、结合部等安全管理制度健全有效。

3.2 列车始发前及途中，客运、车辆、公安等人员按照职责分工分别对列车上部设备设施进行检查，发现问题各自填入"三乘检查记录"并通知车辆人员处置，涉及行车、人身安全的及时采取临时处置措施。列车终到前，已经修复的在"三乘检查记录"上标记并由"三乘"签字确认后（若丢失或人为造成的客服设施损坏，列车长填写"客统－36"），交车辆乘务员。

3.3 各车厢灭火器、紧急制动阀、人力制动机、紧急破窗锤、灭火毯、防毒面具、应急手电筒、扩音器等安全设备设施配齐配全，作用良好，定位放置。乘务人员知位置、知性能、会使用。

3.3.1 各车厢紧急制动阀有包封，印有"危险勿动"警示标志；紧急制动阀手柄施封良好，压力表指示正常。

3.3.2 人力制动机施封良好，制动、缓解方向指示标志清晰，无遮挡。

3.3.3 灭火器安放牢固，便于取用，不搭挂物品；检修不过期，压力符合规定，标牌齐全清晰，施封完好。

3.3.4 紧急破窗锤标注"消防专用"标志，安放牢固，便于取用。

3.3.5 餐车厨房配备 2 条灭火毯，灭火毯装袋、定位存放于靠近炉灶第一个储藏柜内并保持干燥。

3.3.6 行李车、邮政车各配备 2 具有效防烟毒面具，包装完好，配件齐全，会使用。

3.3.7 封闭式洗脸间、厕所防护栏安装牢固，防护栏栏杆之间及栏杆与窗框之间间隙不大于 150 毫米。25 型客车下拉上开式车窗开启范围在 100～150 毫米。

3.4　正确使用电器设备，安全用电。电器元件安装牢固，接线及插座无松动，紧急断电按钮护盖施封良好，按钮开关、指示灯作用良好；不乱接电源和增加电器设备，不超过允许负载。配电室（箱）人离锁闭，门锁良好，配电室（箱）、控制柜（箱）内及上部不放置物品。不用水冲刷地板、墙板、电器设备。

3.5　定期对餐车炉灶（台面）、器具进行油垢清理。餐车炉灶台面一餐一清；炉灶墙壁、抽油烟机、排烟罩和烟道的表面可见部位一趟一清。

3.6　蒸饭锅炉、取暖锅炉和茶炉水位（压）、水温符合规定，验水阀、水循环状况良好，不缺水，排烟系统完整、通畅。炉灰先用水浸灭晾凉后再装袋处置。采暖期内，处于点火状态的独立采暖锅炉入库停留时派人看火，终到因故甩下的客车彻底熄灭炉火、清理炉灰，排净水暖管系、温水箱和炉内的积水。停用时清除杂物，封闭炉室。燃煤炉灶运行中油炸食物使用前进方向第一个炉灶，用油量不超过容器的 1/3。

3.7　执行车门管理制度。

3.7.1　车门管理做到停开、动关、锁，出站台四门检查瞭望。车站开车铃声结束、旅客乘降完毕后上车放下脚踏板，在车门口值守做好关门准备，车动关闭车门；进站提前到岗，确认站台，试开车门，停稳开门，卡牢翻板，无旅客从背面车门下车。试开车门时开启车门缝隙不超过 10 厘米，确认车门状态良好后立即关闭。始发、终到客流较大时双开车门组织乘降，一人值乘多个车厢时，由车站负责值守增开的车门。

3.7.2　列车运行中，载客车厢连接端门不锁闭，车门及餐车厨房边门、走廊边门、厨房后门锁闭；行李车、发电车、邮政车端门锁闭，但与车厢连接端门锁闭后可用列车通用钥匙打开。到站前、开车后疏通通道。列车站停期间，卧车端门按照值乘范围锁闭相应车厢端门。

3.7.3　列车首节车辆前部、尾节车辆后部设有外端门、防护栏和"禁止通行"标志，外端门运行中锁闭。餐车后厨边门窗户不是内翻可开启式的，边门外加装防护栏并加锁固定牢固。列车首尾载客车厢侧门和端门运行中锁闭，在内端门设置"旅客止步"标志。有运转车长作业的，侧门和内端门由其负责管理，无旅客通行。

3.7.4　临时停车时做好宣传，加强巡视，确保车门锁闭，严禁旅客上下车，未经列车长统一组织不准开启车门。列车启动后四门检查瞭望。

3.7.5　停站立岗时，面向旅客放行方向立岗（高站台时不背对车厢连接处立岗），做好安全宣传，验票上车，重点帮扶，安全乘降。

3.7.6　高站台乘降作业时，站停时间超过 4 分钟时，车门口与站台间使用安全踏板，组织乘降的车门与相邻车厢间空挡处设置警示带。安全踏板制作轻巧牢固，安放平稳，定位放置。警示带印有反光材料制作的"当心坠落、注意安全"字样，设置方式、位置统一。临时双开车门组织乘降时，增开的车门可不设置安全踏板和警示带。

3.8　安全标志和揭示揭挂设置齐全，有铁路旅客乘车安全、旅行须知、客运服务质量标准摘要；车门有"禁止携带危险品"标志，客室相应位置有"禁止吸烟""请勿向窗外扔东西""当心烫伤""当心夹手""请勿触摸""禁止通行""旅客止步""禁止倚靠"等安全标志。设置位置合理，内容准确，规格统一，符合标准。

3.9　运行中做好安全宣传和防范，车内秩序、环境良好，无闲杂人员随车叫卖、拣拾、讨要。发现可能损坏车辆设施和影响安全、文明的行为及时制止。

3.10 车厢内禁止吸烟，加强禁烟宣传，发现禁烟区吸烟行为及时劝阻，并由公安机关依法查处。允许吸烟的处所有"吸烟处"标志和安全注意事项告知揭示，配备烟灰盒。

3.11 不出售玻璃、陶瓷、金属等硬质包装（易拉罐除外）商品，有禁止向车外抛物的安全宣传。发现旅客自带硬质包装的食品、饮品，登记旅客的座位号、到站及硬质包装食品、饮品种类和数量，及时回收旅客废弃的硬质包装物，统一保管，随垃圾定点投放。

3.12 行李架物品摆放平稳、牢固、整齐。大件行李妥善放置，不占用席（铺）位，不堵塞通道。锐器、易碎品、杆状物品及重物等放在座（铺）位下面。衣帽钩限挂衣帽、服饰等轻质物品。

3.13 发现旅客携带品可疑及无人认领的物品时，配备乘警的列车通知乘警到场处理；未配备乘警的列车由列车长处理，对危险品做好登记、保管及现场处置，并交前方停车站（公安部门）处理。

3.14 发现行为、神情异常旅客时，重点关注，配备乘警的列车通知乘警到场处理；未配备乘警的列车由列车长处理，情形严重时交列车运行前方停车站处理。

3.15 发生旅客伤病时，提供协助，通过广播寻求医护人员帮助；情形严重的，报告客调。

3.16 乘务人员进出车站和客技站时走指定通道，通过线路时走天桥、人行地道，走平交道时做到"一停二看三通过"，不横越线路，不钻爬车底，不跨越车钩，不与运行中的机车车辆抢行。进出车站时集体列队。

3.17 乘务人员在接班前充分休息，保持精力充沛，不在班前、班中、折返站饮酒。

4. 设备设施

4.1 车辆设备设施齐全，符合运用客车出库质量标准。

4.1.1 列车办公席、乘务员室、行李员办公室、广播室，备品柜、清洁柜、工具室（柜）、洗脸间、厕所及茶炉室、锅炉室等设施齐全，作用良好，正常使用，不挪作他用或改变用途。

4.1.2 车辆外观整洁，客车内外部油漆无剥落、褪色、流坠；车内顶棚不漏水，内外墙板及车内地板无破损、无塌陷、不鼓泡；渡板及各部位压条、压板、螺栓不松动、无翘起；脚蹬安装牢固，无腐蚀破损；手把杆无破损、松动。各部位金属部件无锈蚀。

4.1.3 各门、翻板及簧、锁、门止、碰头、卡销配件齐全，不松动，作用良好。车窗锁及窗帘盒滑道、窗帘杆、毛巾杆、挂钩齐全，作用良好。门窗玻璃无破损，密封条完整，不透气，不透尘，不漏水，无脱落。车内各车门处有防挤手装置，配置齐全，作用良好。

4.1.4 暖气片（罩、管）、座席、卧铺（及吊带）、扶手、梯子、行李架、梳妆台、面镜、茶桌、餐桌、抽屉、衣帽钩、毛巾杆（架）、镜框、书报架、温度计齐全良好，无松动。座席及卧铺面布无破损。包房号牌、座（铺）位号牌以及各室、柜、箱、开关等服务标牌齐全清晰。

4.1.5 载客车厢通过台内端门框旁设儿童票标高线。儿童标票高线宽10毫米、长100毫米，距地板面分别为1.2米和1.5米，以上缘为限，距内端门框100毫米。

4.1.6 采暖锅炉、茶炉、餐车炉灶配件齐全，作用良好，定检不过期；温度表、水位表显示准确；管系各阀无漏水或结冻，排水管畅通；烟筒及防火隔热装置完整。煤箱盖安装牢固，无松动、脱落、变形。

4.1.7　给、排水装置配件齐全，作用良好，不漏水。车厢水位表（液位仪）显示准确。盥洗设备齐全，作用良好，安装牢固，无裂损。

4.1.8　厕所便器、卫生纸盒、冲水装置作用良好，便斗冲水均匀。

4.1.9　灯具、灯罩完整清洁，无松动、裂损、变形，灯带、卡子齐全；顶灯光色一致。各电气开关、电源插座齐全，作用良好，无烧损。餐车厨房排气扇作用良好，配线不外露。

4.1.10　夏季软卧、宿营车安装单元式空调，其他车厢有电风扇，配件齐全，作用良好，安装牢固，运转正常。

4.1.11　广播系统作用良好，定检合格，音量控制器作用良好。

4.1.12　餐车冰箱作用良好，有隔水板。厨房地面有沥水设施。

4.2　车内各种服务图形标志型号一致，位置统一，安装牢固，齐全醒目，符合规定。

4.3　车厢有列车运行区间牌、内外顺号（牌）等标志，文字清晰、准确，无破损、卷边、褪色。

4.4　每节车厢垃圾箱不少于一个，与垃圾袋配套使用。内嵌式垃圾箱正常启用，不封闭或挪作他用，内胆采用不锈钢材质，与垃圾箱体空间适应，与箱体内壁间隙不超过 1 厘米，箱体四壁封闭，垃圾投放进口有漏斗。外置式垃圾箱有盖，放置位置不占用通道或影响其他服务设施使用。

5. 服务备品

5.1　服务备品、材料等符合国家环保规定，质量符合要求，色调与车内环境相协调。

5.2　服务备品齐全，干净整洁，定位摆放。布制、易耗备品备用充足，保证使用。布制备品按附录规定的时间使用和换洗，有启用时间（年、月）标志。

5.2.1　软卧车。

——使用遮光帘和纱帘。

——厕所配有大盘卷筒卫生纸，坐便器配有一次性坐便垫圈。

——洗脸间有洗手液（皂）、垃圾桶。

——走廊有地毯，边座有套。包房内有被套、被芯、枕套、枕芯、床单、垫毯、卧铺套、靠背套、茶几布、一次性拖鞋、衣架、果皮盘、带盖垃圾桶、热水瓶和积水盘。

——乘务员室备有托盘、热水瓶（根据需要增配防倒架）和一次性硬质塑料水杯。

5.2.2　软座车。

——使用遮光帘和纱帘。

——坐便器配有一次性坐便垫圈。

——有座席套、头靠套（头枕片）、果皮盘。

——乘务员室备有热水瓶（根据需要增配防倒架）。

5.2.3　硬卧车。

——使用遮光帘。

——坐便器配有一次性坐便垫圈。

——有被套、被芯、枕套、枕芯、床单、垫毯，每格有果皮盘、热水瓶（根据需要增配防倒架）。

5.2.4　硬座车。

——使用遮光帘。

——有果皮盘。

——有保温桶并加锁。

——乘务员室备有热水瓶（根据需要增配防倒架）。

5.2.5　餐车。

——有售货（饭）车、热水瓶、一次性水杯。

——使用遮光帘和纱帘。

——台面有台布，座椅有套。餐、茶、酒具等器皿规格统一，花色一致，齐全无破损。备有调味品容器、牙签盅、餐巾纸和清真炊、餐具、托盘、席位牌。

5.3　贴身卧具（被套、床单、枕套）和头靠套干燥、清洁、平整，无污渍、无破损；已使用与未使用的折叠整齐，分别装袋保管。卧具袋防水、耐磨，干净，无破损。贴身卧具与其他布质备品分类洗涤；洗涤、存储、装运及更换不落地、无污染。可使用独立包装的贴身卧具供途中、折返更换。

5.4　卧车垫毯、被芯、枕芯等非贴身卧具备品干燥、清洁，无污渍、无破损，定期晾晒。被芯、枕芯先加装包裹套，再使用被套、枕套。包裹套定期清洗，保持干燥整洁。

5.5　布制备品定位存放在备品柜内。无备品柜或备品柜容量不足的，硬卧车定位放置在4、5、18、19号卧铺下，软卧车定位放置在3、7、11号卧铺下。

5.6　有厕所专用清扫工具，与车内清扫工具分开定位放置在清洁柜内，无清洁柜的定位隐蔽存放。

5.7　载客车厢配备安全踏板和警示带，定位存放。

5.8　垃圾箱（桶）内用垃圾袋，垃圾袋符合国家标准，印有使用单位标志，与垃圾箱（桶）规格匹配，厚度不小于0.025毫米。餐车厨房配备专用垃圾袋，厚度不小于0.04毫米。

5.9　列车配有票剪、补票机、站车客运信息无线交互系统手持终端；列车长和首尾车厢、列车办公席等重点岗客运乘务位人员配置手持电台。设备电量充足，作用良好。站车客运信息无线交互系统手持终端在始发前登录，途中及时更新信息。

6.　整备

6.1　出库标准。

6.1.1　车厢内外各部位整洁，窗明几净，四壁无尘，物见本色。

6.1.1.1　车外皮、车梯、翻板内外、窗门框及玻璃、扶手干净、无污渍。

6.1.1.2　天花板（顶棚）、板壁、边角、地板、连接处、灯罩、风扇、座椅（铺位）、暖气罩、茶炉间等部位清洁卫生，无尘无垢，缝隙无杂物。

6.1.1.3　热水瓶、果皮盘、垃圾箱（桶）、洗脸间内外洁净。

6.1.1.4　餐车橱、柜、箱干净无异味，分类标志清晰，餐料、商品、备品和餐、炊具等分类定位放置。

6.1.1.5　厕所无积便、积垢、异味，地面干净无杂物，便器排污管及内边沿无积垢。

6.1.2　布制品、消耗品和清扫工具等服务备品配备齐全，定位放置，定型统一。

6.1.2.1　卧具叠放整齐，摆放统一，床单、头枕套、座席套、茶几布等铺设平整，干净整洁。窗帘、纱帘悬挂整齐，定型统一，美观大方，无脱扣。

6.1.2.2　洗手液、卫生纸、一次性坐便垫圈等服务备品补足配齐，定位放置。

6.1.2.3　清扫工具、活动顺号、安全踏板、警示带等备品定位放置，不影响旅客使用空间。

6.1.2.4　办公席、乘务员室各种资料、备品定位摆放，干净整齐。

6.1.3　定期进行"消、杀、灭"，蚊、蝇、蟑螂等病媒昆虫指数及鼠密度符合国家规定。

6.2　途中标准。

6.2.1　各处所清扫及时，保持整洁卫生。

6.2.1.1　各处所地面墩扫及时，干燥、干净；台面、桌面、明镜擦抹及时，干净、无水渍；中途站擦扶手，低站台停车时擦翻板扶手。

6.2.1.2　洗脸（手）池、餐车洗碗池清理、擦抹及时，无污渍，无残渣，无堵塞，无积水；果皮盘、垃圾箱（桶）清理及时，无残渣；厕所畅通无污物，无异味。

6.2.1.3　餐车餐桌、厨房地面和工作台，以及各橱、箱、柜内保持洁净。厨房垃圾使用专用垃圾袋收纳，与列车其他垃圾分类管理。

6.2.2　洗手液、卫生纸、一次性坐便垫圈、垃圾袋等备品补充及时；卧具污染更换及时。

6.2.3　垃圾装袋、封口、无渗漏，定位放置，在指定站定点投放；不向车外扫倒垃圾、抛扔杂物。

6.3　终到标准。

终到站时车内无垃圾，无污水，无粪便。垃圾装袋、封口、无渗漏，到站定点投放。

6.4　到站立即折返标准。

6.4.1　车厢地面、通过台、连接处、行李架、扶手及座椅（铺位）、暖气罩、边角等部位干净整洁，通风口、洗脸间下等隐蔽处所无积垢，无杂物。垃圾箱（桶）内无垃圾，无异味。

6.4.2　果皮盘、热水瓶内外洁净；垃圾箱（桶）、洗脸间四周洁净。

6.4.3　餐车橱、柜、箱干净无异味，分类标志清晰，餐料、商品、备品和餐、炊具等分类定位放置。

6.4.4　洗脸间、厕所面镜洁净，洗脸（手）池、便器无污物、无异味。

6.4.5　布制品、消耗品和清扫工具等服务备品配备齐全，定位放置，定型统一。

6.4.5.1　卧具叠放整齐，摆放统一，床单、头枕套、座席套、茶几布等铺设平整，干净整洁。窗帘、纱帘悬挂整齐，定型统一，美观大方，无脱扣。

6.4.5.2　洗手液（皂）、卫生纸、一次性坐便垫圈、垃圾袋等服务备品补足配齐，定位放置。

6.4.5.3　清扫工具、活动顺号、安全踏板、警示带等备品定位放置，不影响旅客使用空间。

6.4.5.4　办公席、乘务员室各种资料、备品定位摆放，干净整齐。

7. 文明服务

7.1　仪容整洁，着装统一，整齐规范。

7.1.1　头发干净整齐、颜色自然，不理奇异发型、不剃光头。男性两侧鬓角不得超过耳垂底部，后部不长于衬衣领，不遮盖眉毛、耳朵，不烫发，不留胡须；女性发不过肩，刘海长不遮眉，短发不短于两寸。

7.1.2   面部、双手保持清洁，身体外露部位无文身。指甲修剪整齐，长度不超过指尖2毫米，不染彩色指甲。女性淡妆上岗，保持妆容美观，不浓妆艳抹。

7.1.3   换装统一，衣扣拉链整齐。着裙装时，丝袜统一，无破损。系领带时，衬衣束在裙子或裤子内。外露的皮带为黑色。佩戴的外露饰物款式简洁，限手表一只、戒指一枚，女性还可佩戴发夹、发箍或头花及一副直径不超过3毫米的耳钉。不歪戴帽子，不挽袖子和卷裤脚，不敞胸露怀，不赤足穿鞋，不穿尖头鞋、拖鞋、露趾鞋，鞋跟高度不超过3.5厘米，跟径不小于3.5厘米。

7.1.4   佩戴职务标志，胸章牌（长方形职务标志）戴于左胸口袋上方正中，下边沿距口袋1厘米处（无口袋的戴于相应位置），包含单位、姓名、职务、工号等内容。菱形臂章佩戴在上衣左袖肩下四指处。按规定应佩戴制帽的工作人员，在执行职务时戴上制帽，帽徽在制帽折沿上方正中。除列车长外，其他客运乘务人员在车厢内作业时可不戴制帽。

7.1.5   餐车工作人员作业时着工作服，戴工作帽（女性带三角巾）和围裙。

7.2   表情自然，态度和蔼，用语文明，举止得体，庄重大方。

7.2.1   使用普通话，表达准确，口齿清晰。服务语言表达规范、准确，使用"请、您好、谢谢、对不起、再见"等服务用语。对旅客、货主称呼恰当，统称为"旅客们""各位旅客""旅客朋友"，单独称为"先生、女士、小朋友、同志"等。

7.2.2   旅客问讯时，面向旅客站立（列车办公席工作人员办理业务时除外），目视旅客，有问必答，回答准确，解释耐心。遇有失误时，向旅客表示歉意。对旅客的配合与支持，表示感谢。

7.2.3   坐立、行走姿态端正，步伐适中，轻重适宜。在旅客多的地方，先示意后通行；与旅客走对面时，要主动侧身面向旅客让行，不与旅客抢行。列队出（退）勤（乘）时，按规定线路行走，步伐一致，箱（包）在同一侧。

7.2.4   立岗姿势规范，精神饱满。站立时，挺胸收腹，两肩平衡，身体自然挺直，双臂自然下垂，手指并拢贴于裤线上，脚跟靠拢，脚尖略向外张呈"V"字形。女性可双手四指并拢，交叉相握，右手叠放在左手之上，自然垂于腹前；左脚靠在右脚内侧，夹角为45°，呈"丁"字形。

7.2.5   列车进出站时，在车门口立岗，面向站台致注目礼，以列车进入站台开始，开出站台为止。办理交接时行举手礼，右手五指并拢平展，向内上方举手至帽沿右侧边沿，小臂形成45°角。

7.2.6   清理卫生时，清扫工具不触碰旅客及携带物品。挪动旅客物品时，征得旅客同意。需要踩踏座席、铺位时，戴鞋套或使用垫布。占用洗脸间洗漱时，礼让旅客。

7.2.7   夜间作业、行走、交谈、开关门要轻。进包房先敲门，离开时，应倒退出包房。

7.2.8   不高声喧哗、嬉笑打闹、勾肩搭背，不在旅客面前吃食物、吸烟、剔牙齿和出现其他不文明、不礼貌的动作，不对旅客评头论足，接班前和工作中不食用异味食品。餐车对旅客供餐时，不在餐车逗留、闲谈、占用座席、陪客人就餐。

7.3   温度适宜，环境舒适。

7.3.1   车厢内空气质量符合国家标准。运行途中，车内温度冬季不低于14℃；夏季超过 28℃时，使用电风扇。夏季启用单元式空调的车厢，始发前 1 小时对车厢进行预冷，车内温度保持 26℃ ~28℃。

7.3.2 车内照明符合规定。夜间运行（22：00—7：00）时，硬卧车关闭顶灯、开启地灯，软、硬座车关闭半夜灯；始发、终到站和客流量大的停站，以及列车途经地区与北京时间存在时差时自行调整。列车终到后供电时间不少于 30 分钟。

7.3.3 广播视频。

7.3.3.1 广播常播内容录音化。使用普通话。经停少数民族自治地区车站的列车可根据需要增加当地通用的民族语言播音。

7.3.3.2 广播语音清晰，音量适宜，用语准确，内容丰富，更新及时，形式多样，健康活泼，不干扰旅客正常休息。视频播放画面清晰，外放声音不得影响列车广播的正常播放，且音量不得高于 30 分贝。

7.3.3.3 广播及集中控制的视频播放时间为 7：00—12：30、15：00—21：30。列车在7：00 以前或 21：30 之后始发或终到的，或者根据季节、昼夜变化情况，可以提前或顺延30 ~60 分钟，其他时间只能播报应急广播。途经地区与北京时间存在时差时，可适当调整。

7.3.3.4 广播内容以方便旅行生活为主。始发前，播放旅客引导、行李摆放提示、列车情况介绍以及禁止携带危险品、禁止吸烟等内容。运行中，播放列车设施设备、旅客安全须知、旅行常识、旅行生活知识、治安法制宣传、卫生健康、餐售经营等宣传及前方停站、到站信息预播报等内容，适当插播文艺娱乐、文明礼仪、地方概况、沿线风光、民俗风情、广告等节目。

7.3.3.5 列车停站信息预、播报及时。执行"一站三报"，即开车后预告下一到站站名和时刻；到站前（不晚于到站前 10 分钟）再次通报；停稳后第三次确报。开车后、到站前硬座车厢乘务员双车（边）通报。

7.4 用水供应。

7.4.1 列车编组按硬座车每三辆、卧铺车每四辆编挂不少于一辆茶炉车；热水瓶、保温桶始发开车前灌满开水，途中及时供水。

7.4.2 车厢不间断供水。上水站到站前、开车后分别核记水位刻度，确认上水情况。

7.5 列车渡海以及运行在市区、长大隧道、大桥和站停 3 分钟及以上的停车站锁闭厕所；中途停车站提前 5 分钟、终到站提前 10 分钟锁闭厕所。厕所锁闭时，为特殊情况急需使用厕所的旅客提供方便。

7.6 在指定位置设置电源插板，供工作人员办公充电使用。

7.7 在始发站根据车站通知、在中途站列车停稳后打开车门组织旅客乘车；开车铃响，面向列车，足踏安全线，铃止登车，做到行动迅速，作业统一。遇有高寒、高温、雨雪天气或在办理客运业务的中间站长时间停靠时，列车长与车站确认没有旅客乘降后，可统一组织乘务员提前上车，保留正对车站放行通道的车门开放，其余车门暂时关闭，乘务员在车门口立岗。

7.8 卧车及时为上车旅客更换卧铺牌，到站前 30 分钟为旅客更换车票，及时提醒旅客做好下车准备，不干扰其他旅客。卧车贴身卧具一客一换，卧具终点站收取。夜间运行，卧车乘务员在边凳值岗，定时巡视车厢。始发后和进入夜间运行前，客运乘务人员对卧车核对铺位，对座车进行旅客去向登记。

7.9　列车剩余铺位在列车办公席或指定位置公开发售，公布手续费收费标准。

7.10　发现旅客遗失物品妥善保管，设法归还失主，无法归还时编制客运记录交站处理。无法判明旅客下车站时交列车终到站处理。

7.11　全面服务，重点照顾。

7.11.1　全面做好基本服务。

7.11.1.1　各车厢公布中国铁路客户服务中心客户服务电话（区号＋电话号码）。

7.11.1.2　实行首问首诉负责制。受理旅客咨询、求助、投诉，及时回应，热情处置，有问必答，回答准确；对旅客提出的问题不能解决时，指引到相应岗位，并做好耐心解释。

7.11.2　保障重点旅客服务。

7.11.2.1　按规范设置无障碍厕所、座椅、专用座席等设施设备，作用良好。

7.11.2.2　对重点旅客做到"三知三有"（知座席、知到站、知困难，有登记、有服务、有交接），优先办理卧铺、安排座席；为有需求的特殊重点旅客联系到站提供担架、轮椅等辅助器具，及时办理站车交接。

7.11.3　尊重民族习俗和宗教信仰。经停少数民族自治地区车站的列车可按规定在图形标志增加当地通用的民族语言文字，可根据需要增加当地通用的民族语言播音。

8. 应急处置

8.1　火灾爆炸、重大疫情、食物中毒、空调失效、设备故障和列车大面积晚点、停运、变更径路、变更车底等非正常情况下的应急处置预案健全有效，预案内容分工明确，流程清晰。日常组织培训，定期组织演练，培训演练有记录，有结果，有考核。

8.2　配备照明灯、扩音器等应急物品，电量充足，性能良好。灾害多发季节增备餐料、易于保质的食品、饮用水和应急药品，单独存放。

8.3　遇火灾爆炸、重大疫情、食物中毒、空调失效、设备故障和列车大面积晚点、停运、变更径路、变更车底等非正常情况时，及时启动应急预案，掌握车内旅客人数及到站情况，维持车内秩序，准确通报信息，做好咨询、解释、安抚、生活保障等善后工作。

8.3.1　列车晚点30分钟以上时，列车长根据调度、本段派班室（值班室）或车站的通报，向旅客公告列车晚点信息，说明晚点原因、晚点时间。广播每次间隔不超过30分钟，有条件的可利用电子显示屏实时显示。

8.3.2　遇列车空调故障时，有条件时将旅客疏散到空调良好的车厢，必要时采取开窗通风措施。在站停车须组织旅客下车时，站车共同组织。按规定做好旅客到站时的站车交接。

8.3.3　遇车底变更时，做好宣传解释，配合车站共同组织旅客换乘其他列车，或者按照车站通报的席位调整计划组织旅客调整席位，按规定做好站车交接。

8.3.4　遇变更径路时，做好宣传解释，组织不同径路的旅客下车，按规定做好站车交接。

8.3.5　发生人身伤害或突发疾病时，积极采取救助措施，按规定办理站车交接。必要时可请求在前方所在地有医疗条件的车站临时停车处理。

9. 列车经营

9.1　餐车经营。

9.1.1　经营证照齐全有效，经营项目、收费价格公开，无变相卖座和只收费不服务；

提供发票。

9.1.2 储藏室（柜）、冰箱、吧台、橱柜等处所不随意放置私人物品。餐料、商品在餐车储藏柜、冰箱内等处所定位放置，不占用旅客使用空间。

9.1.3 食品加工用具（刀、板、墩、盆、桶等）有生熟标记，并按标记使用。冰箱按原料、半成品、成品分别存放，并有标记、垫布、盖布。

9.1.4 厨房有防蝇、防尘、灭鼠措施。

9.1.5 有符合要求的洗消设备和消毒药品，炊、餐、茶、酒具清洁、消毒合格。

9.1.6 销售无包装直接食用的食品时有防蝇、防尘措施，加盖洁净、消毒合格的苫布（盖），不徒手接触食品。

9.1.7 厨房前门悬挂印有"非工作人员禁止入内"字样的挡帘。除检查等工作必须外，非餐车工作人员不进入餐车厨房。餐车刀具和锅铲等可移动铁器定人管理，定位隐蔽存放，使用完毕后及时归位。

9.2 商品经营。

9.2.1 销售的商品质价相符，明码标价，一货一签，提供发票。

9.2.2 非专职售货人员不从事商品销售等经营活动，专职售货人员不得超过4人（不含餐车）。

9.3 经营行为规范，文明售货，不捆绑销售商品。售货（饭）人员不在车内高声叫卖、频繁穿梭，销售过程中主动避让旅客。夜间运行时，不得进入卧车销售，座车可根据情况适当延长或提前销售时间，但不得超过1小时。

9.4 售货（饭）车美观整洁，四周有防撞胶带（条），制动装置作用良好，有经营单位审定的价目表。列车编组14辆以上时，售货（饭）车总数不超过4辆，不足14辆的不超过3辆。双层客车可使用规格统一、洁净、无害塑料筐（箱）代替售货车，总数不超过4个。一节车厢内经营的售货（饭）车不超过1辆，经营过程中人车不得分离。非经营期间，售货（饭）车定位制动存放。

9.5 供应品种多样，有高、中、低不同价位的预包装饮用水、盒饭等旅行饮食品。尊重外籍旅客和少数民族的饮食习惯。

9.6 商品柜、储藏室、蔬菜柜、吧台橱柜（陈列柜）加锁，不放置私人物品；商品、餐料定位放置，不占用通道和旅客使用空间。

9.7 餐料、商品有检验、签收制度，采购、保管、加工、运输、销售符合食品卫生安全要求。

9.8 不出售无生产单位、生产日期、保质期和过期、变质的商品，以及口香糖和玻璃、瓷器等硬质包装的严重影响列车环境卫生、运输安全的食品和商品。

9.9 一次性餐饮茶具符合国家卫生及环保要求。

9.10 广告经营规范。广告发布的内容、形式、位置等符合有关规范，布局合理，安装牢固，内容健康，与列车环境协调，不挤占铁路图形标志、业务揭示、安全宣传等客运服务内容或位置，不影响安全和服务功能，不损伤车辆设备设施。

10. 行包

10.1 行李车办公室有遮光帘，有站名牌、货位示意图和隔离带（网）和《押运人员须知》；货仓有"严禁烟火"安全标志，地面有隔水板。

10.2 执行行包运输方案，装运行包监装监卸，车门点数，使用规定印章办理站车交接。

10.3 行李车货仓保持干净，留有安全通道，保证货物装卸和人员正常通行，货物堆码平稳、牢固、整齐，不堵塞车门，不超载、偏载、超限。贵重品、密件入柜加锁。

10.4 及时、正确填写台账资料，及时向前方站做好预报。

10.5 行李车内无违章运输物品，无闲杂人员，货仓拉门加明锁。对押运人员查验车票，告知注意事项并进行登记。

11. 人员素质

11.1 身体健康，五官端正，持有效健康证明。

11.2 新职人员具备高中（职高、中专）及以上文化程度。

11.3 持有效上岗证，经过岗前安全、技术业务培训合格。从事餐饮服务的人员有卫生知识培训合格证明。广播员有一定编写水平，经过广播业务、技术培训合格。列车乘务班组有经过红十字救护知识培训合格的人员。

11.4 列车长从事列车乘务工作满2年。列车值班员、列车行李员、广播员（含兼职）从事列车乘务工作满1年。

11.5 熟练使用本岗位相关设备设施，熟知本岗位业务知识和职责，掌握担当列车沿途停站和时刻，沿线长大隧道、桥梁、渡海等线路概况，以及上水、吸污、垃圾投放等作业情况。熟悉本岗位相关应急处置流程，具备应对突发事件能力。

12. 基础管理

12.1 管理制度健全，有考核，有记载。定期分析安全和服务质量状况，有针对性整改措施。

12.2 按规定配置业务资料，内容修改及时、正确。

12.3 各工种在列车长的领导下，按岗位责任各负其责，相互协作，落实作业标准，有监督，有检查，有考核。

12.4 业务办理符合规定，票据、台账、报表填写规范、内容准确、完整清晰。配备保险柜，营运进款结算准确，票据、现金及时入柜加锁，到站按规定解款。

12.5 宿营车整齐有序，管理规范，乘务员休息铺位定位管理，有定位图，客运、公安、检车等乘务人员每两人轮流使用一个铺位（日勤人员除外），不在乘务人员休息区安排旅客。硬卧宿营车旅客与乘务人员休息区之间有挡帘，印有"旅客止步 请勿喧哗"标志。乘务人员铺位每格有挡帘。宿营车端门有"保持安静"标志。

12.6 客运乘务人员配备统一乘务箱（包），集中在宿营车定位摆放；洗漱用具、茶杯、衣帽鞋等定位摆放。

12.7 库内保洁作业纳入客技站一体化作业管理。客技站有客运备品存放、人员间休和看车值班等场所，向列车提供上下水、照明、用电、上下卧具等作业条件。

12.8 定期开展职业技能培训，培训内容适应岗位要求，评判准确。

高铁中型及以上车站服务质量规范

1. 适用范围

本规范对中国铁路总公司所属铁路运输企业的高铁特大型、大型、中型车站旅客运输服务提出了质量要求。

办理动车组列车客运业务的特、一等普速车站，其动车组列车和普速列车旅客共用区域以及实行物理隔离的动车组列车旅客专用售票窗口、候车室、检票口、站台等区域的管理、作业和服务比照适用本规范。

2. 术语和定义

2.1 高铁中型及以上车站：指办理动车组列车客运业务，建筑规模为特大型、大型、中型的高速铁路（含客运专线）车站。

2.2 普速车站：指办理普速旅客列车客运业务的车站。

2.3 动车组列车：指由若干带动力和不带动力的车辆以固定编组组成、两端设有司机室的一组列车。

2.4 普速旅客列车：指运送旅客或行包、邮件的非动车组列车。

2.5 重点旅客：指老、幼、病、残、孕旅客。特殊重点旅客是指依靠辅助器具才能行动等需要特殊照顾的重点旅客。

3. 客运安全

3.1 安全制度健全有效，安全管理职责明确，能满足安全生产需要。

3.1.1 有安全生产责任制、安全检查和安全质量考核、劳动安全、消防管理、食品安全、设施设备、安检查危、实名验证、结合部、现金票据安全、站台作业车辆安全、旅客人身伤害处理等管理制度和办法。

3.1.2 有旅客候车、乘降、进出站、高铁快件保管和装卸等安全防范措施。

3.1.3 与保洁、商业、物业、广告、安检、高铁快件等结合部有安全协议。

3.1.4 有恶劣天气、列车停运、大面积晚点、启动热备车底、突发大客流、设备故障、客票（服）系统故障、火灾爆炸、重大疫情、食物中毒、作业车辆（设备）坠入站台、旅客人身伤害等非正常情况下的应急预案。

3.2 安全设备设施配备齐全到位，作用良好。

3.2.1 按规定配备危险品检查仪、安全门、危险品处置台、手持金属探测器、防爆罐等安全检查设施设备，正常启用，显示器满足查验不同危险品的需求。危险品检查仪、安全门、危险品处置台、防爆罐设在进站口旅客进站流线、高铁快件营业场所适当位置，不影响旅客通行。危险品检查仪延长端适当。

3.2.2　按规定配备消防设备、器材，定期检测维护，合格有效。

3.2.3　应急照明系统覆盖进出站、候车、售票、站台、天桥、地道等处所，状态良好。

3.2.4　备有喇叭、手持应急照明灯具、应急车次牌、隔离设施等应急物品，定点存放。有应急食品储备或定点食品供应商联系供应机制。

3.2.5　安全标志使用正确，位置恰当，便于辨识。电梯、天桥、地道口、楼梯踏步、站台有引导、安全标志。落地玻璃前有防撞装置和警示图形标志。

3.2.6　电梯、天桥、楼梯悬空侧按规定设置防护装置，高度不低于1.7米。

3.3　执行安全检查规定。

3.3.1　配备安检人员，有引导、值机、手检、处置。开启的危险品检查仪数量满足旅客进站需求。

3.3.2　旅客人人通过安全门和手持金属探测器检查，携带品件件过机。安检口外开设的车站小件寄存处对寄存物品进行安全检查。

3.3.3　安检人员持证上岗，佩戴标志。

3.3.4　对检查发现和列车移交的危险物品、违禁品按规定处理。

3.4　站区实行封闭式管理，旅客进出站乘降有序，站内无闲杂人员。进出站通道流线清晰，有管理措施。站台两端设置防护栅栏并有"禁止通行"标志。夜间不办理客运业务时，可关闭站区相应服务处所，但应对外公告。疏散通道、紧急出口、消防车通道等有专人管理，无堵塞。

3.5　进入站台的作业车辆及移动小机具、小推车不影响旅客乘降，不堵塞通道；停放时在指定位置，与列车平行，有制动措施；行驶或移动时，不与本站台的列车同时移动，不侵入安全线，速度不超过10千米/小时。无非作业车辆进入站台。

3.6　安全使用电源，无违规使用电源、电器。

3.7　工作人员人人通过生产作业、消防、电器、电气化、卫生防疫、劳动人身等安全培训，特定岗位工作人员按规定通过相应岗位安全培训。安全培训有计划，有记载，有考核。

3.8　发生旅客人身伤害、突发疾病或接受列车移交的伤、病人员时，及时联系医疗机构；造成旅客死亡或涉及违法犯罪的，及时报告（通知）公安机关。

4. 设备设施

4.1　基础设施设备符合设计规范，定期维护，作用良好，无违规改造和改变用途。

4.1.1　有售票处、公安制证处、候车室、补票处、高铁快件营业场所、天桥或地道、站台、风雨棚、围墙（栅栏）等基础设施，地面硬化平整，房屋、风雨棚、天桥、地道无渗漏，墙面、天花板无开裂、翘起、脱落，扶手、护栏、隔断、门窗牢固完好，楼梯踏步无缺损，独立进出站楼梯有行李坡道。

4.1.2　有通风、照明、广播、供水、排水、防寒、防暑、空调等设备设施。

4.2　图形标志符合标准，齐全醒目，位置恰当，安装牢固，内容规范，信息准确。

4.2.1　有位置标志、导向标志、平面示意图、信息板等引导标志，指引准确。站台两端各设有一个站名牌，进出站地道围栏、无障碍电梯、广告牌、垃圾箱（桶）、基本站台栅栏等站台设施设有便于列车内旅客以正常视角快速识别的站名标志。各站台设有出站方向标志。

4.2.2　根据各服务处所和服务设备设施的功能、用途设置揭示揭挂，采取电子显示屏、公告栏等方式公布规章文电摘抄、旅客乘车安全须知、客运杂费收费标准、客运服务质量规范摘要、高铁快件办理范围等服务信息。

4.2.3　电子显示引导系统信息显示及时，每屏信息的显示时间适当，便于旅客阅读。

4.2.4　售票处、候车区（室）、出站检票处和补票处设有儿童票标高线。

4.2.5　售票窗口、自动售（取）票机、自动检票机前设置黄色"一米线"，宽度10厘米。

4.2.6　采用中、英文；少数民族自治地区车站可按规定增加当地通用的民族语言文字。

4.2.7　办理动车组列车旅客乘降业务的普速车站，设有动车组旅客专用的售票窗口、候车室，相关标志含有"和谐号"、CRH图标、图形符号内容三个基本元素，"和谐号"的字体为隶书、加粗，字号大于标志中的其他文字；高铁快件营业场所相关标志含有"高铁快递""CRHE"图标和高铁图形符号内容三个基本元素。

4.3　旅服系统运行稳定可靠，自动检票、导向、广播、时钟、查询、求助、监控等旅客服务设备设施齐全，状态良好。

4.3.1　有管理平台，采用"铁路局集中控制、大站集中控制、车站独立控制"模式，有用户管理和安全保密制度。

4.3.2　售票处、候车区、站台有时钟，显示时间准确。

4.3.3　广播覆盖各服务处所，具备无线小区广播和分区广播功能；音箱（喇叭）设备设置合理，音响效果清晰。

4.3.4　有电子显示引导系统，满足温度环境使用要求，室外显示屏具有防雨、防湿、防寒、防晒、防尘等性能。

4.3.4.1　特大、大型车站进站大厅（集散厅）设置进站显示屏，显示车次、始发站、终到站、开车时刻、候车区（检票口）、状态等发车信息。

4.3.4.2　候车区内设置候车引导屏，显示车次、始发站、终到站、开车时刻、检票口、状态等信息。

4.3.4.3　检票口处设置进站检票屏，显示车次、终到站、开车时刻、站台、状态等信息。

4.3.4.4　天桥、地道内设置进、出站通道屏，显示当前到发列车车次、始发站、终到站、站台、到开时刻、编组前后顺位等信息。

4.3.4.5　站台设置站台屏，显示当前车次、始发站、终到站、实际开点（终到站为到点）、列车前后顺位编组、引导提示等信息。

4.3.4.6　出站口外侧设置出站屏，显示到达车次、始发站、到达时刻、站台、状态等信息。

4.3.4.7　待机状态显示站名、安全提示、欢迎词等信息。

4.3.5　售票处、候车区有自助查询终端，内容完整、准确。

4.3.6　视频监控系统覆盖车站各服务处所，具备自动录像功能。录像资料留存时间不少于15天，涉及旅客人身伤害、扰乱车站公共秩序等重要的视频资料为1年。

4.3.7　特大、大型车站候车等场所能为旅客提供无线互联网接入服务。

4.4　售票设施设备满足生产需要，作用良好。

4.4.1　售票窗口配备桌椅、计算机、制票机、居民身份证阅读器、双向对讲器、窗口屏、保险柜、验钞机等售票设备及具有录像、拾音、录音功能的监控设备，发售学生票、残疾军人票的窗口配备学生优惠卡、残疾军人证的识读器，退票、改签窗口配备二维码扫描仪，电子支付窗口配备 POS 机。

4.4.1.1　在窗口正上方设置窗口屏，显示窗口号、窗口功能、工作时间或状态等信息。

4.4.1.2　有对外显示屏，同步显示售票员操作的售票信息。

4.4.1.3　设置工号牌或采用电子显示屏，显示售票人员姓名、工号、本人正面二寸工作服彩色白底照片等信息。

4.4.2　有剩余票额信息显示屏，及时、正确显示日期、车次、始发站、终到站、开车时刻、各席别剩余票额等售票信息。

4.4.3　配备自动售、取票机，自动售票机具备现金或银行卡支付功能。

4.4.4　补票处邻近出站检票闸机，配备桌椅、计算机、制票机、保险柜、验钞机、学生优惠卡识读器等售票设备和衡器，有防盗报警设施。

4.4.5　有存放票据、现金的处所和设备，具备防潮、防鼠、防盗、监控和报警功能。

4.5　候车区布局合理，方便旅客。

4.5.1　配备适量座椅，摆放整齐，不影响旅客通行。

4.5.2　设有问讯处（服务台、遗失物品招领处），位置适当，标志醒目，配备信息终端和存放服务资料、备品的设备。

4.5.3　设有饮水处，配备电开水器，有加热、保温标志，水质符合国家标准要求。可开启式箱盖的电开水器加锁，箱盖与箱体无间隙。

4.5.4　设有卫生间，厕位适量。有通风换气和洗手池、干手器等盥洗设备，正常使用，作用良好。厕位间设置挂钩。

4.5.5　电梯正常启用，作用良好。安全标志醒目，遇故障、维修时有停止使用等提示，操作人员持证上岗（仅操作停止、启动、调整方向的除外）。

4.5.6　省会城市所在地高铁特大、大型车站为商务座旅客设置独立的贵宾候车区，其他车站提供候车区域。

4.5.7　检票口设自动检票通道和人工检票通道，配备自动检票机。已检票区域与候车区有围栏，封闭良好。

4.6　实施车站全封闭实名制验证的，设有相对独立的验证口、验证区域、验证通道和复位口，并配备验证设备。

4.7　高铁快件营业场所外有机动车作业场地和停车位。办理窗口有桌椅、计算机、制票机、扫描枪，使用行包信息系统，配有电子衡器和装卸搬运机具，电子支付窗口配备 POS 机。有施封钳等包装工具；有专用箱、集装袋、锁等包装材料。高铁快件作业场地分区合理，有防火、防爆、防盗、防水、防鼠设备。

4.8　站台设有响铃设备，作用良好；地面标示站台安全线或安装安全门（屏蔽门），内侧铺设提示盲道；安全线内侧或安全门（屏蔽门）左侧设置上下车指示线标志，位置准确，醒目易识；设置的座椅、垃圾箱（桶）、广告灯箱等设施设备安装牢固，不影响旅客通行。

4.9 给水站按规定设置水井、水栓,给水系统作用良好,水源保护、水质符合国家标准。按规定办理吸污作业的车站有吸污设备。

4.10 客运人员每人配置手持电台,其他岗位按需配置,作用良好,具备录音功能。站台客运人员手持电台具备与司机通话功能。

4.11 有设备管理制度和设备登记台账。有巡视检查、维护保养记录。发生故障立即报告,及时维修,影响旅客使用时设有提示。

5. 文明服务

5.1 仪容整洁,上岗着装统一,干净平整。

5.1.1 头发干净整齐、颜色自然,不理奇异发型、不剃光头。男性两侧鬓角不得超过耳垂底部,后部不长于衬衣领,不遮盖眉毛、耳朵,不烫发,不留胡须;女性发不过肩,刘海长不遮眉,短发不短于两寸。

5.1.2 面部、双手保持清洁,指甲修剪整齐,长度不超过指尖2毫米,身体外露部位无文身。女性淡妆上岗,保持妆容美观,不浓妆艳抹,不染彩色指甲。

5.1.3 换装统一,衣扣拉链整齐。着裙装时,丝袜统一,无破损。系领带时,衬衣束在裙子或裤子内。外露的皮带为黑色。佩戴的外露饰物款式简洁,限手表一只、戒指一枚,女性还可佩戴发夹、发箍或头花及一副直径不超过3毫米的耳钉。不歪戴帽子,不挽袖子和卷裤脚,不敞胸露怀,不赤足穿鞋,不穿尖头鞋、拖鞋、露趾鞋,鞋跟高度不超过3.5厘米,跟径不小于3.5厘米。

5.1.4 佩戴职务标志(售票员除外),胸章牌(长方形职务标志)戴于左胸口袋上方正中,下边沿距口袋1厘米处(无口袋的戴于相应位置),包含单位、姓名、职务、工号等内容。菱形臂章佩戴在上衣左袖肩下四指处。按规定应佩戴制帽的,在执行职务时戴上制帽,帽徽在制帽折沿上方正中。

5.2 表情自然,态度和蔼,用语文明,举止得体,庄重大方。

5.2.1 使用普通话,表达准确,口齿清晰。服务语言表达规范、准确,使用"请、您好、谢谢、对不起、再见"等服务用语。对旅客、货主称呼恰当,统称为"旅客们""各位旅客""旅客朋友",单独称为"先生、女士、小朋友、同志"等。

5.2.2 旅客问讯时,面向旅客站立(售票员、封闭式问讯处工作人员办理业务时除外),目视旅客,有问必答,回答准确,解释耐心。遇有失误时,向旅客表示歉意。对旅客的配合与支持,表示感谢。

5.2.3 坐立、行走姿态端正,步伐适中,轻重适宜。在旅客多的地方先示意后通行;与旅客走对面时,主动让路,面向旅客侧身让行,不与旅客抢行。列队出(退)勤时,按规定线路行走,步伐一致。多人行走时,两人成排,三人成列。

5.2.4 立岗姿势规范,精神饱满。站立时,挺胸收腹,两肩平衡,身体自然挺直,双臂自然下垂,手指并拢贴于裤线上,脚跟靠拢,脚尖略向外张呈"V"字形。女性可双手四指并拢,交叉相握,右手叠放在左手之上,自然垂于腹前;左脚靠在右脚内侧,夹角为45°,呈"丁"字形。

5.2.5 迎送列车时,足踏安全线,不侵入安全线外,面向列车方向目迎目送,以列车进入站台开始,开出站台为止。办理交接时行举手礼,右手五指并拢平展,向内上方举手至帽沿右侧边沿,小臂形成45°角。

5.2.6　清理卫生时，清扫工具不触碰旅客及携带物品。挪动旅客物品时，征得旅客同意。需要踩踏座席时，戴鞋套或使用垫布。占用洗脸间洗漱时，礼让旅客。

5.2.7　不高声喧哗、嬉笑打闹、勾肩搭背，不在旅客面前吃食物、吸烟、剔牙齿和出现其他不文明、不礼貌的动作，不对旅客评头论足，接班前和工作中不食用异味食品。

5.3　站容整洁，环境舒适。

5.3.1　干净整洁，窗明地净，物见本色。

5.3.1.1　地面干净无垃圾；玻璃透明无污渍；墙壁无污渍、涂鸦。电梯、扶手、护栏、座椅、台面、危险品检查仪、危险品处置台等处无积尘、污渍。卫生间通风良好，干净无异味，地面无积水，便池无积便、积垢，洗手池清洁无污垢。饮水处地面无积水，饮水机表面清洁无污渍，沥水槽无残渣。站台、天桥、地道等地面无积水、积冰、积雪，股道无杂物。

5.3.1.2　各服务处所设置适量的垃圾箱（桶），外皮清洁，内配的垃圾袋材质符合国家标准、厚度不小于0.025毫米，无破损、渗漏，每日消毒一次。垃圾车外表无明显污垢，垃圾不散落，污水不外溢。垃圾及时清运，储运密闭化，固定通道，日产日清。

5.3.1.3　保洁工具定点隐蔽存放。设有供保洁作业使用的水、电设施和存放保洁机具、清扫工具的处所，不影响旅客候车、乘降。

5.3.1.4　由具备资质的专业保洁企业保洁，使用专业保洁机具和清洁工具，清洗剂符合环保要求，不腐蚀、污染设备备品。保洁人员经过保洁专业知识和铁路安全知识培训合格，持证上岗。墙壁、玻璃、隔断、护栏等2米以下的部位每日保洁，2米以上的部位及顶棚等设施定期保洁。车站对保洁作业有检查，有考核。

5.3.2　通风良好，温度适宜，空气质量符合国家规定。室内温度冬季18℃～20℃、夏季26℃～28℃。高寒地区站房进出口处有门斗和风幕（防寒挡风门帘）。

5.3.3　照明充足，售票处、问讯处（服务台）、高铁快件营业场所照明照度不低于150勒克斯，候车区照明照度不低于100勒克斯，站台、天桥及进出站地道照明照度不低于50勒克斯。

5.3.4　各服务处所按规定开展"消毒、杀虫、灭鼠"工作，蚊、蝇、蟑螂等病媒昆虫指数及鼠密度符合国家规定。

5.3.5　服务备品齐全完整，质地良好，符合国家环保规走。卫生间配有卫生纸、芳香球、洗手液（皂）、擦手纸（干手器），坐便器配一次性坐便垫圈，及时补充。落客平台、站台设置的垃圾箱（桶）上有烟灰盒。分设照明开关，使用节能灯具，根据自然光照度及时开启或关闭照明。用水处有节水宣传揭示。

5.4　广播语音清晰，音量适宜，用语规范，内容准确，播放及时。

5.4.1　通告列车运行情况、检票等信息，有禁止携带危险品进站上车、旅行安全常识、公共卫生和候车区禁止吸烟等宣传。

5.4.2　使用普通话。少数民族自治地区车站可根据需要增加当地通用的民族语言播音。特大、大型车站使用普通话和英语双语播报客运作业信息，中型车站可增加英语播报客运作业信息。

5.4.3　采用自动语音合成方式，日常重点内容播音录音化。

5.5　全面服务，重点照顾。

5.5.1　无需求无干扰。配备自动售（取）票机、自动检票机、电子显示屏等服务设备，通过广播、揭示揭挂、电子显示等方式宣传服务设备的使用方法，方便旅客自助服务。

5.5.2　有需求有服务。售票处、候车区公布中国铁路客户服务中心客户服务电话（区号＋电话号码），特大、大型车站设有服务品牌，受理旅客咨询、求助、投诉，专人负责，及时回应。实行首问首诉负责制，旅客问讯时，有问必答，回答准确；对旅客提出的问题不能解决时，指引到相关岗位，并做好耐心解释。接听电话时，先向旅客通报单位和工号。

5.5.3　重点关注，优先照顾，保障重点旅客服务。

5.5.3.1　按规范设置无障碍设施设备。售票厅设无障碍售票窗口。特大、大型车站候车室设有重点旅客候车区和特殊重点旅客服务点（可与问讯处、服务台等合设），位置醒目、便于寻找，并配备轮椅、担架等辅助器具；特大型车站内设相对封闭的哺乳区；在检票口附近等方便的区域设置黄色标志的重点旅客候车专座。卫生间设无障碍厕所。设有无障碍电梯，正常使用。盲道畅通无障碍。

5.5.3.2　重点旅客优先购票、优先进站、优先检票上车。

5.5.3.3　根据需求为特殊重点旅客提供帮助，有服务，有交接，有通报。

5.5.4　尊重民族习俗和宗教信仰。少数民族自治地区车站可按规定在图形标志增加当地通用的民族语言文字，可根据需要增加当地通用的民族语言播音。

5.5.5　旅客在站内遗失物品时，帮助（或广播）查找；收到旅客遗失物品及时登记、公告，登记内容完整，保管措施妥当，处置措施合法。

6. 客运组织

6.1　售票。

6.1.1　提供窗口、自动售（取）票机、铁路客票代售点等多种售票渠道，售票网点布局合理，管理规范。

6.1.1.1　售票窗口和自动售（取）票机设置、开放的数量适应客流量，日常窗口排队不超过20人。

6.1.1.2　办理售票、退票、改签、换票、取票、挂失补办、中转签证等业务，发售学生票、残疾军人票、乘车证签证等各种车票，支持现金、银行卡等支付方式。

6.1.2　在售票处醒目位置公布售票时间和停售时间，开窗时间不晚于本站首趟列车开车前1小时，关窗时间不早于本站最后一趟列车办理客运业务后30分钟。工作时间内暂停售票时设有提示。用餐或交接班时间实行错时暂停售票。

6.1.3　自动售（取）票机及时补充票据、零钞和凭条。设备故障等异常状况处置及时。

6.1.4　票据、现金妥善保管，票面完整、清晰。票据填写规范，内容准确、无涂改，按规定加盖站名戳和名章。

6.2　进站、候车、检票组织。

6.2.1　按规定实行实名制验证，核验车票、有效身份证件原件、旅客的一致性。无法实施全封闭实名制验证的在检票口组织验证。验证与检票分离的车站对热门车次在检票口进行二次验证。

6.2.2　秩序良好，通道畅通，安检日常旅客排队进站等候不超过5分钟。

6.2.3　候车室（区）旅客可视范围内有客运人员，及时巡视、解答旅客咨询、妥善处置异常情况。特大、大型车站设有值班站长。贵宾候车区按规定配备专职服务员以及验票终端等服务设备，提供免费小食品、饮品、报刊等服务。

6.2.4 开始、停止检票时间的设置适应客流量和站场条件，进站口有提前停止检票时间的提示。开始检票或列车到站前，通告车次、停靠站台等检票信息。

6.2.5 自动检票机通道和人工检票通道正常启用，通道数量适应客流情况，并设有商务座旅客快速检票通道。设两侧检票口的，对长编组、重联动车组列车同时开启。按照先重点、后团体、再一般的原则，引导旅客通过自动检票机、人工检票通道分别排队等候、检票进站，宣传自动检票机的使用方法，提醒旅客拿好车票或身份证，防止尾随。具备居民身份证自动识读检票条件的自动检票机正常启用。人工检票口核验车票和其他乘车凭证，对车票加剪。

6.2.6 对无票、日期车次不符、减价不符、票证人不一致等人员按规定拒绝进站、乘车。

6.2.7 停止检票前，通告候车室，无漏乘；停止检票时，关闭检票口，通告候车室和站台。

6.3 站台组织。

6.3.1 站台客运人员提前到岗，检查引导屏状态和显示内容、站台及股道情况。

6.3.2 按站台车厢位置标志在站台安全线或屏蔽门内组织旅客排队等候，有序乘降。铃响时巡视站台，无漏乘。

6.3.3 办理站车交接，短编组动车组列车在4、5号车厢之间；长编组动车组列车在8、9号车厢之间；重联动车组列车在列车运行方向前组第7、8号车厢之间。

6.3.4 开车时间前30秒打响开车铃，铃声时长10秒。

6.3.5 同一站台有两趟动车组列车同时进行乘降作业时，有宣传，有引导，无误乘。站台一侧邻靠线路有动车组列车通过时，另一侧停止旅客乘降或设防护栏防护。

6.4 出站组织。

6.4.1 出站检票人员提前到岗，检查自动检票机、出站显示屏状态和内容。

6.4.2 引导旅客通过自动检票机和人工检票通道检票出站，具备居民身份证自动识读检票条件的自动检票机正常启用。人工检票口核对车票及其他乘车凭证，对未加剪的车票补剪，秩序良好，防止尾随。

6.4.3 对违章乘车旅客及违章携带品正确处理，票款收付准确。

6.4.4 列车出站后及时清理，站台、通道无滞留人员。

6.4.5 换乘客流大的车站根据需要设置站内换乘流线，配备相应的设备和引导标志。

6.5 高铁快件作业。

6.5.1 设置承运、交付办理窗口，提供托运单、高铁快件快递面单和必要的填写用具。

6.5.2 承运高铁快件及时准确，品名相符，实名验证，逐件安检，正确检斤、制票，唱收唱付。"站到站"和"站到门"高铁快件按到站和服务产品正确分拣、装箱。

6.5.3 装卸、搬运高铁快件轻搬轻放，堆码整齐。装车时，合理计划，按方案装载，站、车认真核对、准确交接，装车完毕及时信息确认，做到不逾期、不破损、不丢失。

6.5.4 运输过程中发生高铁快件包装松散、破损时，有记录、有交接。

6.5.5 到站卸车提前到位，立岗接车，准确交接。集装件外包装、施封破损或集装件短少的，凭客运记录或现场检查，核实现状，办理交接。

6.5.6　到达高铁快件核对票据，妥善保管，及时通知，正确交付。"站到站"和"站到门"集装件双人拆箱，一箱一清。对无法交付的高铁快件按规定处理。

6.5.7　认真处理站间运输高铁快件差错，发生高铁快件损失，比照行李包裹损失处理有关规定执行，先赔付、后定责。

6.5.8　作业区无闲杂人员出入，无非高铁快件工作人员查找、搬运。发现非工作人员持集装件出站时当场制止。

6.5.9　高铁快件装卸人员经过装卸作业知识、技能和铁路安全知识培训合格，持证上岗。

6.6　列车给水、吸污作业。

6.6.1　给水站根据给水方案配备给水人员，防护用具齐全，按指定线路提前到指定位置接送车，有人防护，同去同回。

6.6.2　按规定程序及时上水，始发列车辆辆满水，中途站按给水方案补水，有注水口的挡板锁闭，水管回卷到位（管头插入上水井内）。吸污站按规定进行吸污作业，保持作业清洁。作业完毕，向站台客运人员报告。

6.7　应急处置。

6.7.1　遇恶劣天气、列车停运、大面积晚点、启动热备车底、突发大客流、设备故障、客票（服）系统故障、火灾爆炸、重大疫情、食物中毒、作业车辆（设备）坠入站台、旅客人身伤害等非正常情况时，及时启动应急预案，掌握售票、候车、旅客滞留、高铁快件等情况，维持站内秩序，准确通报信息，做好咨询、解释、安抚等善后工作。

6.7.1.1　列车晚点 15 分钟以上时，根据调度通报，公告列车晚点信息，说明晚点原因、晚点时间，广播每次间隔不超过 30 分钟。电子显示屏实时显示。按规定办理退票、改签或提供免费饮食品，协调市政交通衔接。

6.7.1.2　遇列车在车站空调失效时，站车共同组织；必要时，组织旅客下车、换乘其他列车或疏散到车站安全处所。到站按规定退还票价差额。

6.7.1.3　遇车底变更时，车站按车底变更计划调整席位，组织旅客换乘，告知列车，并按规定办理改签、退票。

6.7.1.4　遇售票、检票系统故障时，组织维护部门进行故障排查，按规定启用应急售票、换票程序，组织人工办理检票。

6.7.1.5　遇列车故障途中需更换车底时，在车站换乘的，由客调通知换乘站高铁快件到站，由换乘站组织集装件换车。在区间换乘的，集装件不换至救援车，由故障车所在地铁路局根据救援方案一并安排随车运送至动车所所在地高铁车站，动车所所在地高铁车站编制客运记录并安排最近车次运送至到站。

6.7.2　有应急预案培训和演练，有记录，有结果，有考核。

6.7.3　春、暑运等客流高峰时期，换票、验证、安检、进站等处所设有快速（绿色）通道。

7. 商业、广告经营

7.1　站内商业场所、位置、面积、业态布局统一规划，不占用旅客候车空间，不影响旅客乘降流线；统一标志，统一服务内容，统一服务标准，有商业经营管理规范，对经营行为有检查，有考核。

7.2 经营单位持有效经营许可，经营行为规范，明码标价，文明售货，提供发票。不出售禁止或限量携带等影响运输安全的商品，不出售无生产单位、无生产日期、无保质期、过期、变质以及口香糖等严重影响环境卫生的食品。代搬行李服务无诱导旅客消费。

7.3 餐饮食品经营场所环境卫生符合要求，用具清洁，消毒合格，生熟分开。销售散装熟食品时，有防蝇、防尘措施，不徒手接触食品。

7.4 站内广告设置场所、位置、面积、形式统一规划，广告设施安全牢固，形式规范，内容健康，与车站环境相协调。不挤占、遮挡图形标志、业务揭示、安全宣传等客运服务信息，不影响客运服务功能，不影响安全。旅客通道内安装的广告牌使用嵌入式灯箱，突出墙面部分不超过200毫米，棱角部位采取打磨、倒角处理。除围墙、栅栏外，无直接涂写、张贴式广告。广播系统不发布音频广告。播放视频时不得外放声音。

8. 基础管理

8.1 管理制度健全，有考核，有记载。定期分析安全和服务质量状况，有针对性具体整改措施。

8.2 业务资料配置到位，内容修改及时、正确。

8.3 各工种按岗位责任各负其责，相互协作，落实作业标准。

8.4 业务办理符合规定，票据、台账、报表填写规范、清晰。营运进款结算准确，票据、现金入柜加锁，及时解款。

8.5 定期召开站区结合部协调会，有监督，有检查，有考核。

8.6 定期开展职业技能培训，培训内容适应岗位要求，评判准确。

9. 人员素质

9.1 身体健康，五官端正，持有效健康证明。新职人员具备高中（职高、中专）及以上文化程度。

9.2 持有效上岗证，经过岗前安全、技术业务培训合格。客运值班员、售票值班员、客运计划员、综控室操作人员从事客运服务工作满2年。综控室操作人员具备广播员资质。

9.3 熟练使用本岗位相关设备设施，熟知本岗位业务知识和职责，掌握本岗位应急处置作业流程，具备应对突发事件的能力。

高铁小型车站服务质量规范

1. 适用范围

本规范对中国铁路总公司所属铁路运输企业的高铁小型车站旅客运输服务提出了质量要求。

办理动车组列车客运业务的二、三等普速车站，其动车组列车和普速旅客列车旅客共用区域以及实行物理隔离的动车组列车旅客专用售票窗口、候车室、检票口、站台等区域的管理、作业和服务比照适用本规范。

2. 术语和定义

2.1 高铁小型车站：指办理动车组列车客运业务，建筑规模为小型的高速铁路（含客运专线）车站。

2.2 普速车站：指办理普速旅客列车客运业务的车站。

2.3 动车组列车：指由若干带动力和不带动力的车辆以固定编组组成、两端设有司机室的一组列车。

2.4 普速旅客列车：指运送旅客或行包、邮件的非动车组列车。

2.5 重点旅客：指老、幼、病、残、孕旅客。特殊重点旅客是指依靠辅助器具才能行动等需要特殊照顾的重点旅客。

2.6 照度（平面照度）：指单位面积的光通量，单位为勒克斯（xl）。

3. 客运安全

3.1 安全制度健全有效，安全管理职责明确，能满足安全生产需要。

3.1.1 有安全生产责任制、安全检查和安全质量考核、劳动安全、消防管理、食品安全、设施设备、安检查危、实名验证、结合部、现金票据安全、站台作业车辆安全、旅客人身伤害处理等管理制度和办法。

3.1.2 有旅客候车、乘降、进出站、高铁快件保管和装卸等安全防范措施。

3.1.3 与保洁、商业、物业、广告、安检、高铁快件等结合部有安全协议。

3.1.4 有恶劣天气、列车停运、大面积晚点、启动热备车底、突发大客流、设备故障、客票（服）系统故障、火灾爆炸、重大疫情、食物中毒、作业车辆（设备）坠入站台、旅客人身伤害等非正常情况下的应急预案。

3.2 安全设备设施配备齐全到位，作用良好。

3.2.1 按规定配备危险品检查仪、安全门、危险品处置台、手持金属探测器、防爆罐等安全检查设施设备，正常启用，显示器满足查验不同危险品的需求。危险品检查仪、安全门、危险品处置台、防爆罐设在进站口旅客进站流线、高铁快件营业场所适当位置，不影响旅客通行。危险品检查仪延长端适当。

3.2.2 按规定配备消防设备、器材，定期检测维护，合格有效。

3.2.3 应急照明系统覆盖进出站、候车、售票、站台、天桥、地道等处所，状态良好。

3.2.4 备有喇叭、手持应急照明灯具、应急车次牌、隔离设施等应急物品，定点存放。有应急食品储备或定点食品供应商联系供应机制。

3.2.5 安全标志使用正确，位置恰当，便于辨识。电梯、天桥、地道口、楼梯踏步、站台有引导、安全标志。落地玻璃前有防撞装置和警示图形标志。

3.2.6 电梯、天桥、楼梯悬空侧按规定设置防护装置，高度不低于1.7米。

3.3 执行安全检查规定。

3.3.1 配备安检人员，有引导、值机、手检、处置。

3.3.2 旅客人人通过安全门和手持金属探测器检查，携带品件件过机。

3.3.3 安检人员持证上岗，佩戴标志。

3.3.4 对检查发现和列车移交的危险物品、违禁品按规定处理。

3.4 站区实行封闭式管理，旅客进出站乘降有序，站内无闲杂人员。进出站通道流线清晰，有管理措施，站台两端设置防护栅栏并有"禁止通行"标志。夜间不办理客运业务时，可关闭站区相应服务处所，但应对外公告。疏散通道、紧急出口、消防车通道等有专人管理，无堵塞。

3.5 进入站台的作业车辆及移动小机具、小推车不影响旅客乘降，不堵塞通道；停放时在指定位置，与列车平行，有制动措施；行驶或移动时，不与本站台的列车同时移动，不侵入安全线，速度不超过10千米/小时。无非作业车辆进入站台。

3.6 安全使用电源，无违规使用电源、电器。

3.7 工作人员人人通过生产作业、消防、电器、电气化、卫生防疫、劳动人身等安全培训，特定岗位工作人员按规定通过相应岗位安全培训。安全培训有计划，有记载，有考核。

3.8 发生旅客人身伤害、突发疾病或接受列车移交的伤、病人员时，及时联系医疗机构；造成旅客死亡或涉及违法犯罪的，及时报告（通知）公安机关。

4. 设备设施

4.1 基础设施设备符合设计规范，定期维护，作用良好，无违规改造和改变用途。

4.1.1 有售票处、公安制证处、候车室、补票处、高铁快件营业场所、天桥或地道、站台、风雨棚、围墙（栅栏）等基础设施，地面硬化平整，房屋、风雨棚、天桥、地道无渗漏，墙面、天花板无开裂、翘起、脱落，扶手、护栏、隔断、门窗牢固完好，楼梯踏步无缺损，独立进出站楼梯有行李坡道。

4.1.2 有通风、照明、广播、供水、排水、防寒、防暑等设备设施。

4.2 图形标志符合标准，齐全醒目，位置恰当，安装牢固，内容规范，信息准确。

4.2.1 有位置标志、导向标志、信息板等引导标志，指引准确。站台两端各设有一个站名牌，进出站地道围栏、无障碍电梯、广告牌、垃圾箱（桶）、基本站台栅栏等站台设施设有便于列车内旅客以正常视角快速识别的站名标志。各站台设有出站方向标志。

4.2.2 根据各服务处所和服务设备设施的功能、用途设置揭示揭挂，采取电子显示屏、公告栏等方式公布规章文电摘抄、旅客乘车安全须知、客运杂费收费标准、客运服务质量标准摘要、高铁快件办理范围等服务信息。

4.2.3　电子显示引导系统信息显示及时，每屏信息的显示时间适当，便于旅客阅读。

4.2.4　售票处、候车区（室）、出站检票处和补票处设有儿童票标高线。

4.2.5　售票窗口、自动售（取）票机、自动检票机前设置黄色"一米线"，宽度10厘米。

4.2.6　采用中、英文；少数民族自治地区车站可按规定增加当地通用的民族语言文字。

4.2.7　办理动车组列车旅客乘降业务的普速车站，设有动车组旅客专用的售票窗口、候车室，相关标志含有"和谐号"、CRH图标、图形符号内容三个基本元素，"和谐号"的字体为隶书、加粗，字号大于标志中的其他文字；高铁快件营业场所相关标志含有"高铁快递""CRHE"图标和高铁图形符号内容三个基本元素。

4.3　旅服系统运行稳定可靠，自动检票、导向、广播、时钟、查询、求助、监控等旅客服务设备设施齐全，状态良好。

4.3.1　有应急操作平台，有用户管理和安全保密制度。

4.3.2　售票处、候车区、站台有时钟，显示时间准确。

4.3.3　广播覆盖各服务处所；音箱（喇叭）设备设置合理，音响效果清晰。

4.3.4　有电子显示引导系统，满足温度环境使用要求，室外显示屏具有防雨、防湿、防寒、防晒、防尘等性能。

4.3.4.1　候车区内设置候车引导屏，显示车次、始发站、终到站、开车时刻、检票口、状态等信息。

4.3.4.2　检票口处设置进站检票屏，显示车次、终到站、开车时刻、站台、状态等信息。

4.3.4.3　天桥、地道内设置进、出站通道屏，显示当前到发列车车次、始发站、终到站、站台、到开时刻、编组前后顺位等信息。

4.3.4.4　站台设置站台屏，显示当前车次、始发站、终到站、实际开点（终到站为到点）、列车前后顺位编组、引导提示等信息。

4.3.4.5　出站口外侧设有出站屏的，显示到达车次、始发站、到达时刻、站台、状态等信息。

4.3.4.6　待机状态显示站名、安全提示、欢迎词等信息。

4.3.5　视频监控系统覆盖车站各服务处所，具备自动录像功能。录像资料留存时间不少于15天，涉及旅客人身伤害、扰乱车站公共秩序等重要的视频资料为1年。

4.4　售票设施设备满足生产需要，作用良好。

4.4.1　售票窗口配备桌椅、计算机、制票机、居民身份证阅读器、双向对讲器、窗口屏、保险柜、验钞机等售票设备及具有录像、拾音、录音功能的监控设备，发售学生票、残疾军人票的窗口配备学生优惠卡、残疾军人证的识读器，退票、改签窗口配备二维码扫描仪，电子支付窗口配备POS机。

4.4.1.1　在窗口正上方设置窗口屏，显示窗口号、窗口功能、工作时间或状态等信息。

4.4.1.2　有对外显示屏，同步显示售票员操作的售票信息。

4.4.1.3　设置工号牌或采用电子显示屏，显示售票人员姓名、工号、本人正面二寸工作服彩色白底照片等信息。

4.4.2 有剩余票额信息显示屏，及时、正确显示日期、车次、始发站、终到站、开车时刻、各席别剩余票额等售票信息。

4.4.3 配备自动售、取票机，自动售票机具备现金或银行卡支付功能。

4.4.4 补票处专邻近出站检票闸机，配备桌椅、计算机、制票机、保险柜、验钞机、学生优惠卡识读器等售票设备和衡器，有防盗报警设施。

4.4.5 有存放票据、现金的处所和设备，具备防潮、防鼠、防盗、监控和报警功能。

4.5 候车区布局合理，方便旅客。

4.5.1 配备适量座椅，摆放整齐，不影响旅客通行。

4.5.2 设有饮水处，配备电开水器，有加热、保温标志，水质符合国家标准要求。可开启式箱盖的电开水器加锁，箱盖与箱体无间隙。

4.5.3 设有卫生间，厕位适量。有通风换气和洗手池等盥洗设备，正常使用，作用良好。厕位间设置挂钩。

4.5.4 电梯正常启用，作用良好。安全标志醒目，遇故障、维修时有停止使用等提示，操作人员持证上岗（仅操作停止、启动、调整方向的除外）。

4.5.5 检票口设自动检票通道和人工检票通道，配备自动检票机。已检票区域与候车区有围栏，封闭良好。

4.6 实施车站全封闭实名制验证的，设有相对独立的验证口、验证区域、验证通道和复位口，并配备验证设备。

4.7 高铁快件营业场所外有机动车作业场地和停车位。办理窗口有桌椅、计算机、制票机、扫描枪，使用行包信息系统，配有电子衡器和装卸搬运机具，电子支付窗口配备 POS 机。有施封钳等包装工具；有专用箱、集装袋、锁等包装材料。高铁快件作业场地分区合理，有防火、防爆、防盗、防水、防鼠设备。

4.8 站台设有响铃设备，作用良好；地面标示站台安全线或安装安全门（屏蔽门），内侧铺设提示盲道；安全线内侧或安全门（屏蔽门）左侧设置上下车指示线标志，位置准确，醒目易识；设置的座椅、垃圾箱（桶）、广告灯箱等设施设备安装牢固，不影响旅客通行。

4.9 客运人员每人配置手持电台，其他岗位按需配备，作用良好，具备录音功能。站台客运人员手持电台具备与司机通话功能。

4.10 有设备管理制度和设备登记台账。有巡视检查、维护保养记录。发生故障立即报告，及时维修，影响旅客使用时设有提示。

5. 文明服务

5.1 仪容整洁，上岗着装统一，干净平整。

5.1.1 头发干净整齐、颜色自然，不理奇异发型，不剃光头。男性两侧鬓角不得超过耳垂底部，后部不长于衬衣领，不遮盖眉毛、耳朵，不烫发，不留胡须；女性发不过肩，刘海长不遮眉，短发不短于两寸。

5.1.2 面部、双手保持清洁，指甲修剪整齐，长度不超过指尖2毫米，身体外露部位无文身。女性淡妆上岗，保持妆容美观，不浓妆艳抹，不染彩色指甲。

5.1.3 换装统一，衣扣拉链整齐。着裙装时，丝袜统一，无破损。系领带时，衬衣束在裙子或裤子内。外露的皮带为黑色。佩戴的外露饰物款式简洁，限手表一只、戒指一枚，女性还可佩戴发夹、发箍或头花及一副直径不超过3毫米的耳钉。不歪戴帽子，不挽袖子和卷裤脚，不敞胸露怀，不赤足穿鞋，不穿尖头鞋、拖鞋、露趾鞋，鞋跟高度不超过3.5厘米，跟径不小于3.5厘米。

5.1.4　佩戴职务标志（售票员除外），胸章牌（长方形职务标志）戴于左胸口袋上方正中，下边沿距口袋1厘米处（无口袋的戴于相应位置），包含单位、姓名、职务、工号等内容。菱形臂章佩戴在上衣左袖肩下四指处。按规定应佩戴制帽的，在执行职务时戴上制帽，帽徽在制帽折沿上方正中。

5.2　表情自然，态度和蔼，用语文明，举止得体，庄重大方。

5.2.1　使用普通话，表达准确，口齿清晰。服务语言表达规范、准确，使用"请、您好、谢谢、对不起、再见"等服务用语。对旅客、货主称为恰当，统称为"旅客们""各位旅客""旅客朋友"，单独称为"先生、女士、小朋友、同志"等。

5.2.2　旅客问讯时，面向旅客站立（售票员、封闭式问讯处工作人员办理业务时除外），目视旅客，有问必答，回答准确，解释耐心。遇有失误时，向旅客表示歉意。对旅客的配合与支持，表示感谢。

5.2.3　坐立、行走姿态端正，步伐适中，轻重适宜。在旅客多的地方先示意后通行；与旅客走对面时，主动让路，面向旅客侧身让行，不与旅客抢行。列队出（退）勤时，按规定线路行走，步伐一致。多人行走时，两人成排，三人成列。

5.2.4　立岗姿势规范，精神饱满。站立时，挺胸收腹，两肩平衡，身体自然挺直，双臂自然下垂，手指并拢贴于裤线上，脚跟靠拢，脚尖略向外张呈"V"字形。女性可双手四指并拢，交叉相握，右手叠放在左手之上，自然垂于腹前；左脚靠在右脚内侧，夹角为45°，呈"丁"字形。

5.2.5　迎送列车时，足踏安全线，不侵入安全线外，面向列车方向目迎目送，以列车进入站台开始，开出站台为止。办理交接时行举手礼，右手五指并拢平展，向内上方举手至帽沿右侧边沿，小臂形成45°角。

5.2.6　清理卫生时，清扫工具不触碰旅客及携带物品。挪动旅客物品时，征得旅客同意。需要踩踏座席时，戴鞋套或使用垫布。占用洗脸间洗漱时，礼让旅客。

5.2.7　不高声喧哗、嬉笑打闹、勾肩搭背，不在旅客面前吃食物、吸烟、剔牙齿和出现其他不文明、不礼貌的动作，不对旅客评头论足，接班前和工作中不食用异味食品。

5.3　站容整洁，环境舒适。

5.3.1　干净整洁，窗明地净，物见本色。

5.3.1.1　地面干净无垃圾；玻璃透明无污渍；墙壁无污渍、涂鸦。电梯、扶手、护栏、座椅、台面、危险品检查仪、危险品处置台等处无积尘、污渍。卫生间通风良好，干净无异味，地面无积水，便池无积便、积垢，洗手池清洁无污垢。饮水处地面无积水，饮水机表面清洁无污渍，沥水槽无残渣。站台、天桥、地道等地面无积水、积冰、积雪，股道无杂物。

5.3.1.2　各服务处所设置适量的垃圾箱（桶），外皮清洁，内配的垃圾袋材质符合国家标准、厚度不小于0.025毫米，无破损、渗漏，每日消毒一次。垃圾车外表无明显污垢，垃圾不散落，污水不外溢。垃圾及时清运，日产日清。

5.3.1.3　保洁工具定点隐蔽存放。设有供保洁作业使用的水、电设施和存放保洁机具、清扫工具的处所，不影响旅客候车、乘降。

5.3.1.4　由具备资质的专业保洁企业保洁，使用专业保洁机具和清洁工具，清洗剂符合环保要求，不腐蚀、污染设备备品。保洁人员经过保洁专业知识和铁路安全知识培训合格，持证上岗。墙壁、玻璃、隔断、护栏等2米以下的部位每日保洁，2米以上的部位及顶棚等设施定期保洁。车站对保洁作业有检查，有考核。

5.3.2 通风良好，温度适宜，空气质量符合国家规定。有空调的服务处所室内温度冬季18℃～20℃、夏季26℃～28℃；无空调的服务处所室内温度冬季不低于14℃，夏季超过28℃时便用电风扇。高寒地区站房进出口处有门斗和防寒挡风门帘（风幕）。

5.3.3 照明充足，售票处、高铁快件营业场所处照明照度不低于150勒克斯，候车区照明照度不低于100勒克斯，站台、天桥及进出站地道照明照度不低于50勒克斯。

5.3.4 各服务处所按规定开展"消毒、杀虫、灭鼠"工作，蚊、蝇、蟑螂等病媒昆虫指数及鼠密度符合国家规定。

5.3.5 服务备品齐全完整，质地良好，符合国家环保规定。卫生间配有卫生纸、芳香球、洗手液（皂），坐便器配一次性坐便垫圈，及时补充。分设照明开关，使用节能灯具，根据自然光照度及时开启或关闭照明。用水处有节水宣传揭示。

5.4 广播语音清晰，音量适宜，用语规范，内容准确，播放及时。

5.4.1 通告列车运行情况、检票等信息，有禁止携带危险品进站上车、旅行安全常识、公共卫生和候车区禁止吸烟等宣传。

5.4.2 使用普通话。少数民族自治地区车站可根据需要增加当地通用的民族语言播音。可增加英语播报客运作业信息。

5.4.3 采用自动语音合成方式，日常重点内容播音录音化。

5.5 全面服务，重点照顾。

5.5.1 无需求无干扰。配备自动售（取）票机、自动检票机、电子显示屏等服务设备，通过广播、揭示揭挂、电子显示等方式宣传服务设备的使用方法，方便旅客自助服务。

5.5.2 有需求有服务。售票处、候车区公布中国铁路客户服务中心客户服务电话（区号＋电话号码），受理旅客咨询、求助、投诉。实行首问首诉负责制，旅客问讯时，有问必答，回答准确；对旅客提出的问题不能解决时，指引到相应岗位，并做好耐心解释。接听电话时，先向旅客通报单位和工号。

5.5.3 重点关注，优先照顾，保障重点旅客服务。

5.5.3.1 按规范设置无障碍设施设备。售票厅设无障碍售票窗口。在检票口附近等方便的区域设置黄色标志的重点旅客候车专座。卫生间设无障碍厕所。设有无障碍电梯或相关设备的，正常使用。盲道畅通无障碍。

5.5.3.2 重点旅客优先购票、优先进站、优先检票上车。根据需求为特殊重点旅客提供帮助，有服务，有交接，有通报。

5.5.4 尊重民族习俗和宗教信仰。少数民族自治地区车站可按规定在图形标志增加当地通用的民族语言文字，可根据需要增加当地通用的民族语言播音。

5.5.5 旅客在站内遗失物品时，帮助（或广播）查找；收到旅客遗失物品及时登记、公告，登记内容完整，保管措施妥当，处置措施合法。

6. 客运组织

6.1 售票。

6.1.1 提供窗口、自动售（取）票机等多种售票渠道，布局合理，管理规范。

6.1.1.1　售票窗口和自动售（取）票机设置、开放的数量适应客流量，日常窗口排队不超过 20 人。

6.1.1.2　办理售票、退票、改签、换票、取票、挂失补办、中转签证等业务，发售学生票、残疾军人票、乘车证签证等各种车票，支持现金、银行卡等支付方式。

6.1.2　在售票处醒目位置公布售票时间和停售时间，开窗时间不晚于本站首趟列车开车前 1 小时，关窗时间不早于本站最后一趟列车办理客运业务后 30 分钟。工作时间内暂停售票时设有提示。用餐或交接班时间实行错时暂停售票。

6.1.3　自动售（取）票机及时补充票据、零钞和凭条。设备故障等异常状况处置及时。

6.1.4　票据、现金妥善保管，票面完整、清晰。票据填写规范，内容准确、无涂改，按规定加盖站名戳和名章。

6.2　进站、候车、检票组织。

6.2.1　按规定实行实名制验证，核验车票、有效身份证件原件、旅客的一致性。无法实施全封闭实名制验证的在检票口组织验证。

6.2.2　秩序良好，通道畅通，安检日常旅客排队进站等候不超过 5 分钟。

6.2.3　候车室（区）旅客可视范围内有客运人员，及时巡视、解答旅客咨询、妥善处置异常情况。

6.2.4　开始、停止检票时间的设置适应客流量和站场条件，进站口有提前停止检票时间的提示。开始检票或列车到站前，通告车次、停靠站台等检票信息。

6.2.5　自动检票机通道和人工检票通道正常启用，通道数量适应客流情况，并提供商务座旅客快速检票进站服务。引导旅客通过自动检票机、人工检票通道分别排队等候、检票进站，提醒旅客拿好车票或身份证，防止尾随。具备居民身份证自动识读检票条件的自动检票机正常启用。人工检票口核验车票和其他乘车凭证，对车票加剪。

6.2.6　对无票、日期车次不符、减价不符、票证人不一致等人员按规定拒绝进站、乘车。

6.2.7　停止检票前，通告候车室，无漏乘；停止检票时，关闭检票口，通告候车室和站台。

6.3　站台组织。

6.3.1　站台客运人员提前到岗，检查引导屏状态和显示内容、站台及股道情况。

6.3.2　按站台车厢位置标志在站台安全线或屏蔽门内组织旅客排队等候，有序乘降。铃响时巡视站台，无漏乘。

6.3.3　办理站车交接，短编组动车组列车在 4、5 号车厢之间；长编组动车组列车在 8、9 号车厢之间；重联动车组列车在列车运行方向前组第 7、8 号车厢之间。

6.3.4　开车时间前 30 秒打响开车铃，铃声时长 10 秒。

6.3.5　同一站台有两趟动车组列车同时进行乘降作业时，有宣传，有引导，无误乘。站台一侧邻靠线路有动车组列车通过时，另一侧停止旅客乘降或设防护栏防护。

6.4　出站组织。

6.4.1　出站检票人员提前到岗，检查自动检票机、出站显示屏状态和内容。

6.4.2　引导旅客通过自动检票机和人工检票通道检票出站，具备居民身份证自动识读检票条件的自动检票机正常启用。人工检票口核对车票及其他乘车凭证，对未加剪的车票补剪，秩序良好，防止尾随。

6.4.3　对违章乘车旅客及违章携带品正确处理，票款收付准确。

6.4.4　列车出站后及时清理，站台、通道无滞留人员。

6.5　高铁快件作业。

6.5.1　设置承运、交付办理窗口，提供托运单、高铁快件快递面单和必要的填写用具。

6.5.2　承运高铁快件及时准确，品名相符，实名验证，逐件安检，正确检斤、制票，唱收唱付。"站到站"和"站到门"高铁快件按到站和服务产品正确分拣、装箱。

6.5.3　装卸、搬运高铁快件轻搬轻放，堆码整齐。装车时，合理计划，按方案装载，站、车认真核对、准确交接，装车完毕及时信息确认，做到不逾期、不破损、不丢失。

6.5.4　运输过程中发生高铁快件包装松散、破损时，有记录、有交接。

6.5.5　到站卸车提前到位，立岗接车，准确交接。集装件外包装、施封破损或集装件短少的，凭客运记录或现场检查，核实现状，办理交接。

6.5.6　到达高铁快件核对票据，妥善保管，及时通知，正确交付。"站到站"和"站到门"集装件双人拆箱，一箱一清。对无法交付的高铁快件按规定处理。

6.5.7　认真处理站间运输高铁快件差错，发生高铁快件损失，比照行李包裹损失处理有关规定执行，先赔付、后定责。

6.5.8　作业区无闲杂人员出入，无非高铁快件工作人员查找、搬运。发现非工作人员持集装件出站时当场制止。

6.5.9　高铁快件装卸人员经过装卸作业知识、技能和铁路安全知识培训合格，持证上岗。

6.6　应急处置。

6.6.1　遇恶劣天气、列车停运、大面积晚点、启动热备车底、突发大客流、设备故障、客票（服）系统故障、火灾爆炸、重大疫情、食物中毒、作业车辆（设备）坠入站台、旅客人身伤害等非正常情况时，及时启动应急预案，掌握售票、候车、旅客滞留、高铁快件等情况，维持站内秩序，准确通报信息，做好咨询、解释、安抚等善后工作。

6.6.1.1　列车晚点15分钟以上时，根据调度通报，公告列车晚点信息，说明晚点原因、晚点时间，广播每次间隔不超过30分钟。电子显示屏实时显示。按规定办理退票、改签或提供免费饮食品，协调市政交通衔接。

6.6.1.2　遇列车在车站空调失放时，站车共同组织；必要时，组织旅客下车、换乘其他列车或疏散到车站安全处所。到站按规定退还票价差额。

6.6.1.3　遇车底变更时，组织旅客换乘，按规定办理改签、退票。

6.6.1.4　遇售票、检票系统故障时，组织维护部门进行故障排查，按规定启用应急售票、换票程序，组织人工办理检票。

6.6.1.5　遇列车故障途中需更换车底时，在车站换乘的，由客调通知换乘站高铁快件到站，由换乘站组织集装件换车。在区间换乘的，集装件不换至救援车，由故障车所在地铁路局根据救援方案一并安排随车运送至动车所所在地高铁车站，动车所所在地高铁车站编制客运记录并安排最近车次运送至到站。

6.6.2　有应急预案培训和演练，有记录，有结果，有考核。

7. 商业、广告经营

7.1　站内商业场所、位置、面积、业态布局统一规划，不占用旅客候车空间，不影响旅客乘降流线；统一标志，统一服务内容，统一服务标准。有商业经营管理规范，对经营行为有检查，有考核。

7.2　经营单位持有效经营许可，经营行为规范，明码标价，文明售货，提供发票。不出售禁止或限量携带等影响运输安全的商品，不出售无生产单位、无生产日期、无保质期、过期、变质以及口香糖等严重影响环境卫生的食品。

7.3　餐饮食品经营场所环境卫生符合要求，用具清洁，消毒合格，生熟分开。销售散装熟食品时，有防蝇、防尘措施，不徒手接触食品。

7.4　站内广告设置场所、位置、面积、形式统一规划，广告设施安全牢固，形式规范，内容健康，与车站环境相协调。不挤占、遮挡图形标志、业务揭示、安全宣传等客运服务信息，不影响客运服务功能，不影响安全。旅客通道内安装的广告牌使用嵌入式灯箱，突出墙面部分不超过 200 毫米，棱角部位采取打磨、倒角处理。除围墙、栅栏外，无直接涂写、张贴式广告。广播系统不发布音频广告。播放视频时不得外放声音。

8. 基础管理

8.1　管理制度健全，有考核，有记载。定期分析安全和服务质量状况，有针对性具体整改措施。

8.2　业务资料配置到位，内容修改及时、正确。

8.3　各工种按岗位责任各负其责，相互协作，落实作业标准。

8.4　业务办理符合规定，票据、台账、报表填写规范、清晰。营运进款结算准确，票据、现金入柜加锁，及时解款。

8.5　定期开展职业技能培训，培训内容适应岗位要求，评判准确。

9. 人员素质

9.1　身体健康，五官端正，持有效健康证明。新职人员具备高中（职高、中专）及以上文化程度。

9.2　持有效上岗证，经过岗前安全、技术业务培训合格。客运值班员、售票值班员、应急操作平台操作人员从事客运服务工作满 2 年。

9.3　熟练使用本岗位相关设备设施，熟知本岗位业务知识和职责，掌握本岗位应急处置作业流程，具备应对突发事件的能力。

普速大型车站服务质量规范

1. 适用范围

本规范对中国铁路总公司所属铁路运输企业的普速大型车站旅客运输服务提出了质量要求。

办理动车组列车客运业务的普速大型车站，其动车组列车和普速旅客列车旅客共用区域以及实行物理隔离的动车组列车旅客专用售票窗口、候车室、检票口、站台等区域的管理、作业和服务，比照适用《高铁中型及以上车站服务质量规范》，其他区域的管理、作业和服务适用本规范。

2. 术语和定义

2.1 普速大型车站：指办理普速旅客列车客运业务的特、一等车站。

2.2 动车组列车：指由若干带动力和不带动力的车辆以固定编组组成、两端设有司机室的一组列车。

2.3 普速旅客列车：指运送旅客或行包、邮件的非动车组列车。

2.4 重点旅客：指老、幼、病、残、孕旅客。特殊重点旅客是指依靠辅助器具才能行动等需要特殊照顾的重点旅客。

2.5 照度（平面照度）：指单位面积的光通量，单位为勒克斯（lx）。

3. 客运安全

3.1 安全制度健全有效，安全管理职责明确，能满足安全生产需要。

3.1.1 有安全生产责任制、安全检查和安全质量考核、劳动安全、消防管理、食品安全、设施设备、安检查危、实名验证、结合部、现金票据安全、站台作业车辆安全、旅客人身伤害处理等管理制度和办法。

3.1.2 有旅客候车、乘降、进出站、行包保管和装卸等安全防范措施。

3.1.3 与保洁、商业、物业、广告、安检、行包、邮政等结合部有安全协议。

3.1.4 有恶劣天气、列车停运、大面积晚点、突发大客流、设备故障、客票（服）系统故障、火灾爆炸、重大疫情、食物中毒、作业车辆（设备）坠入站台、旅客人身伤害等非正常情况下的应急预案。

3.2 安全设备设施配备齐全到位，作用良好。

3.2.1 按规定配备危险品检查仪、安全门、危险品处置台、手持金属探测器、防爆罐等安全检查设施设备，正常启用，显示器满足查验不同危险品的需求。危险品检查仪、安全门、危险品处置台、防爆罐设在进站口旅客进站流线、行包房适当位置，不影响旅客通行。

危险品检查仪延长端适当。

3.2.2　按规定配备消防设备、器材，定期检测维护，合格有效。

3.2.3　应急照明系统覆盖进出站口、候车室、售票处、站台、天桥、地道等处所，状态良好。

3.2.4　备有喇叭、手持应急照明灯具、应急车次牌、隔离设施等应急物品，定点存放。有应急食品储备或定点食品供应商联系供应机制。

3.2.5　安全标志使用正确，位置恰当，便于辨识。电梯、天桥、地道口、楼梯踏步、站台有引导、安全标志。落地玻璃前有防撞装置和警示图形标志。

3.2.6　电梯、天桥、楼梯悬空侧按规定设置防护装置，高度不低于1.7米。

3.3　执行安全检查规定。

3.3.1　配备安检人员，有引导、值机、手检、处置。开启的危险品检查仪数量满足旅客进站需求。

3.3.2　旅客人人通过安全门和手持金属探测器检查，携带品件件过机。安检口外开设的车站小件寄存处对寄存物品进行安全检查。

3.3.3　安检人员持证上岗，佩戴标志。

3.3.4　对检查发现和列车移交的危险物品、违禁品按规定处理。

3.4　站区实行封闭式管理，旅客进出站乘降有序，站内无闲杂人员。进出站通道流线清晰，有管理措施。站台两端设置防护栅栏（行包、邮政作业端除外）并有"禁止通行"标志。疏散通道、紧急出口、消防车通道等有专人管理，无堵塞。

3.5　进入站台的作业车辆及移动小机具、小推车不影响旅客乘降，不堵塞通道；停放时在指定位置，与列车平行，有制动措施；行驶或移动时，不与本站台的列车同时移动，不侵入安全线，速度不超过10千米/小时。无非作业车辆进入站台。

3.6　行包、邮政拖车的辆数重车（含混编）不超过4辆，空车不超过5辆，混编时重车在前、空车在后。装载的货物高度距地面不超过2米，横向宽度不得超出车体两侧各0.2米，重量不超过2吨，堆码整齐，绳索捆牢，不致甩落。四周护栏拖车运行中侧向护栏锁闭。

3.7　安全使用电源，无违规使用电源、电器。

3.8　工作人员人人通过生产作业、消防、电器、电气化、卫生防疫、劳动人身等安全培训，特定岗位工作人员按规定通过相应岗位安全培训。安全培训有计划，有记载，有考核。

3.9　发生旅客人身伤害、突发疾病或接受列车移交的伤、病人员时，及时联系医疗机构；造成旅客死亡或涉及违法犯罪的，及时报告（通知）公安机关。

4. 设备设施

4.1　基础设施设备符合设计规范，定期维护，作用良好，无违规改造和改变用途。

4.1.1　有售票处、公安制证处、候车室、补票处、行包房、天桥或地道、站台、风雨棚、围墙（栅栏）等基础设施，地面硬化平整，房屋、风雨棚、天桥、地道无渗漏，墙面、天花板无开裂、翘起、脱落，扶手、护栏、隔断、门窗牢固完好，楼梯踏步无缺损，独立进出站楼梯有行李坡道。

4.1.2　有通风、照明、广播、供水、排水、防寒、防暑、空调等设备设施。广播覆盖各服务处所，具备无线小区广播和分区广播功能；音箱（喇叭）设备设置合理，音响效果清晰。售票处、候车区、站台、行包房、广播室有时钟，显示时间准确。

4.1.3　视频监控系统覆盖车站各服务处所，具备自动录像功能。录像资料留存时间不少于 15 天，涉及旅客人身伤害、扰乱车站公共秩序等重要的视频资料为 1 年。

4.2　图形标志符合标准，齐全醒目，位置恰当，安装牢固，内容规范，信息准确。

4.2.1　有位置标志、导向标志、平面示意图、信息板等引导标志，指引准确。站台两端各设有一个站名牌，进出站地道围栏、无障碍电梯、广告牌、垃圾箱（桶）、基本站台栅栏等站台设施设有便于列车内旅客以正常视角快速识别的站名标志。各站台设有出站方向标志。

4.2.2　根据各服务处所和服务设备设施的功能、用途设置揭示揭挂，采取电子显示屏、公告栏等方式公布规章文电摘抄、旅客乘车安全须知、客运服务质量标准摘要、客运杂费收费标准等服务信息。

4.2.3　售票处、候车区（室）、出站检票处和补票处设有儿童票标高线。

4.2.4　售票窗口、自动售（取）票机前设置黄色"一米线"，宽度 10 厘米，或者硬隔离设施。

4.2.5　采用中、英文；少数民族自治地区车站可按规定增加当地通用的民族语言文字。

4.3　有电子显示引导系统，满足温度环境使用要求，室外显示屏具有防雨、防湿、防寒、防晒、防尘等性能，信息显示及时，每屏信息的显示时间适当，便于旅客阅读。

4.3.1　进站大厅（集散厅）设置进站显示屏，显示车次、始发站、终到站、开车时刻、候车区（检票口）、状态等发车信息。

4.3.2　候车区内设置候车引导屏，显示车次、始发站、终到站、开车时刻、检票口、状态等信息。

4.3.3　检票口处设置进站检票屏，显示车次、终到站、开车时刻、站台、状态等信息。

4.3.4　天桥、地道内设置进、出站通道屏，显示当前到发列车车次、始发站、终到站、站台、到开时刻、编组前后顺位等信息。

4.3.5　站台设置站台屏，显示当前车次、始发站、终到站、实际开点（终到站为到点）、列车前后顺位编组、引导提示等信息。

4.3.6　出站口外侧设置出站屏，显示到达车次、始发站、到达时刻、站台、状态等信息。

4.3.7　待机状态显示站名、安全提示、欢迎词等信息。

4.4　售票设施设备满足生产需要，作用良好。

4.4.1　售票窗口配备桌椅、计算机、制票机、居民身份证阅读器、双向对讲器、窗口屏、保险柜、验钞机等售票设备及具有录像、拾音、录音功能的监控设备，发售学生票、残疾军人票的窗口配备学生优惠卡、残疾军人证的识读器，退票、改签窗口配备二维码扫描仪，电子支付窗口配备 POS 机。

4.4.1.1　在窗口正上方设置窗口屏，显示窗口号、窗口功能、工作时间或状态等信息。

4.4.1.2　有对外显示屏，同步显示售票员操作的售票信息。

4.4.1.3　设置工号牌或采用电子显示屏，显示售票人员姓名、工号、本人正面二寸工作服彩色白底照片等信息。

4.4.2 有剩余票额信息显示屏，及时、正确显示日期、车次、始发站、终到站、开车时刻、各席别剩余票额等售票信息。

4.4.3 配备自动售、取票机，自动售票机具备现金或银行卡支付功能。

4.4.4 补票处邻近出站检票口，配备桌椅、计算机、制票机、保险柜、验钞机、学生优惠卡识读器等售票设备和衡器，有防盗、报警设施。

4.4.5 有存放票据、现金的处所和设备，具备防潮、防鼠、防盗、监控和报警功能。

4.5 候车区布局合理，方便旅客。

4.5.1 配备适量座椅，摆放整齐，不影响旅客通行。

4.5.2 设有问讯处（服务台、遗失物品招领处），位置适当，标志醒目，配备信息终端和存放服务资料、备品的设备。

4.5.3 设有饮水处，配备电开水器，有加热、保温标志，水质符合国家标准要求。可开启式箱盖的电开水器或保温桶加锁，箱盖与箱体无间隙。

4.5.4 设有卫生间，厕位适量。有通风换气及洗手池等盥洗设备，正常使用，作用良好。厕位间设置挂钩。

4.5.5 电梯正常启用，作用良好。安全标志醒目，遇故障、维修时有停止使用等提示，操作人员持证上岗（仅操作停止、启动、调整方向的除外）。

4.5.6 检票口设人工检票通道，已检票区域与候车区有围栏，封闭良好。

4.6 实施车站全封闭实名制验证的，设有相对独立的验证口、验证区域、验证通道和复位口，并配备验证设备。

4.7 行包房有机动车作业场地和停车位。办理窗口有桌椅、计算机、制票机，使用行包管理信息系统，配有电子衡器和装卸搬运机具，电子支付窗口配备 POS 机。有打包机、施封钳等包装工具；有编织带、纸箱、锁等包装材料；有封箱钉、打包带、铁锤、缝针等维修工具施封材料。行包仓库有发送、中转、到达作业区域，根据品类划分鲜活、易腐、放射品等不同的存放区，方便存放和领取。有防火、防爆、防盗、防水、防鼠设备。

4.8 站台设有响铃设备，作用良好；地面标示站台安全线，内侧铺设提示盲道；设置的座椅、垃圾箱（桶）、广告灯箱等设施设备安装牢固，不影响旅客通行。

4.9 给水站按规定设置水井、水栓，给水系统作用良好，水源保护、水质符合国家标准。按规定办理吸污作业的车站有吸污设备。

4.10 客运人员每人配置手持电台，其他岗位按需配备，作用良好，具备录音功能。

4.11 有设备管理制度和设备登记台账。有巡视检查、维护保养记录。发生故障立即报告，及时维修，影响旅客使用时设有提示。

5. 文明服务

5.1 仪容整洁，上岗着装统一，干净平整。

5.1.1 头发干净整齐、颜色自然，不理奇异发型，不剃光头。男性两侧鬓角不得超过耳垂底部，后部不长于衬衣领，不遮盖眉毛、耳朵，不烫发，不留胡须；女性发不过肩，刘海长不遮眉，短发不短于两寸。

5.1.2 面部、双手保持清洁，指甲修剪整齐，长度不超过指尖 2 毫米，身体外露部位无文身。女性淡妆上岗，保持妆容美观，不浓妆艳抹，不染彩色指甲。

5.1.3 换装统一，衣扣拉链整齐。着裙装时，丝袜统一，无破损。系领带时，衬衣束在裙子或裤子内。外露的皮带为黑色。佩戴的外露饰物款式简洁，限手表一只、戒指一枚，女性还可佩戴发夹、发箍或头花及一副直径不超过 3 毫米的耳钉。不歪戴帽子，不挽袖子和卷裤脚，不敞胸露怀，不赤足穿鞋，不穿尖头鞋、拖鞋、露趾鞋，鞋跟高度不超过 3.5 厘米，跟径不小于 3.5 厘米。

5.1.4 佩戴职务标志（售票员除外），胸章牌（长方形职务标志）戴于左胸口袋上方正中，下边沿距口袋 1 厘米处（无口袋的戴于相应位置），包含单位、姓名、职务、工号等内容。菱形臂章佩戴在上衣左袖肩下四指处。按规定应佩戴制帽的，在执行职务时戴上制帽，帽徽在制帽折沿上方正中。

5.2 表情自然，态度和蔼，用语文明，举止得体，庄重大方。

5.2.1 使用普通话，表达准确，口齿清晰。服务语言表达规范、准确，使"请、您好、谢谢、对不起、再见"等服务用语。对旅客、货主称呼恰当，统称为"旅客们""各位旅客""旅客朋友"，单独称为"先生、女士、小朋友、同志"等。

5.2.2 旅客问讯时，面向旅客站立（售票员、封闭式问讯处工作人员办理业务时除外），目视旅客，有问必答，回答准确，解释耐心。遇有失误时，向旅客表示歉意。对旅客的配合与支持，表示感谢。

5.2.3 坐立、行走姿态端正，步伐适中，轻重适宜。在旅客多的地方先示意后通行；与旅客走对面时，主动让路，面向旅客侧身让行，不与旅客抢行。列队出（退）勤时，按规定线路行走，步伐一致。多人行走时，两人成排，三人成列。

5.2.4 立岗姿势规范，精神饱满。站立时，挺胸收腹，两肩平衡，身体自然挺直，双臂自然下垂，手指并拢贴于裤线上，脚跟靠拢，脚尖略向外张呈"V"字形。女性可双手四指并拢，交叉相握，右手叠放在左手之上，自然垂于腹前；左脚靠在右脚内侧，夹角为 45°，呈"丁"字形。

5.2.5 迎送列车时，足踏安全线，不侵入安全线外，面向列车方向目迎目送，以列车进入站台开始，开出站台为止。办理交接时行举手礼，右手五指并拢平展，向内上方举手至帽沿右侧边沿，小臂形成 45°角。

5.2.6 清理卫生时，清扫工具不触碰旅客及携带物品。挪动旅客物品时，征得旅客同意。需要踩踏座席时，戴鞋套或使用垫布。占用洗脸间洗漱时，礼让旅客。

5.2.7 不高声喧哗、嬉笑打闹、勾肩搭背，不在旅客面前吃食物、吸烟、剔牙齿和出现其他不文明、不礼貌的动作，不对旅客评头论足，接班前和工作中不食用异味食品。

5.3 站容整洁，环境舒适。

5.3.1 干净整洁，窗明地净，物见本色。

5.3.1.1 地面干净无垃圾；玻璃透明无污渍；墙壁无污渍、涂鸦。电梯、扶手、护栏、座椅、台面、危险品检查仪、危险品处置台等处无积尘、污渍。卫生间通风良好，干净无异味，地面无积水，便池无积便、积垢，洗手池清洁无污垢。饮水处地面无积水，饮水机表面清洁无污渍，沥水槽无残渣。站台、天桥、地道等地面无积水、积冰、积雪，股道无杂物。

5.3.1.2 各服务处所设置适量的垃圾箱（桶），外皮清洁，内配的垃圾袋材质符合国家标准、厚度不小于 0.025 毫米，无破损、渗漏，每日消毒一次。垃圾车外表无明显污垢，垃圾不散落，污水不外溢。垃圾及时清运，储运密闭化，固定通道，日产日清。

5.3.1.3 保洁工具定点隐蔽存放。设有供保洁作业使用的水、电设施和存放保洁机具、清扫工具的处所，不影响旅客候车、乘降。

5.3.1.4　由具备资质的专业保洁企业保洁，使用专业保洁机具和清洁工具，清洗剂符合环保要求，不腐蚀、污染设备备品。保洁人员经过保洁专业知识和铁路安全知识培训合格，持证上岗。墙壁、玻璃、隔断、护栏等2米以下的部位每日保洁，2米以上的部位及顶棚等设施定期保洁。车站对保洁作业有检查，有考核。

5.3.2　通风良好，温度适宜，空气质量符合国家规定。室内温度冬季18℃～20℃、夏季26℃～28℃。高寒地区站房进出口处有门斗和风幕（防寒挡风门帘）。

5.3.3　照明充足，售票处、问讯处（服务台）、软席候车室照明照度不低于150勒克斯，候车区、行包营业厅照明照度不低于100勒克斯，站台、天桥及进出站地道照明照度不低于50勒克斯。

5.3.4　各服务处所按规定开展"消毒、杀虫、灭鼠"工作，蚊、蝇、蟑螂等病媒昆虫指数及鼠密度符合国家规定。

5.3.5　服务备品齐全完整，质地良好，符合国家环保规定。软席候车室卫生间配有卫生纸、芳香球、洗手液（皂）、擦手纸（干手器），坐便器配一次性坐便垫圈，及时补充。站台设置的垃圾箱（桶）上有烟灰盒。分设照明开关，使用节能灯具，根据自然光照度及时开启或关闭照明。用水处有节水宣传揭示。

5.4　广播语音清晰，音量适宜，用语规范，内容准确，播放及时。

5.4.1　通告列车运行情况、检票等信息，有禁止携带危险品进站上车、旅行安全常识、公共卫生和候车区禁止吸烟等宣传。

5.4.2　使用普通话。少数民族自治地区车站可根据需要增加当地通用的民族语言播音。可增加英语播报客运作业信息。

5.4.3　采用自动语音合成方式，日常重点内容播音录音化。

5.5　全面服务，重点照顾。

5.5.1　配备自动售（取）票机、电子显示屏等服务设备，通过广播、揭示揭挂、电子显示等方式宣传服务设备的使用方法，方便旅客自助服务。

5.5.2　售票处、候车区公布中国铁路客户服务中心客户服务电话（区号+电话号码），设有服务品牌，受理旅客咨询、求助、投诉，专人负责，及时回应。实行首问首诉负责制，旅客问讯时，有问必答，回答准确；对旅客提出的问题不能解决时，指引到相应岗位，并做好耐心解释。接听电话时，先向旅客通报单位和工号。

5.5.3　重点关注，优先照顾，保障重点旅客服务。

5.5.3.1　按规范设置无障碍设施设备。售票厅设无障碍售票窗口。进站验证口、安检口设重点旅客进站通道。候车室设有重点旅客候车区和特殊重点旅客服务点（可与问讯处、服务台等合设），位置醒目、便于寻找，并配备轮椅、担架等辅助器具；特等站内设相对封闭的哺乳区。卫生间设无障碍厕所。设有无障碍电梯，正常使用。盲道畅通无障碍。

5.5.3.2　重点旅客优先购票、优先进站、优先检票上车。

5.5.3.3　根据需求为特殊重点旅客提供帮助，有服务，有交接，有通报。

5.5.4　尊重民族习俗和宗教信仰。少数民族自治地区车站可按规定在图形标志增加当地通用的民族语言文字，可根据需要增加当地通用的民族语言播音。

5.5.5　旅客在站内遗失物品时，帮助（或广播）查找；收到旅客遗失物品及时登记、公告，登记内容完整，保管措施妥当，处置措施合法。

6. 客运组织

6.1　售票。

6.1.1　提供窗口、自动售（取）票机、铁路客票代售点等多种售票渠道，售票网点布局合理，管理规范。

6.1.1.1　售票窗口和自动售（取）票机设置、开放的数量适应客流量，日常窗口排队不超过20人。

6.1.1.2　办理售票、退票、改签、换票、取票、挂失补办、中转签证等业务，发售学生票、残疾军人票、乘车证签证等各种车票，支持现金、银行卡等支付方式。

6.1.2　在售票处醒目位置公布售票时间和停售时间。工作时间内暂停售票时设有提示。用餐或交接班时间实行错时暂停售票。

6.1.3　自动售（取）票机及时补充票据、零钞和凭条。设备故障等异常状况处置及时。

6.1.4　票据、现金妥善保管，票面完整、清晰。票据填写规范，内容准确、无涂改，按规定加盖站名戳和名章。

6.2　进站、候车、检票组织。

6.2.1　按规定实行实名制验证，核验车票、有效身份证件原件、旅客的一致性。无法实施全封闭实名制验证的在检票口组织验证。验证与检票分离的车站对热门车次在检票口进行二次验证。

6.2.2　秩序良好，通道畅通，按列车开行方向、车次组织旅客有序候车，提醒旅客对超重、超大等物品办理托运。安检日常旅客排队进站等候不超过5分钟。

6.2.3　候车室（区）旅客可视范围内有客运人员，及时巡视、解答旅客咨询、妥善处置异常情况。设有值班站长。

6.2.4　开始、停止检票时间的设置适应客流量和站场条件，进站口有提前停止检票时间的提示。始发列车检票时间不晚于开车前30分钟。开始检票或列车到站前，通告车次、停靠站台等检票信息。

6.2.5　检票通道数量适应客流情况。按照先重点、后团体、再一般旅客的原则组织旅客排队检票进站，确认车次日期相符、车票有效、核验其他乘车凭证后加剪车票放行。

6.2.6　对无票、日期车次不符、减价不符、票证人不一致等人员按规定拒绝进站、乘车。

6.2.7　停止检票前，通告候车室，无漏乘；停止检票时，关闭检票口，通告候车室和站台。

6.3　站台组织。

6.3.1　站台客运人员提前到岗，检查引导屏状态和显示内容、站台及股道情况。

6.3.2　组织旅客按车厢位置在站台安全线排队等候，列车停稳后先下后上、有序乘降。铃响时巡视站台，无漏乘。

6.3.3　在列车中部办理站车交接。

6.3.4　开车时间前打响开车铃。

6.3.5　客流较大、始发终到列车1人值乘多个车厢、需双开车门时，车站负责值守增开的车门。

6.3.6 同一站台有两趟列车同时进行乘降作业时，有宣传，有引导，无误乘。

6.3.7 站台一侧邻靠线路有动车组列车通过时，另一侧停止旅客乘降或设防护栏防护。

6.4 出站组织。

6.4.1 出站检票人员提前到岗，检查出站显示屏状态和内容。

6.4.2 引导旅客排队检票、有序出站，核对车票及其他乘车凭证，对未加剪的车票补剪，防止尾随。遇有大客流可敞开出口。

6.4.3 对违章乘车旅客及违章携带品正确处理，票款收付准确。

6.4.4 列车出站后及时清理，站台、通道无滞留人员。

6.5 行包作业。

6.5.1 设置承运、交付办理窗口，提供托运单和填写托运单的必要用具。

6.5.2 承运行包及时准确，品名相符，正确检斤、制票，运杂费收付无误，唱收唱付，不逾期、不破损、不丢失。

6.5.3 承运限制运输的物品时，按规定查验相关的运输证明；需要押运的物品按规定办理押运手续。

6.5.4 装卸、搬运行包轻搬轻放，大不压小、重不压轻、方不压圆，箭头向上、标签向外，堆码整齐。

6.5.5 易碎品、流质物品、放射性物品外包装上粘贴安全标志；运输过程中发生行包包装松散、破损及时修整，并有记录、有交接。

6.5.6 到达行包核对票据，妥善保管，及时通知，准确验货，正确交付，按规定期限保管。对无法交付的行包及时公告，按规定处理。

6.5.7 认真处理行包差错，发生行包事故先赔付、后定责。

6.5.8 仓库内无闲杂人员出入，无非行包、装卸工作人员查找、搬运行包。

6.5.9 行包代办网点布局合理，管理规范。代办接取送达及时、准确、安全，收费规范。

6.5.10 行包装卸单位具备相应资质；装卸人员经过装卸作业知识、技能和铁路安全知识培训合格，持证上岗。

6.6 列车给水、吸污作业。

6.6.1 给水站根据给水方案配备给水人员，防护用具齐全，按指定线路提前到指定位置接送车，有人防护，同去同回。

6.6.2 按规定程序及时上水，始发列车辆辆满水，中途站按给水方案补水，水管回卷到位（管头插入上水井内）。吸污站按规定进行吸污作业，保持作业清洁。作业完毕，向站台客运人员报告。

6.7 机车供电的始发列车不晚于开车前40分钟连挂机车，并向列车供电。

6.8 应急处置及客流高峰作业。

6.8.1 遇恶劣天气、列车停运、大面积晚点、突发大客流、设备故障、客票（服）系统故障、火灾爆炸、重大疫情、食物中毒、作业车辆（设备）坠入站台、旅客人身伤害等非正常情况时，及时启动应急预案，掌握售票、候车及旅客滞留情况，维持站内秩序，准确通报信息，做好咨询、解释、安抚等善后工作。

6.8.1.1 列车晚点 30 分钟以上时，根据调度通报，公告列车晚点信息，说明晚点原因、晚点时间，广播每次间隔不超过 30 分钟。电子显示屏实时显示。按规定办理退票、改签，协调市政交通衔接。

6.8.1.2 遇列车在车站空调失效时，站车共同组织；必要时，组织旅客下车、换乘其他列车或疏散到车站安全处所。到站按规定退还票价差额。

6.8.1.3 遇车底变更时，车站按车底变更计划调整席位，组织旅客换乘，告知列车，并按规定办理改签、退票。

6.8.1.4 遇售票系统故障时，组织维护部门进行故障排查，按规定启用应急售票、换票程序。

6.8.2 有应急预案培训和演练，有记录，有结果，有考核。

6.8.3 春、暑运等客流高峰时期，换票、验证、安检、进站等处所设有快速（绿色）通道。根据情况，开设临时售票、候车场所，采取限时进站、异地候车、暂停商业营业等方式，满足客流需要。临时候车场所有饮用水供应、卫生间等设施设备，配备适量重点旅客座席。

7. 商业、广告经营

7.1 站内商业场所、位置、面积、业态布局统一规划，不占用旅客候车空间，不影响旅客乘降流线；统一标志，统一服务内容，统一服务标准；有商业经营管理规范，对经营行为有检查，有考核。

7.2 经营单位持有效经营许可，经营行为规范，明码标价，文明售货，提供发票。不出售禁止或限量携带以及玻璃、陶瓷、金属等硬质包装等影响运输安全的商品，不出售无生产单位、无生产日期、无保质期、过期、变质以及口香糖等严重影响环境卫生的食品。休闲茶座、代搬行李、观光车送客服务无诱导旅客消费。站台售货车数量不得超过列车编组载客车辆辆数的 1/2，不堵占车门、天桥、地道，不聚堆售货，不高声叫卖。

7.3 餐饮食品经营场所环境卫生符合要求，用具清洁，消毒合格，生熟分开。销售散装熟食品时，有防蝇、防尘措施，不徒手接触食品。

7.4 站内广告设置场所、位置、面积、形式统一规划，广告设施安全牢固，形式规范，内容健康，与车站环境相协调。不挤占、遮挡图形标志、业务揭示、安全宣传等客运服务信息，不影响客运服务功能，不影响安全。旅客通道内安装的广告牌使用嵌入式灯箱，突出墙面部分不超过 200 毫米，棱角部位采取打磨、倒角处理。除围墙、栅栏外，无直接涂写、张贴式广告。广播系统不发布音频广告。播放视频时不得外放声音。

8. 基础管理

8.1 管理制度健全，有考核，有记载。定期分析安全和服务质量状况，有针对性具体整改措施。

8.2 业务资料配置到位，内容修改及时、正确。

8.3 各工种按岗位责任各负其责，相互协作，落实作业标准。

8.4 业务办理符合规定，票据、台账、报表填写规范、清晰。营运进款结算准确，票据、现金入柜加锁，及时解款。

8.5 定期召开站区结合部协调会，有监督，有检查，有考核。

8.6 定期开展职业技能培训，培训内容适应岗位要求，评判准确。

9. 人员素质

9.1　身体健康，五官端正，持有效健康证明。新职人员具备高中（职高、中专）及以上文化程度。

9.2　持有效上岗证，经过岗前安全、技术业务培训合格。客运值班员、售票值班员、客运计划员、广播员从事客运服务工作满 2 年。广播员具备广播员资质。

9.3　熟练使用本岗位相关设备设施，熟知本岗位业务知识和职责，掌握本岗位应急处置作业流程，具备应对突发事件的能力。

普速中型车站服务质量规范

1. 适用范围

本规范对中国铁路总公司所属铁路运输企业的普速中型车站旅客运输服务提出了质量要求。

办理动车组列车客运业务的普速中型车站，其动车组列车和普速旅客列车旅客共用区域以及实行物理隔离的动车组列车旅客专用售票窗口、候车室、检票口、站台等区域的管理、作业和服务，比照适用《高铁小型车站服务质量规范》，其他区域的管理、作业和服务适用本规范。

2. 术语和定义

2.1 普速中型车站：指办理普速旅客列车客运业务的二、三等车站。

2.2 动车组列车：指由若干带动力和不带动力的车辆以固定编组组成、两端设有司机室的一组列车。

2.3 普速旅客列车：指运送旅客或行包、邮件的非动车组列车。

2.4 重点旅客：指老、幼、病、残、孕旅客。特殊重点旅客是指依靠辅助器具才能行动等需要特殊照顾的重点旅客。

2.5 照度（平面照度）：指单位面积的光通量，单位为勒克斯（lx）。

3. 客运安全

3.1 安全制度健全有效，安全管理职责明确，能满足安全生产需要。

3.1.1 有安全生产责任制、安全检查和安全质量考核、劳动安全、消防管理、食品安全、设施设备、安检查危、实名验证、结合部、现金票据安全、站台作业车辆安全、旅客人身伤害处理等管理制度和办法。

3.1.2 有旅客候车、乘降、进出站、行包保管和装卸等安全防范措施。

3.1.3 与保洁、商业、物业、广告、安检、行包、邮政等结合部有安全协议。

3.1.4 有恶劣天气、列车停运、大面积晚点、突发大客流、设备故障、客票系统故障、火灾爆炸、重大疫情、食物中毒、作业车辆（设备）坠入站台、旅客人身伤害等非正常情况下的应急预案。

3.2 安全设备设施配备齐全到位，作用良好。

3.2.1 按规定配备危险品检查仪、安全门、危险品处置台、手持金属探测器、防爆罐等安全检查设施设备，正常启用，显示器满足查验不同危险品的需求。危险品检查仪、安全门、危险品处置台、防爆罐设在进站口旅客进站流线、行包房适当位置，不影响旅客通行。

危险品检查仪延长端适当。

3.2.2 按规定配备消防设备、器材，定期检测维护，合格有效。

3.2.3 候车室、售票处、行包房、天桥、地道等处设置应急照明灯，连接电源，定期检查，作用良好。

3.2.4 备有喇叭、手持应急照明灯具、应急车次牌、隔离设施等应急物品，定点存放。有应急食品储备或定点食品供应商联系供应机制。

3.2.5 安全标志使用正确，位置恰当，便于辨识。电梯、天桥、地道口、楼梯踏步、站台有引导、安全标志。落地玻璃前有防撞装置和警示图形标志。

3.2.6 电梯、天桥、楼梯悬空侧按规定设置防护装置，高度不低于 1.7 米。

3.3 执行安全检查规定。

3.3.1 配备安检人员，有引导、值机、手检、处置。开启的危险品检查仪数量满足旅客进站需求。

3.3.2 旅客人人通过安全门和手持金属探测器检查，携带品件件过机。安检口外开设的车站小件寄存处对寄存物品进行安全检查。

3.3.3 安检人员持证上岗，佩戴标志。

3.3.4 对检查发现和列车移交的危险物品、违禁品按规定处理。

3.4 站区实行封闭式管理，旅客进出站乘降有序，站内无闲杂人员。进出站通道流线清晰，有管理措施。站台两端设有"禁止通行"标志。疏散通道、紧急出口、消防车通道等有专人管理，无堵塞。

3.5 进入站台的作业车辆及移动小机具、小推车不影响旅客乘降，不堵塞通道；停放时在指定位置，与列车平行，有制动措施；行驶或移动时，不与本站台的列车同时移动，不侵入安全线，速度不超过 10 千米/小时。无非作业车辆进入站台。

3.6 行包邮政拖车的辆数重车（含混编）不超过 4 辆，空车不超过 5 辆，混编时重车在前、空车在后。装载的货物高度距地面不超过 2 米，横向宽度不得超出车体两侧各 0.2 米，重量不超过 2 吨，堆码整齐，绳索捆牢，不致甩落。四周护栏拖车运行中侧向护栏锁闭。

3.7 安全使用电源，无违规使用电源、电器。

3.8 工作人员人人通过生产作业、消防、电器、电气化、卫生防疫、劳动人身等安全培训，特定岗位工作人员按规定通过相应岗位安全培训。安全培训有计划，有记载，有考核。

3.9 发生旅客人身伤害、突发疾病或接受列车移交的伤、病人员时，及时联系医疗机构；造成旅客死亡或涉及违法犯罪的，及时报告（通知）公安机关。

4. 设备设施

4.1 基础设施设备符合设计规范，定期维护，作用良好，无违规改造和改变用途。

4.1.1 有售票处、公安制证处、候车室、补票处、站台、围墙（栅栏）等基础设施，地面硬化平整，房屋、风雨棚、天桥、地道无渗漏，墙面、天花板无开裂、翘起、脱落，扶手、护栏、隔断、门窗牢固完好，楼梯踏步无缺损，独立进出站楼梯有行李坡道。办理行包业务的，有行包房。

4.1.2 有通风、照明、广播、供水、排水、防寒、防暑等设备设施。广播覆盖各服务处所；音箱（喇叭）设备设置合理，音响效果清晰。售票处、候车区、站台、行包房、广播室有时钟，显示时间准确。

4.1.3　视频监控系统覆盖车站各服务处所，具备自动录像功能。录像资料留存时间不少于15天，涉及旅客人身伤害、扰乱车站公共秩序等重要的视频资料为1年。

4.2　图形标志符合标准，齐全醒目，位置恰当，安装牢固，内容规范，信息准确。

4.2.1　有位置标志、导向标志、平面示意图、信息板等引导标志，指引准确。站台两端各设有一个站名牌，进出站地道围栏、广告牌、垃圾箱（桶）、基本站台栅栏等站台设施设有便于列车内旅客以正常视角快速识别的站名标志。各站台设有出站方向标志。

4.2.2　根据各服务处所和服务设备设施的功能、用途设置揭示揭挂，采取电子显示屏、公告栏等方式公布规章文电摘抄、旅客乘车安全须知、客运服务质量标准摘要、客运杂费收费标准等服务信息。

4.2.3　售票处、候车区（室）、出站检票处和补票处设有儿童票标高线。

4.2.4　售票窗口前设置黄色"一米线"，宽度10厘米，或者硬隔离设施。

4.2.5　采用中、英文；少数民族自治地区车站可按规定增加当地通用的民族语言文字。

4.3　有电子显示引导系统，满足温度环境使用要求，室外显示屏具有防雨、防湿、防寒、防晒、防尘等性能，信息显示及时，每屏信息的显示时间适当，便于旅客阅读。

4.3.1　候车区内设置候车引导屏，显示车次、始发站、终到站、开车时刻、检票口、状态等信息。

4.3.2　检票口处设置进站检票屏，显示车次、终到站、开车时刻、站台、状态等信息。

4.3.3　天桥、地道内设有进、出站通道屏的，显示当前到发列车车次、始发站、终到站、站台、到开时刻、编组前后顺位等信息。

4.3.4　站台设有站台屏的，显示当前车次、始发站、终到站、实际开点（终到站为到点）、列车前后顺位编组、引导提示等信息。

4.3.5　出站口外侧设有出站屏的，显示到达车次、始发站、到达时刻、站台、状态等信息。

4.3.6　待机状态显示站名、安全提示、欢迎词等信息。

4.4　售票设施设备满足生产需要，作用良好。

4.4.1　售票窗口配备桌椅、计算机、制票机、居民身份证阅读器、双向对讲器、窗口屏、保险柜、验钞机等售票设备及具有录像、拾音、录音功能的监控设备，发售学生票、残疾军人票的窗口配备学生优惠卡、残疾军人证的识读器，退票、改签窗口配备二维码扫描仪，电子支付窗口配备POS机。

4.4.1.1　在窗口正上方设置窗口屏，显示窗口号、窗口功能、工作时间或状态等信息。

4.4.1.2　设置工号牌或采用电子显示屏，显示售票人员姓名、工号、本人正面二寸工作服彩色白底照片等信息。

4.4.2　有剩余票额信息显示屏，及时、正确显示日期、车次、始发站、终到站、开车时刻、各席别剩余票额等售票信息。

4.4.3　补票处邻近出站检票口，配备桌椅、计算机、制票机、保险柜、验钞机、学生优惠卡识读器等售票设备和衡器，有防盗、报警设施。

4.4.4　有存放票据、现金的处所和设备，具备防潮、防鼠、防盗、监控和报警功能。

4.5　候车区布局合理，方便旅客。

4.5.1　配备适量座椅，摆放整齐，不影响旅客通行。

4.5.2　设有问讯处（服务台、遗失物品招领处）的，位置适宜，标志醒目，配备信息终端和存放服务资料、备品的设备。

4.5.3　设有饮水处，配备电开水器，有加热、保温标志，水质符合国家标准要求。可开启式箱盖的电开水器或保温桶加锁，箱盖与箱体无间隙。

4.5.4　设有卫生间，厕位适量。有通风换气及洗手池等盥洗设备，正常使用，作用良好。厕位间设置挂钩。

4.5.5　配备电梯的，正常启用，作用良好。安全标志醒目，遇故障、维修时有停止使用等提示，操作人员持证上岗（仅操作停止、启动、调整方向的除外）。

4.5.6　检票口设人工检票通道，已检票区域与候车区隔离，封闭良好。

4.6　实施车站全封闭实名制验证的，设有相对独立的验证口、验证区域、验证通道和复位口，并配备验证设备。

4.7　行包房有机动车作业场地和停车位。办理窗口有桌椅、计算机、制票机，使用行包管理信息系统，配有电子衡器和装卸搬运机具，电子支付窗口配备 POS 机。有打包机、施封钳等包装工具；有编织带、纸箱、锁等包装材料；有封箱钉、打包带、铁锤、缝针等维修工具施封材料。行包仓库有发送、中转、到达作业区域，根据品类划分鲜活、易腐、放射品等不同的存放区，方便存放和领取。有防火、防爆、防盗、防水、防鼠设备。

4.8　站台设有响铃设备，作用良好；地面标示站台安全线，内侧铺设提示盲道；设置座椅、垃圾箱（桶）、广告灯箱等设施设备安装牢固，不影响旅客通行。

4.9　给水站按规定设置水井、水栓，给水系统作用良好，水源保护、水质符合国家标准。

4.10　客运人员每人配置手持电台，其他岗位按需配备，作用良好，具备录音功能。

4.11　有设备管理制度和设备登记台账。有巡视检查、维护保养记录。发生故障立即报告，及时维修，影响旅客使用时设有提示。

5. 文明服务

5.1　仪容整洁，上岗着装统一，干净平整。

5.1.1　头发干净整齐、颜色自然，不理奇异发型，不剃光头。男性两侧鬓角不得超过耳垂底部，后部不长于衬衣领，不遮盖眉毛、耳朵，不烫发，不留胡须；女性发不过肩，刘海长不遮眉，短发不短于两寸。

5.1.2　面部、双手保持清洁，指甲修剪整齐，长度不超过指尖 2 毫米，身体外露部位无文身。女性淡妆上岗，保持妆容美观，不浓妆艳抹，不染彩色指甲。

5.1.3　换装统一，衣扣拉链整齐。着裙装时，丝袜统一，无破损。系领带时，衬衣束在裙子或裤子内。外露的皮带为黑色。佩戴的外露饰物款式简洁，限手表一只、戒指一枚，女性还可佩戴发夹、发箍或头花及一副直径不超过 3 毫米的耳钉。不歪戴帽子，不挽袖子和卷裤脚，不敞胸露怀，不赤足穿鞋，不穿尖头鞋、拖鞋、露趾鞋，鞋跟高度不超过 3.5 厘米，跟径不小于 3.5 厘米。

5.1.4　佩戴职务标志（售票员除外），胸章牌（长方形职务标志）戴于左胸口袋上方正中，下边沿距口袋 1 厘米处（无口袋的戴于相应位置），包含单位、姓名、职务、工号等内容。菱形臂章佩戴在上衣左袖肩下四指处。按规定应佩戴制帽的，在执行职务时戴上制帽，帽徽在制帽折沿上方正中。

5.2　表情自然，态度和蔼，用语文明，举止得体，庄重大方。

5.2.1　使用普通话，表达准确，口齿清晰。服务语言表达规范、准确，使用"请、您好、谢谢、对不起、再见"等服务用语。对旅客、货主称呼恰当，统称为"旅客们""各位旅客""旅客朋友"，单独称为"先生、女士、小朋友、同志"等。

5.2.2　旅客问讯时，面向旅客站立（售票员、封闭式问讯处工作人员办理业务时除外），目视旅客，有问必答，回答准确，解释耐心。遇有失误时，向旅客表示歉意。对旅客的配合与支持，表示感谢。

5.2.3　坐立、行走姿态端正，步伐适中，轻重适宜。在旅客多的地方先示意后通行；与旅客走对面时，主动让路，面向旅客侧身让行，不与旅客抢行。列队出（退）勤时，按规定线路行走，步伐一致。多人行走时，两人成排，三人成列。

5.2.4　立岗姿势规范，精神饱满。站立时，挺胸收腹，两肩平衡，身体自然挺直，双臂自然下垂，手指并拢贴于裤线上，脚跟靠拢，脚尖略向外张呈"V"字形。女性可双手四指并拢，交叉相握，右手叠放在左手之上，自然垂于腹前；左脚靠在右脚内侧，夹角为45°，呈"丁"字形。

5.2.5　迎送列车时，足踏安全线，不侵入安全线外，面向列车方向目迎目送，以列车进入站台开始，开出站台为止。办理交接时行举手礼，右手五指并拢平展，向内上方举手至帽沿右侧边沿，小臂形成45°角。

5.2.6　清理卫生时，清扫工具不触碰旅客及携带物品。挪动旅客物品时，征得旅客同意。需要踩踏座席时，戴鞋套或使用垫布。占用洗脸间洗漱时，礼让旅客。

5.2.7　不高声喧哗、嬉笑打闹、勾肩搭背，不在旅客面前吃食物、吸烟、剔牙齿和出现其他不文明、不礼貌的动作，不对旅客评头论足，接班前和工作中不食用异味食品。

5.3　站容整洁。

5.3.1　干净整洁，窗明地净，物见本色。

5.3.1.1　地面干净无垃圾；玻璃透明无污渍；墙壁无污渍、涂鸦。电梯、扶手、护栏、座椅、台面、危险品检查仪、危险品处置台等处无积尘、污渍。卫生间通风良好，干净无异味，地面无积水，便池无积便、积垢，洗手池清洁无污垢。饮水处地面无积水，饮水机表面清洁无污渍，沥水槽无残渣。站台、天桥、地道等地面无积水、积冰、积雪，股道无杂物。

5.3.1.2　各服务处所设置适量的垃圾箱（桶），外皮清洁，内配的垃圾袋材质符合国家标准、厚度不小于0.025毫米，无破损、渗漏，每日消毒一次。垃圾车外表无明显污垢，垃圾不散落，污水不外溢。垃圾及时清运，日产日清。

5.3.1.3　保洁工具定点隐蔽存放。设有供保洁作业使用的水、电设施和存放清扫工具的处所，不影响旅客候车、乘降。

5.3.1.4　车站对保洁作业有检查，有考核。保洁人员经过保洁专业知识和铁路安全知识培训合格，持证上岗。清洗剂符合环保要求，不腐蚀、污染设备备品。墙壁、玻璃、隔断、护栏等2米以下的部位每日保洁，2米以上的部位及顶棚等设施定期保洁。

5.3.2　通风良好，空气质量符合国家规定。有空调的服务处所室内温度冬季18℃～20℃、夏季26℃～28℃；无空调的服务处所室内温度冬季不低于14℃，夏季超过28℃时使用电风扇。高寒地区站房进出口处有防寒挡风门帘。

5.3.3　照明充足，售票处、问讯处（服务台）、软席候车室照明照度不低于 150 勒克斯，候车区、行包营业厅照明照度不低于 100 勒克斯，站台、天桥及进出站地道照明照度不低于 50 勒克斯。

5.3.4　各服务处所按规定开展"消毒、杀虫、灭鼠"工作，蚊、蝇、蟑螂等病媒昆虫指数及鼠密度符合国家规定。

5.3.5　服务备品齐全完整，质地良好，符合国家环保规定。软席候车室卫生间配有卫生纸、芳香球、洗手液（皂）、擦手纸（干手器），坐便器配一次性坐便垫圈，及时补充。站台设置的垃圾箱（桶）上有烟灰盒。分设照明开关，使用节能灯具，根据自然光照度及时开启或关闭照明。用水处有节水宣传揭示。

5.4　广播语音清晰，音量适宜，用语规范，内容准确，播放及时。

5.4.1　通告列车运行情况、检票等信息，有禁止携带危险品进站上车、旅行安全常识、公共卫生和候车区禁止吸烟等宣传。

5.4.2　使用普通话。少数民族自治地区车站可根据需要增加当地通用的民族语言播音。

5.4.3　采用自动语音合成方式，日常重点内容播音录音化。

5.5　全面服务，重点照顾。

5.5.1　售票处、候车区公布中国铁路客户服务中心客户服务电话（区号 + 电话号码），受理旅客咨询、求助、投诉。实行首问首诉负责制，旅客问讯时，有问必答，回答准确；对旅客提出的问题不能解决时，指引到相应岗位，并做好耐心解释。接听电话时，先向旅客通报单位和工号。

5.5.2　重点关注，优先照顾，保障重点旅客服务。

5.5.2.1　按规范设置无障碍设施设备。售票厅设无障碍售票窗。检票口附近设置黄色标志的重点旅客候车专座。设有无障碍厕所、电梯或相关设备的，正常使用。设有盲道的，畅通无障碍。

5.5.2.2　重点旅客优先购票、优先进站、优先检票上车。

5.5.2.3　问讯处（服务台）配备轮椅、担架等辅助器具，根据需求为特殊重点旅客提供帮助，有服务，有交接，有通报。

5.5.3　尊重民族习俗和宗教信仰。少数民族自治地区车站可按规定在图形标志增加当地通用的民族语言文字，可根据需要增加当地通用的民族语言播音。

5.5.4　旅客在站内遗失物品时，帮助（或广播）查找；收到旅客遗失物品及时登记、公告，登记内容完整，保管措施妥当，处置措施合法。

6. 客运组织

6.1　售票。

6.1.1　提供窗口、铁路客票代售点等多种售票渠道，售票网点布局合理，管理规范。

6.1.1.1　售票窗口设置、开放的数量适应客流量，日常窗口排队不超过 20 人。

6.1.1.2　办理售票、退票、改签、换票、取票、挂失补办、中转签证等业务，发售学生票、残疾军人票、乘车证签证等各种车票，支持现金、银行卡等支付方式。

6.1.2　在售票处醒目位置公布售票时间和停售时间。工作时间内暂停售票时设有提示。用餐或交接班时间实行错时暂停售票。

6.1.3　配备自动售（取）票机的，及时补充票据、零钞和凭条；设备故障等异常状况处置及时。

6.1.4　票据、现金妥善保管，票面完整、清晰。票据填写规范，内容准确、无涂改，按规定加盖站名戳和名章。

6.2　进站、候车、检票组织。

6.2.1　按规定实行实名制验证，核验车票、有效身份证件原件、旅客的一致性。无法实施全封闭实名制验证的在检票口组织验证。验证与检票分离的车站对热门车次在检票口进行二次验证。

6.2.2　秩序良好，通道畅通，按列车开行方向、车次组织旅客有序候车，提醒旅客对超重、超大等物品办理托运。安检日常旅客排队进站等候不超过5分钟。

6.2.3　候车室（区）旅客可视范围内有客运人员，及时巡视、解答旅客咨询，妥善处置异常情况。

6.2.4　开始、停止检票时间的设置适应客流量和站场条件，进站口有提前停止检票时间的提示。始发列车检票时间不晚于开车前30分钟。开始检票或列车到站前，通告车次、停靠站台等检票信息。

6.2.5　检票通道数量适应客流情况。按照先重点、后团体、再一般旅客的原则组织旅客排队检票进站，确认车次日期相符、车票有效、核验其他乘车凭证后加剪车票放行。

6.2.6　对无票、日期车次不符、减价不符、票证人不一致等人员按规定拒绝进站、乘车。

6.2.7　停止检票前，通告候车室，无漏乘；停止检票时，关闭检票口，通告候车室和站台。

6.3　站台组织。

6.3.1　站台客运人员提前到岗，检查站台、股道、站台引导屏等情况。

6.3.2　组织旅客按车厢位置在站台安全线排队等候，列车停稳后先下后上、有序乘降。铃响时巡视站台，无漏乘。

6.3.3　在列车中部办理站车交接。

6.3.4　开车时间前打响开车铃。

6.3.5　客流较大、始发终到列车1人值乘多个车厢、需双开车门时，车站负责值守增开的车门。

6.3.6　同一站台有两趟列车同时进行乘降作业时，有宣传，有引导，无误乘。

6.3.7　站台一侧邻靠线路有动车组列车通过时，另一侧停止旅客乘降或设防护栏防护。

6.4　出站组织。

6.4.1　出站检票人员提前到岗，检查出站显示屏状态和内容。

6.4.2　引导旅客排队检票、有序出站，核对车票及其他乘车凭证，对未加剪的车票补剪，防止尾随。遇有大客流可敞开出口。

6.4.3　对违章乘车旅客及违章携带品正确处理，票款收付准确。

6.4.4　列车出站后及时清理，站台、通道无滞留人员。

6.5　行包作业。

6.5.1　设有行包房的，设置承运、交付办理窗口，提供托运单和填写托运单的必要用具。

6.5.2 承运行包及时准确，品名相符，正确检斤、制票，运杂费收付无误，唱收唱付，不逾期、不破损、不丢失。

6.5.3 承运限制运输的物品时，按规定查验相关的运输证明；需要押运的物品按规定办理押运手续。

6.5.4 装卸、搬运行包轻搬轻放，大不压小、重不压轻、方不压圆，箭头向上、标签向外，堆码整齐。

6.5.5 易碎品、流质物品、放射性物品外包装上粘贴安全标志；运输过程中发生行包包装松散、破损及时修整，并有记录、有交接。

6.5.6 到达行包核对票据，妥善保管，及时通知，准确验货，正确交付，按规定期限保管。对无法交付的行包及时公告，按规定处理。

6.5.7 认真处理行包差错，发生行包事故先赔付、后定责。

6.5.8 仓库内无闲杂人员出入，无非行包、装卸工作人员查找、搬运行包。

6.5.9 行包代办网点布局合理，管理规范。代办接取送达及时、准确、安全，收费规范。

6.5.10 行包装卸单位具备相应资质；装卸人员经过装卸作业知识、技能和铁路安全知识培训合格，持证上岗。

6.6 列车给水作业。

6.6.1 给水站根据给水方案配备给水人员，防护用具齐全，按指定线路提前到指定位置接送车，有人防护，同去同回。

6.6.2 按规定程序及时上水，始发列车辆辆满水，中途站按给水方案补水，水管回卷到位（管头插入上水井内），作业完毕，向站台客运人员报告。

6.7 机车供电的始发列车不晚于开车前40分钟连挂机车。

6.8 应急处置及客流高峰作业。

6.8.1 遇恶劣天气、列车停运、大面积晚点、突发大客流、设备故障、客票系统故障、火灾爆炸、重大疫情、食物中毒、作业车辆（设备）坠入站台、旅客人身伤害等非正常情况时，及时启动应急预案，掌握售票、候车及旅客滞留情况，维持站内秩序，准确通报信息，做好咨询、解释、安抚等善后工作。

6.8.1.1 列车晚点30分钟以上时，根据调度通报，公告列车晚点信息，说明晚点原因、晚点时间，广播每次间隔不超过30分钟。电子显示屏实时显示。按规定办理退票、改签，协调市政交通衔接。

6.8.1.2 遇列车在车站空调失效时，站车共同组织；必要时，组织旅客下车、换乘其他列车或疏散到车站安全处所。到站按规定退还票价差额。

6.8.1.3 遇车底变更时，组织旅客换乘，按规定办理改签、退票。

6.8.1.4 遇售票系统故障时，组织维护部门进行故障排查，按规定启用应急售票、换票程序。

6.8.2 有应急预案培训和演练，有记录，有结果，有考核。

6.8.3 春、暑运等客流高峰时期，换票、验证、安检、进站等处所设有快速（绿色）通道。根据情况，开设临时售票、候车场所，采取限时进站、异地候车、暂停商业营业等方式，满足客流需要。临时候车场所有饮用水供应、卫生间等设施设备，配备适量重点旅客座席。

7. 商业、广告经营

7.1　站内商业场所、位置、面积、业态布局满足旅客候车、乘降，不占用旅客候车空间，不影响旅客乘降流线；有商业经营管理规范；对经营行为有检查，有考核。

7.2　经营单位持有效经营许可，经营行为规范，明码标价，文明售货，提供发票。不出售禁止或限量携带以及玻璃、陶瓷、金属等硬质包装等影响运输安全的商品，不出售无生产单位、无生产日期、无保质期、过期、变质以及口香糖等严重影响环境卫生的食品。休闲茶座、代搬行李服务无诱导旅客消费。站台售货车数量不得超过列车编组载客车辆辆数的1/2，不堵占车门、天桥、地道，不聚堆售货，不高声叫卖。

7.3　餐饮食品经营场所环境卫生符合要求，用具清洁，消毒合格，生熟分开。销售散装熟食品时，有防蝇、防尘措施，不徒手接触食品。

7.4　站内广告设置场所、位置、面积、形式统一规划，广告设施安全牢固，形式规范，内容健康，与车站环境相协调。不挤占、遮挡图形标志、业务揭示、安全宣传等客运服务信息，不影响客运服务功能，不影响安全。旅客通道内安装的广告牌使用嵌入式灯箱，突出墙面部分不超过200毫米，棱角部位采取打磨、倒角处理。除围墙、栅栏外，无直接涂写、张贴式广告。广播系统不发布音频广告。播放视频时不得外放声音。

8. 基础管理

8.1　管理制度健全，有考核，有记载。定期分析安全和服务质量状况，有针对性具体整改措施。

8.2　业务资料配置到位，内容修改及时、正确。

8.3　各工种按岗位责任各负其责，相互协作，落实作业标准。

8.4　业务办理符合规定，票据、台账、报表填写规范、清晰。营运进款结算准确，票据、现金入柜加锁，及时解款。

8.5　定期开展职业技能培训，培训内容适应岗位要求，评判准确。

9. 人员素质

9.1　身体健康，五官端正，持有效健康证明。新职人员具备高中（职高、中专）及以上文化程度。

9.2　持有效上岗证，经过岗前安全、技术业务培训合格。客运值班员、售票值班员、客运计划员、广播员从事客运服务工作满2年。广播员具备广播员资质。

9.3　熟练使用本岗位相关设备设施，熟知本岗位业务知识和职责，掌握本岗位应急处置作业流程，具备应对突发事件的能力。

普速小型车站服务质量规范

1. 适用范围

本规范对中国铁路总公司所属铁路运输企业的普速小型车站旅客运输服务提出了质量要求。

2. 术语和定义

2.1 普速小型车站：指办理普速旅客列车客运业务的四、五等车站。

2.2 普速旅客列车：指运送旅客或行包、邮件的非动车组列车。

2.3 动车组列车：指由若干带动力和不带动力的车辆以固定编组组成、两端设有司机室的一组列车。

2.4 重点旅客：指老、幼、病、残、孕旅客。特殊重点旅客是指依靠辅助器具才能行动等需要特殊照顾的重点旅客。

2.5 照度（平面照度）：指单位面积的光通量，单位为勒克斯（lx）。

3. 客运安全

3.1 安全制度健全有效，安全管理职责明确，能满足安全生产需要。

3.1.1 有安全生产责任制、安全检查和安全质量考核、劳动安全、消防管理、食品安全、设施设备、安检查危、实名验证、结合部、现金票据安全、站台作业车辆安全、旅客人身伤害处理等管理制度和办法。

3.1.2 有旅客候车、乘降、进出站、行包保管和装卸等安全防范措施。

3.1.3 与保洁、商业、物业、广告、安检、行包等结合部有安全协议。

3.1.4 有恶劣天气、列车停运、大面积晚点、突发大客流、设备故障、客票系统故障、火灾爆炸、重大疫情、食物中毒、作业车辆（设备）坠入站台、旅客人身伤害等非正常情况下的应急预案。

3.2 安全设备设施配备齐全到位，作用良好。

3.2.1 按规定配备危险品检查仪、安全门、危险品处置台、手持金属探测器、防爆罐等安全检查设施设备，正常启用，显示器满足查验不同危险品的需求。危险品检查仪、安全门、危险品处置台、防爆罐设在进站口旅客进站流线、行包房适当位置，不影响旅客通行。危险品检查仪延长端适当。

3.2.2 按规定配备消防设备、器材，定期检测维护，合格有效。

3.2.3 备有喇叭、手持应急照明灯具、应急车次牌、隔离设施等应急物品，定点存放。有应急食品储备或定点食品供应商联系供应机制。

3.2.4　安全标志使用正确，位置恰当，便于辨识。天桥、地道口、楼梯踏步、站台有引导、安全标志。

3.2.5　天桥、楼梯悬空侧按规定设置防护装置，高度不低于1.7米。

3.3　执行安全检查规定。

3.3.1　旅客携带品、行包和站内小件寄存物品件件安全检查。

3.3.2　有安检人员，持证上岗，佩戴标志。

3.3.3　对检查发现和列车移交的危险物品、违禁品按规定处理。

3.4　重点时段实行封闭式管理，旅客进出站乘降有序，进出站通道流线清晰，有管理措施。

3.5　进入站台的作业车辆及移动小机具、小推车不影响旅客乘降，不堵塞通道；停放时在指定位置，与列车平行，有制动措施；行驶或移动时，不与本站台的列车同时移动，不侵入安全线，速度不超过10千米/小时。无非作业车辆进入站台。

3.6　安全使用电源，无违规使用电源、电器。

3.7　工作人员人人通过生产作业、消防、电器、电气化、卫生防疫、劳动人身等安全培训，特定岗位工作人员按规定通过相应岗位安全培训。安全培训有计划，有记载，有考核。

3.8　发生旅客人身伤害、突发疾病或接受列车移交的伤、病人员时，及时联系医疗机构；造成旅客死亡或涉及违法犯罪的，及时报告（通知）公安机关。

4. 设备设施

4.1　基础设施设备符合设计规范，定期维护，作用良好，无违规改造和改变用途。

4.1.1　有售票处、公安制证处、候车室、补票处、站台、围墙（栅栏）等基础设施，地面硬化平整，房屋、风雨棚、天桥、地道无渗漏，墙面、天花板无开裂、翘起、脱落，扶手、护栏、隔断、门窗牢固完好，楼梯踏步无缺损。办理行包业务的，有行包房。

4.1.2　有通风、照明、供水、排水、防寒、防暑等设备设施。售票处、候车区、行包房有时钟，显示时间准确。

4.2　图形标志符合标准，齐全醒目，位置恰当，安装牢固，内容规范，信息准确。

4.2.1　有位置标志、导向标志、信息板等引导标志，指引准确。站台两端各设有一个站名牌，进出站地道围栏、广告牌、垃圾箱（桶）、基本站台栅栏等站台设施设有便于列车内旅客以正常视角快速识别的站名标志。各站台设有出站方向标志。

4.2.2　根据各服务处所和服务设备设施的功能、用途设置揭示揭挂，采取电子显示屏、公告栏等方式公布规章文电摘抄、旅客乘车安全须知、客运服务质量标准摘要、客运杂费收费标准等服务信息。

4.2.3　售票处、候车区（室）、出站检票处和补票处设有儿童票标高线。

4.2.4　售票窗口前设置黄色"一米线"，宽度10厘米。

4.2.5　采用中文；少数民族自治地区车站可按规定增加当地通用的民族语言文字。

4.3　设置电子显示引导系统的，满足温度环境使用要求，室外显示屏具有防雨、防湿、防寒、防晒、防尘等性能，信息显示及时，每屏信息的显示时间适当，便于旅客阅读。待机状态显示站名、安全提示、欢迎词等信息。

4.4　售票设施设备满足生产需要，作用良好。

4.4.1　售票窗口配备桌椅、计算机、制票机、居民身份证阅读器、保险柜、验钞机等售票设备及具有录像、拾音、录音功能的监控设备，发售学生票、残疾军人票的窗口配备学生优惠卡、残疾军人证的识读器，退票、改签窗口配备二维码扫描仪，电子支付窗口配备POS 机。设置工号牌或采用电子显示屏，显示售票人员姓名、工号、本人正面二寸工作服彩色白底照片等信息。

4.4.2　补票处邻近出站检票口，配备桌椅、计算机、制票机、保险柜、验钞机、学生优惠卡识读器等售票设备和衡器，有防盗、报警设施。

4.4.3　有存放票据、现金的处所和设备，具备防潮、防鼠、防盗、监控和报警功能。

4.5　候车区布局合理，方便旅客。

4.5.1　配备适量座椅，摆放整齐，不影响旅客通行。

4.5.2　设有饮水处，水质符合国家标准要求。用水处有节水宣传揭示。可开启式箱盖的电开水器或保温桶加锁，箱盖与箱体无间隙。

4.5.3　设置卫生间的，厕位适量；有通风换气和洗手池等盥洗设备，正常使用，作用良好；厕位间设置挂钩。

4.5.4　检票口设人工检票通道，已检票区域与候车区隔离，封闭良好。

4.6　实施车站全封闭实名制验证的，设有相对独立的验证口、验证区域、验证通道和复位口，并配备验证设备。

4.7　设置行包房的，有机动车作业场地和停车位。办理窗口有桌椅、计算机、制票机，使用行包管理信息系统，配有电子衡器和装卸搬运机具，电子支付窗口配备 POS 机。有打包机、施封钳等包装工具；有编织带、纸箱、锁等包装材料；有封箱钉、打包带、铁锤、缝针等维修工具施封材料。行包仓库有发送、中转、到达作业区域，根据品类划分鲜活、易腐、放射品等不同的存放区，方便存放和领取。有防火、防爆、防盗、防水、防鼠设备。

4.8　站台设有响铃设备或配备口笛，作用良好；地面标示站台安全线。

4.9　客运人员每人按需配备手持电台，作用良好。

4.10　有设备管理制度和设备登记台账。有巡视检查、维护保养记录。发生故障立即报告，及时维修，影响旅客使用时设有提示。

5. 文明服务

5.1　仪容整洁，上岗着装统一，干净平整。

5.1.1　头发干净整齐、颜色自然，不理奇异发型，不剃光头。男性两侧鬓角不得超过耳垂底部，后部不长于衬衣领，不遮盖眉毛、耳朵，不烫发，不留胡须；女性发不过肩，刘海长不遮眉，短发不短于两寸。

5.1.2　面部、双手保持清洁，指甲修剪整齐，长度不超过指尖 2 毫米，身体外露部位无文身。女性淡妆上岗，保持妆容美观，不浓妆艳抹，不染彩色指甲。

5.1.3　换装统一，衣扣拉链整齐。着裙装时，丝袜统一，无破损。系领带时，衬衣束在裙子或裤子内。外露的皮带为黑色。佩戴的外露饰物款式简洁，限手表一只、戒指一枚，女性还可佩戴发夹、发箍或头花及一副直径不超过 3 毫米的耳钉。不歪戴帽子，不挽袖子和卷裤脚，不敞胸露怀，不赤足穿鞋，不穿尖头鞋、拖鞋、露趾鞋，鞋跟高度不超过 3.5 厘米，跟径不小于 3.5 厘米。

5.1.4　佩戴职务标志（售票员除外），胸章牌（长方形职务标志）戴于左胸口袋上方正中，下边沿距口袋 1 厘米处（无口袋的戴于相应位置），包含单位、姓名、职务、工号等内容。菱形臂章佩戴在上衣左袖肩下四指处。按规定应佩戴制帽的，在执行职务时戴上制帽，帽徽在制帽折沿上方正中。

5.2　表情自然，态度和蔼，用语文明，举止得体，庄重大方。

5.2.1　使用普通话，表达准确，口齿清晰。服务语言表达规范、准确，使用"请、您好、谢谢、对不起、再见"等服务用语。对旅客、货主称呼恰当，统称为"旅客们""各位旅客""旅客朋友"，单独称为"先生、女士、小朋友、同志"等。

5.2.2　旅客问讯时，面向旅客站立（售票员、封闭式问讯处工作人员办理业务时除外），目视旅客，有问必答，回答准确，解释耐心。遇有失误时，向旅客表示歉意。对旅客的配合与支持，表示感谢。

5.2.3　坐立、行走姿态端正，步伐适中，轻重适宜。在旅客多的地方先示意后通行；与旅客走对面时，主动让路，面向旅客侧身让行，不与旅客抢行。列队出（退）勤时，按规定线路行走，步伐一致。多人行走时，两人成排，三人成列。

5.2.4　立岗姿势规范，精神饱满。站立时，挺胸收腹，两肩平衡，身体自然挺直，双臂自然下垂，手指并拢贴于裤线上，脚跟靠拢，脚尖略向外张呈"V"字形。女性可双手四指并拢，交叉相握，右手叠放在左手之上，自然垂于腹前；左脚靠在右脚内侧，夹角为45°，呈"丁"字形。

5.2.5　迎送列车时，足踏安全线，不侵入安全线外，面向列车方向目迎目送，以列车进入站台开始，开出站台为止。办理交接时行举手礼，右手五指并拢平展，向内上方举手至帽沿右侧边沿，小臂形成45°角。

5.2.6　清理卫生时，清扫工具不触碰旅客及携带物品。挪动旅客物品时，征得旅客同意。需要踩踏座席时，戴鞋套或使用垫布。占用洗脸间洗漱时，礼让旅客。

5.2.7　不高声喧哗、嬉笑打闹、勾肩搭背，不在旅客面前吃食物、吸烟、剔牙齿和出现其他不文明、不礼貌的动作，不对旅客评头论足，接班前和工作中不食用异味食品。

5.3　站容整洁。

5.3.1　干净整洁，窗明地净，物见本色。

5.3.1.1　地面干净无垃圾；玻璃透明无污渍；墙壁无污渍、涂鸦。扶手、护栏、座椅、台面、危险品检查仪、危险品处置台等处无积尘、污渍。卫生间通风良好，干净无异味，地面无积水，便池无积便、积垢，洗手池清洁无污垢。饮水处地面无积水。站台、天桥、地道等地面无积水、积冰、积雪，股道无杂物。

5.3.1.2　各服务处所设置适量的垃圾箱（桶），外皮清洁，内配的垃圾袋材质符合国家标准、厚度不小于0.025毫米，无破损、渗漏，每日消毒一次。垃圾车外表无明显污垢，垃圾不散落，污水不外溢。垃圾及时清运，日产日清。

5.3.1.3　保洁工具定点隐蔽存放。设有供保洁作业使用的水、电设施和存放清扫工具的处所，不影响旅客候车、乘降。

5.3.1.4　车站对保洁作业有检查，有考核。保洁人员经过保洁专业知识和铁路安全知识培训合格，持证上岗。清洗剂符合环保要求，不腐蚀、污染设备备品。墙壁、玻璃、隔断、护栏等2米以下的部位每日保洁，2米以上的部位及顶棚等设定期保洁。

5.3.2　通风良好，空气质量符合国家规定。有空调的服务处所室内温度冬季18℃ ～

20℃、夏季26℃~28℃；无空调的服务处所室内温度冬季不低于14℃，夏季超过28℃时使用电风扇。高寒地区站房进出口处有防寒挡风门帘。

5.3.3 主要服务场所照明充足，售票处照明照度不低于150勒克斯，候车区、行包营业厅照明照度不低于100勒克斯，站台、天桥及进出站地道照明照度不低于50勒克斯。

5.3.4 各服务处所按规定开展"消毒、杀虫、灭鼠"工作，蚊、蝇、蟑螂等病媒昆虫指数及鼠密度符合国家规定。

5.4 配备广播设备的，广播音箱（喇叭）设备设置合理，音响效果清晰，音量适宜，用语规范，内容准确，播放及时。

5.4.1 通告列车运行情况、检票等信息，有禁止携带危险品进站上车、旅行安全常识、公共卫生和候车区禁止吸烟等宣传。

5.4.2 使用普通话。少数民族自治地区车站可根据需要增加当地通用的民族语言播音。

5.4.3 采用自动语音合成方式，日常重点内容播音录音化。

5.5 全面服务，重点照顾。

5.5.1 售票处、候车区公布中国铁路客户服务中心客户服务电话（区号＋电话号码），受理旅客咨询、求助、投诉。实行首问首诉负责制，旅客问讯时，有问必答，回答准确；对旅客提出的问题不能解决时，指引到相应岗位，并做好耐心解释。接听电话时，先向旅客通报单位和工号。

5.5.2 重点旅客优先购票、优先进站、优先检票上车。根据需求为特殊重点旅客提供帮助，有服务，有交接，有通报。检票口附近设置黄色标志的重点旅客候车专座。设置盲道的，畅通无障碍。

5.5.3 尊重民族习俗和宗教信仰。少数民族自治地区车站可按规定在图形标志增加当地通用的民族语言文字；配备广播设备的，可根据需要增加当地通用的民族语言播音。

5.5.4 旅客在站内遗失物品时，帮助（或广播）查找；收到旅客遗失物品及时登记、公告，登记内容完整，保管措施妥当，处置措施合法。

6. 客运组织

6.1 售票。

6.1.1 售票窗口的设置、开放适应客流量，办理售票、退票、改签、换票、取票、挂失补办、中转签证等业务，发售学生票、残疾军人票、乘车证签证等各种车票，支持现金、银行卡等支付方式。

6.1.2 在售票处醒目位置公布售票时间和停售时间。开窗时间不晚于列车开车前1小时，关窗时间不早于列车办理客运业务后30分钟。工作时间内暂停售票时设有提示。用餐或交接班时间实行错时暂停售票。

6.1.3 票据、现金妥善保管，票面完整、清晰。票据填写规范，内容准确、无涂改，按规定加盖站名戳和名章。

6.2 进站、候车、检票组织。

6.2.1 按规定实行实名制验证，核验车票、有效身份证件原件、旅客的一致性。无法实施全封闭实名制验证的在检票口组织验证。

6.2.2 秩序良好，通道畅通，按列车开行方向、车次组织旅客有序候车。

6.2.3 候车室（区）旅客可视范围内有客运人员，及时巡视、解答旅客咨询，妥善处置异常情况。

6.2.4　开始、停止检票时间的设置适应客流量和站场条件，进站口有提前停止检票时间的提示。开始检票或列车到站前，通告车次、停靠站台等检票信息。

6.2.5　检票通道数量适应客流情况，组织旅客排队检票进站，确认车次日期相符、车票有效、核验其他乘车凭证后加剪车票放行。

6.2.6　对无票、日期车次不符、减价不符、票证人不一致等人员按规定拒绝进站、乘车。

6.2.7　停止检票前，通告候车室，无漏乘；停止检票时，关闭检票口，通告候车室和站台。

6.3　站台组织。

6.3.1　站台客运人员提前到岗，检查站台、股道等情况。

6.3.2　组织旅客按车厢位置在站台安全线排队等候，列车停稳后先下后上、有序乘降。铃（口笛）响时巡视站台，无漏乘。

6.3.3　在列车中部办理站车交接。

6.3.4　开车时间前打响开车铃或吹响口笛。

6.3.5　同一站台有两趟列车同时进行乘降作业时，有宣传，有引导，无误乘。

6.4　出站组织。

6.4.1　出站检票人员提前到岗。

6.4.2　引导旅客排队检票、有序出站，核对车票及其他乘车凭证，对未加剪的车票补剪，防止尾随。

6.4.3　对违章乘车旅客及违章携带品正确处理，票款收付准确。

6.4.4　列车出站后及时清理，站台、通道无滞留人员。

6.5　行包作业。

6.5.1　设有行包房的，设置承运、交付办理窗口，提供托运单和填写托运单的必要用具。

6.5.2　承运行包及时准确，品名相符，正确检斤、制票，运杂费收付无误，唱收唱付，不逾期、不破损、不丢失。

6.5.3　承运限制运输的物品时，按规定查验相关的运输证明；需要押运的物品按规定办理押运手续。

6.5.4　装卸、搬运行包轻搬轻放，大不压小、重不压轻、方不压圆，箭头向上、标签向外，堆码整齐。

6.5.5　易碎品、流质物品、放射性物品外包装上粘贴安全标志；运输过程中发生行包包装松散、破损及时修整，并有记录、有交接。

6.5.6　到达行包核对票据，妥善保管，及时通知，准确验货，正确交付，按规定期限保管。对无法交付的行包及时公告，按规定处理。

6.5.7　认真处理行包差错，发生行包事故先赔付、后定责。

6.5.8　仓库内无闲杂人员出入，无非行包、装卸工作人员查找、搬运行包。

6.5.9　行包代办网点布局合理，管理规范。代办接取送达及时、准确、安全，收费规范。

6.5.10 行包装卸单位具备相应资质；装卸人员经过装卸作业知识、技能和铁路安全知识培训合格，持证上岗。

6.6 应急处置及客流高峰作业。

6.6.1 遇恶劣天气、列车停运、大面积晚点、突发大客流、设备故障、客票系统故障、火灾爆炸、重大疫情、食物中毒、作业车辆（设备）坠入站台、旅客人身伤害等非正常情况时，及时启动应急预案，掌握售票、候车及旅客滞留情况，维持站内秩序，准确通报信息，做好咨询、解释、安抚等善后工作。

6.6.1.1 列车晚点 30 分钟以上时，根据调度通报，公告列车晚点信息，说明晚点原因、晚点时间；配备广播设备的，广播每次间隔不超过 30 分钟。按规定办理退票、改签，协调市政交通衔接。

6.6.1.2 遇列车在车站空调失效时，站车共同组织；必要时，组织旅客下车、换乘其他列车或疏散到车站安全处所。到站按规定退还票价差额。

6.6.1.3 遇车底变更时，组织旅客换乘，按规定办理改签、退票。

6.6.1.4 遇售票系统故障时，组织维护部门进行故障排查，按规定启用应急售票、换票程序。

6.6.2 有应急预案培训和演练，有记录，有结果，有考核。

6.6.3 春、暑运等客流高峰时期，换票、验证、安检、进站等处所设有快速（绿色）通道。

7. 商业、广告经营

7.1 站内商业场所、位置、面积、业态布局满足旅客候车、乘降，不占用旅客候车空间，不影响旅客乘降流线；有商业经营管理规范，对经营行为有检查，有考核。

7.2 经营单位持有效经营许可，经营行为规范，明码标价，文明售货，提供发票。不出售禁止或限量携带以及玻璃、陶瓷、金属等硬质包装等影响运输安全的商品，不出售无生产单位、无生产日期、无保质期、过期、变质以及口香糖等严重影响环境卫生的食品。休闲茶座、代搬行李服务无诱导旅客消费。站台售货车数量不得超过列车编组载客车辆辆数的1/2，不堵占车门、天桥、地道，不聚堆售货，不高声叫卖。

7.3 餐饮食品经营场所环境卫生符合要求，用具清洁，消毒合格，生熟分开。销售散装熟食品时，有防蝇、防尘措施，不徒手接触食品。

7.4 站内广告设置场所、位置、面积、形式统一规划，广告设施安全牢固，形式规范，内容健康，与车站环境相协调。不挤占、遮挡图形标志、业务揭示、安全宣传等客运服务信息，不影响客运服务功能，不影响安全。旅客通道内安装的广告牌使用嵌入式灯箱，突出墙面部分不超过 200 毫米，棱角部位采取打磨、倒角处理。除围墙、栅栏外，无直接涂写、张贴式广告。广播系统不发布音频广告。播放视频时不得外放声音。

8. 基础管理

8.1 管理制度健全，有考核，有记载。定期分析安全和服务质量状况，有针对性具体整改措施。

8.2 业务资料配置到位，内容修改及时、正确。

8.3 各工种按岗位责任各负其责，相互协作，落实作业标准。

8.4 业务办理符合规定，票据、台账、报表填写规范、清晰。营运进款结算准确，票据、现金入柜加锁，及时解款。

8.5 定期开展职业技能培训，培训内容适应岗位要求，评判准确。

9. 人员素质

9.1 身体健康，五官端正，持有效健康证明。新职人员具备高中（职高、中专）及以上文化程度。

9.2 持有效上岗证，经过岗前安全、技术业务培训合格。客运值班员、售票值班员从事客运服务工作满2年。

9.3 熟练使用本岗位相关设备设施，熟知本岗位业务知识和职责，掌握本岗位应急处置作业流程，具备应对突发事件的能力。

参 考 文 献

［1］赵林．空乘化妆技巧与形象塑造［M］．上海：上海交通大学出版社，2015.

［2］刘晓娟．高铁乘务员形象塑造［M］．长春：东北师范大学出版社，2016.

［3］李勤．空乘人员化妆技巧与形象［M］．3 版．北京：旅游教育出版社，2013.

［4］刘永俊，陈淑君．民航服务礼仪［M］．2 版．北京：清华大学出版社，2012.

［5］梁智栩．形体训练［M］．上海：上海交通大学出版社，2015.

［6］陈宝珠．形体训练与形象塑造（第 2 版）［M］．北京：清华大学出版社，2015.

［7］马少莲．形体美与形体美的塑造［M］．济南：山东大学出版社，2002.